普通高等教育“十三五”光电信息科学与工程专业系列教材

光电子学理论与技术

王　丽　詹　仪　苏雪琼　主编

科学出版社

北　京

内 容 简 介

本书系统地介绍了激光技术的基本原理和实现方法，内容包括激光超短脉冲技术、激光模式选择和稳频技术、激光放大技术、光学晶体材料的应用、非线性光学技术、光通信无源器件技术、激光在波导介质中的传输技术，并结合具体应用对光电技术的新进展进行了简要描述，使其更符合光电技术发展的要求。

本书可作为高等院校应用物理学专业、光信息科学与技术专业、光通信与光电子技术专业，以及电子科学与技术专业本科生的教材，也可以作为物理电子学专业和光学工程专业研究生的教学参考书。

图书在版编目（CIP）数据

光电子学理论与技术/王丽，詹仪，苏雪琼主编. —北京：科学出版社，2020.11

（普通高等教育“十三五”光电信息科学与工程专业系列教材）

ISBN 978-7-03-066883-7

Ⅰ. ①光… Ⅱ. ①王… ②詹… ③苏… Ⅲ. ①光电子学-高等学校-教材 Ⅳ. ①TN201

中国版本图书馆 CIP 数据核字（2020）第 227384 号

责任编辑：潘斯斯 张丽花 朱灵真 / 责任校对：王 瑞

责任印制：张 伟 / 封面设计：迷底书装

科学出版社 出版

北京东黄城根北街 16 号

邮政编码：100717

http://www.sciencep.com

涿州市般润文化传播有限公司 印刷

科学出版社发行 各地新华书店经销

*

2020 年 11 月第 一 版 开本：787 × 1092 1/16

2021 年 1 月第 二 次印刷 印张：14 3/4

字数：350 000

定价：69.00 元

（如有印装质量问题，我社负责调换）

前　言

本书根据教育部高等学校物理学与天文学教学指导委员会(物理学类专业教学指导分委员会)制定的“高等学校应用物理学本科指导性专业规范”，结合北京工业大学应用物理学专业(光通信与光电子技术方向)的教学要求，以及作者多年来在教学实践中的经验编写而成。

本课程的参考学时数为64。全书共8章。第1章为绪论，主要介绍光电子学与光通信技术的基本概念、研究内容、研究对象和研究目的，以及激光与物质相互作用的基本原理、光电子学的发展趋势。第2章为激光调制技术的原理与方法，主要介绍调制的基本概念、调制的物理原理、电光调制、声光调制、磁光调制、空间光调制和半导体激光调制，以及Q开关技术、电光调Q技术和声光调Q技术。第3章为激光超短脉冲产生的技术与测量，主要介绍锁模原理、主动锁模、被动锁模和自锁模，以及超短脉冲的测量。第4章为激光放大技术，主要介绍脉冲激光放大器的原理、激光放大器的设计、半导体激光放大器，以及新型光纤放大器和再生式放大技术。第5章为激光光束质量的完善，主要介绍模式选择和测量，以及激光频率稳定的原理和技术。第6章为晶体学基础，主要介绍晶体的对称性和张量的基本概念，以及晶体宏观对称性操作的坐标变换。第7章为激光传输技术，主要介绍透镜波导、平板波导、光纤传输原理和技术，以及光纤中的非线性效应。第8章为光通信无源器件，主要介绍光纤连接器、光衰减器、光纤耦合器、波分复用器、光隔离器和光开关等。

本书是在激光原理的基础上，结合物理光学、激光技术、光纤通信原理和非线性光学基础知识展开的，每章后面附有思考题与习题，以供学生练习。

本书第2、3、6、7章由王丽执笔，第1、4、5章由詹仪执笔，第8章由胡曙阳执笔。本书图片由苏雪琼负责完善。王丽和苏雪琼统筹全稿。由于作者水平有限，书中难免存在不妥和疏漏之处，真诚地希望广大读者批评指正。

作　者

2020年4月

目　　录

第1章　绪　　论

1883年，爱迪生(Thomas Alva Edison)在一次改进电灯的实验中，将一根金属线密封在发热灯丝附近，电灯通电后他意外地发现，电流居然穿过了灯丝与金属线之间的空隙。1884年，他取得了该发明的专利权，这是人类第一次控制了电子的运动。这一现象的发现，为20世纪蓬勃发展的电子学提供了生长点。

1899年，马可尼(Guglielmo Marchese Marconi)发送的无线电信号穿过了英吉利海峡，1901年又成功穿越大西洋，从英国传到加拿大的纽芬兰省。无线电通信的发明，也为日后无线电广播、电视机甚至手机的出现奠定了基础。1909年，马可尼获得诺贝尔物理学奖。

弗莱明(John Ambrose Fleming)把爱迪生和马可尼两位大师的发明成果结合起来，着手研究真空电流的效应。1904年，他发明了真空二极管整流器。1906年，美国人德弗雷斯特(Lee deForest)在弗莱明发明的二极管中又加入一块栅极，制成既可以用于整流，又可以用于放大的真空三极管。在研究中发现，三极管可以通过级联使放大倍数大增，这使得三极管的实用价值大大提高，从而促成了无线电通信技术的迅速发展。1910年，德弗雷斯特首次把它用于声音的传送系统，1916年，在他的主持下，第一个广播电台成立并开始了新闻广播。到了20世纪20年代，真空电子器件已经成为广播事业与电子工业的心脏，它推动着整个电子技术群的迅速发展。

电子学与信息技术的第一次重大变革发生在20世纪50年代。

1958年，半导体集成电路问世，不仅使高速计算机得以实现，还促使电子工业与近代信息处理技术发生翻天覆地的变化。肖克莱(Willian Bradford Shockley)的半导体理论促使了晶体管的发明，揭开了电子革命崭新的一页。他本人也由于这一重大贡献，与科学家巴丁(John Bardeen)、布拉顿(Walter Houser Brattain)一起获得诺贝尔物理学奖。

自19世纪到20世纪，电磁学得到了飞速的发展。电能作为能源具有瞬时移动性和可控制性，广泛用于照明、动力等方面。电子学正是研究电信号的控制、记录、传递及其应用的一门科学。20世纪第一个10年，真空管问世，促使电子学的诞生；从20年代到60年代，电子器件从真空管过渡到固体三极管，随之实现了集成化，在促进电子学大发展的同时，光电子学、量子电子学也随之建立和发展起来，它们形成了现代电子学的学科群体；而60年代，梅曼(Theodore Harold Maiman)发明的第一台红宝石激光器($Cr^{3+}:Al_2O_3$)的问世，进一步促使了光子学的诞生；从60年代到90年代，激光器从谐振腔体型向着固体半导体激光器过渡，实现了光子器件的集成化，不仅促使了光子学的大发展，也使非线性光学、纤维光学、集成光学、激光光谱学、量子光学与全息光学形成了现代光子学的学科群体，目前它们正在蓬勃发展之中。电子学领域中几乎所有的概念、方法无一不在光子学领域中重新出现，历史似乎是在重演。

电子电路不能在同一点重叠相交，这种空间的不共容性限制了密集度的提高；集成电路的平面结构只适用于串列处理，要在信息存储和数据处理上有突破性进展，要使信息存储密集度再提高4个数量级，实现非定址的联想记忆(Associative Memory)，以发展人工智能，必须发展三维并列处理结构。

电子学已经逐渐不能适应新应用的要求，然而历史却没有简单地重演。光子学的信息荷载量要大得多，光的焦点尺寸与波长成反比，光波波长比无线电波、微波短得多，激光经二次谐波产生倍频，可使光盘存储信息量大幅度增加。电子开关的响应时间多为10^{-9}s～10^{-7}s，而光子开关的响应时间可以达到飞秒(10^{-15}s)数量级。光子属于玻色子，不带电荷，不易发生相互作用，因而光束可以交叉。光子过程一般也不受电磁干扰。光场之间的相互作用极弱，不会引起传递过程中信号的相互干扰。这些优点为光子学器件的三维互联、神经网络等应用开拓了光明前景。

当电子通信容量达到最大限度而不能继续扩大时，人们很自然地把目光转向波长更短的光波。

1970年，在室温环境下半导体激光器的连续输出获得成功。正在这时，低损耗的光导纤维的试制又获得了成功，光纤通信成为现实。在通信史上，跳过了为增大信息传输量而开发的毫米波通信阶段，直接由微波通信转移到光纤通信。

光纤通信技术的开发促进了作为光源和接收器的激光器和光探测器的发展，也促进了光调制器、光波导、光开关、光放大器，以及光隔离器等各种光学器件的发展。

光电子学是在电子学的基础上吸收了光技术而形成的一门新兴学科，它提高了电子设备的性能，电子学至今未能实现的功能获得了实现。激光的出现使得对光与物质相互作用过程的研究变得异常活跃，导致半导体光电子学、波导光学、激光物理学、相干光学、非线性光学等新学科涌现，学科之间相互交叉。在这种多学科综合发展趋势的推动下，一门新的综合性交叉学科便从现代信息科学中脱颖而出，这就是“光电子学”。

光电子学是研究光频电磁波场与物质中的电子相互作用及其能量相互转换的学科，一般理解为“利用光的电子学”。光电子学是研究红外光、可见光、紫外光、X射线直至γ射线波段范围内的光波、电子的科学，是研究电子的特性、行为以及电子器件，通过一定媒介实现信息与能量转换、传递、处理及应用的一门科学。

光的吸收和发射、激光的产生、光辐射的控制、光辐射的探测、光波导、光电子集成，以及光电子应用是信息采集、处理、传输、显示等环节中不可缺少的重要技术支撑，融入信息流的各个环节，正是这种结合为光电子信息产业的产生与发展提供了广阔的天地。

随着信息科技和产业的发展，人们对光电子学技术的需求与日俱增，这促使光电子产业迅速形成和迅猛发展。尽管光电子学有着如此巨大的发展潜力，但作为系统和整机以及光电转换的诸多应用，电子学和电子技术仍将起着巨大的作用，如果将每种光电物理效应与各种可能的光电子功能一一联系起来，将有助于在光电子学世界中找到某些清楚的线索。

1.1 光电子学的形成

当今世界人类处于信息时代。在信息社会里，信息渗透于政治、国防军事、农业生产、医疗卫生以及人类日常生活的各个方面。在生命科学、遥感、空间科学、现代防御体系等各领域中都拥有海量的科学信息，要求能够在有限的时域、空间内甚至实时地进行准确处理，由此信息技术已成为当代科学技术的核心发展技术，电子学和光学是信息技术的支撑学科。光电子学则是由电子学和光学交叉形成的新兴学科。

光学的发展历程古老而漫长，电子学的发展则相对较短，光电子学作为这两个学科的交叉点是一门新兴的学科。关于光的电磁性质及其在介质中的行为，早在19世纪就已经用麦克斯韦(Maxwell)的经典电磁理论进行了研究。关于光的吸收和辐射，在1917年爱因斯坦(Einstein)就建立了系统的理论，但是20世纪60年代之前，光学和电子学仍然是两门独立的学科。

1960年，世界第一台红宝石激光器研制成功，标志着光学的发展进入了一个新阶段。随后在对激光器和激光应用的广泛研究中，电子学发挥了重要的作用，光学和电子学的研究有了广泛的交叉，形成了激光物理、非线性光学、波导光学等新学科。20世纪70年代以来，半导体激光器和光纤技术的重要突破导致光纤传感、光纤传输、光盘信息存储与显示、光计算以及光信息处理等技术蓬勃发展，从深度和广度上促进了光学和电子学及其他相应学科，如数学、物理学、材料科学等之间的相互渗透，形成了一个交叉学科间的前沿研究领域。为此，需要引入一个名词来覆盖这一非常广泛的应用研究领域。学术界曾经使用的名词有电光学(Electro-optics)、光电子学(Optoelectronics)、量子电子学(Quantum Electronics)、光波技术(Light Wave Technology)、光子学(Photonics)等。随着时间的推移，现在用得较多的名词是“光电子学”和“光子学”。光电子学沿用电子学的有关理论，主要研究有光参与的电子器件和系统。光子学是把光子作为信息的载体和能量的载体来研究，包括光的产生、传输、调制、放大、频率转换和检测等。事实上，光电子学和光子学的本质是一致的，只不过其强调的重点不一样，光电子学强调电子的作用，光子学强调光子的作用。

光电子学一经出现就引起了人们的广泛关注，同时进一步促进了光电子学及光电子技术的发展。特别是近年来，光电子技术不断向前发展，出现了很多新的发展趋势和研究热点。

1.1.1 基本概念

当光波代替无线电波作为信息载体，实现光发射、光控制、光测量和光显示时，有关无线电频率的几乎所有的传统电子学概念、理论和技术，如放大、振荡、倍频、分频、调制、信息处理、通信、雷达、计算机等，原则上都可延伸到光波段。在激光领域中，激光器提供光频的相干电磁振荡源，光电子学则是指光频电子学，是由光学和电子学相结合而形成的新技术学科。电磁波范围包括X射线、紫外线、可见光和红外线。它涉及将这些辐射的光图像、信号或能量转换成电信号或电能，并进行处理或传送，有时则将电信号再转换成光信号或光图像。光电子学有时也狭义地指光-电转换器件及其应用的领域。光电子学还包括光电子能谱学，它利用光电子发射传出的信息研究固体内部和表面的成分与电子结构，如X射线光电子能谱学和紫外光电子能谱学。光电子学及其系统的发展依赖于光-电转换和电-光转换、光学传输、加工处理和存储等技术的发展，其关键是光电子器件。光电子器件主要有作为信息载体的光源(半导体发光二极管、半导体激光器等)、辐射探测器(各种光-电转换器和光-光转换器)、控制与处理用的元器件(各种反射镜、透镜、棱镜、光束分离器、滤光片、光栅、偏振片、斩光器、电光晶体和液晶等)、光学纤维(一维信息传输光纤波导、二维图像传输光纤束、光能传输光纤束、光纤传感器等)，以及各种显示显像器件(低压荧光管、电子束管、白炽灯、发光二极管、场致发光屏、等离子体和液晶显示器件等)。将各类元器件按各种可能方式组合起来可构成各种具有重大应用价值的光电子学系统，如光通信系统、电视系统、微光夜视系统等。总之，光电子是光学和电子学相结合的一门新的综合性交叉学科。

1.1.2 研究内容

光电子学研究光频电磁波场与物质相互作用过程中能量的相互转换，从光和物质相互作用的基本规律出发，系统地介绍了激光在晶体中传播的电光效应和声光效应，以及控制的基本理论和应用，包括电光学、声光学、非线性光学、导波光学、激光与红外物理学、半导体光电子学、傅里叶光学等。

1.1.3 研究对象和研究目的

以光频电磁波段的电子学效应基本理论和应用原理为研究对象，出现了多个研究方向，如激光加工、全息存储、激光超短脉冲、声光器件、非线性光学等。

研究目的如下。

(1) 光载波源(光源)：如调Q激光器、激光锁模、光参量激光器。

(2) 光信号加载：如开关偏转调制、传感、复用。

(3) 光信号传输：如波导耦合、隔离、偏转、反馈、中继。

(4) 光信号处理：如整形、补偿、放大、全息、储存、滤波、解调。

(5) 光信号接收：如探测、测量、显示。

1.1.4 基本原理

光电子学的基本原理是基于光的电磁波理论和麦克斯韦方程，研究光与物质的相互作用的基本规律所产生的物理效应或新效应。

1.2 光电子学的发展趋势

近年来，国内外掀起了光电子学和光电子产业的热潮，很多国家把大量资源投入光电子技术的研究和开发中，许多以光子学和光电子学命名的研究中心、实验室和公司广泛建立起来。可以说，光电子学是目前和未来相当长一段时间内迅速发展的高技术产业。当今全球范围内，已经公认光电子产业是 21 世纪的第一主导产业，是经济发展的制高点。光电子技术将引起一场超过电子技术的革命，给工业和社会带来比电子技术更为巨大的冲击。因此，学习光电子技术是适应光电子时代的需要。

1.2.1　激光光束质量

自 20 世纪 80 年代末国际光学界重新提出激光光束质量这一问题以来，人们对此问题进行了多次研究。不仅从物理概念和理论上对激光光束质量和激光束的描述、传输变换规律有了新的认识，而且从实际需要出发，提出了评价激光光束质量的参数和测量方法，一些厂家研制出了 M^2 因子模规、激光光束诊断仪等，以供测量使用。

1. 光束传输因子

由 Siegman 教授明确提出的光束传输因子(即 M^2 因子)常作为评价激光光束质量的参数。可以证明，光束通过近轴理想 ABCD 光学系统时，M^2 因子是一个传输不变量，而且基于二阶强度矩定义的光束参数在自由空间按双曲线规律传输。在实际应用中，在追求以基模高斯光束为理想光束并作为比较标准的情况下，M^2 因子可作为“光束质量因子”，用以衡量激光光束质量。在近轴条件下，$M^2 \geqslant 1$。M^2 因子越大，则光束质量越差。遗憾的是，实际的激光或多或少会受到光阑的限制，特别是，如何评价经硬边衍射从非稳腔输出的激光光束质量？如果一定要使用 M^2 因子作为评价参数，则必须将无光阑限制情况下 M^2 因子的定义进行推广。有代表性的方法包括广义截断二阶矩法、渐近分析法和自收敛束宽法等。

(1) 广义截断二阶矩法：由 Martinez-Herrero 等提出，当存在硬边光阑时，可分别用式(1.1)～式(1.3)来定义空间域和空间频率域的截断二阶矩 $\langle x^2\rangle$、$\langle u^2\rangle$ 以及截断混合矩 $\langle xu\rangle$ (设一阶矩为零)：

$$\langle x^2\rangle = \frac{1}{I_0}\int_{-a}^{a} x^2 \left|E(x)\right|^2 \mathrm{d}x \tag{1.1}$$

$$\langle u^2\rangle = \frac{1}{k^2 I_0}\int_{-a}^{a} \left|E'(x)\right|^2 \mathrm{d}x + \frac{4}{k^2 I_0 a}\left[\left|E(a)\right|^2 + \left|E(-a)\right|^2\right] \tag{1.2}$$

$$\langle xu\rangle = \frac{1}{2\mathrm{i}kI_0}\int_{-a}^{a} \left\{x\left[E'(x)\right]^* E(x) - xE'(x)E^*(x)\right\}\mathrm{d}x \tag{1.3}$$

式中，a 为光阑宽度；k 为波数；“′”为对 x 的导数；“*”为复共轭；I_0 为进入光阑的功率，即

$$I_0 = \int_{-a}^{a} \left|E(x)\right|^2 \mathrm{d}x \tag{1.4}$$

广义截断二阶矩法的优点是它克服了 M^2 因子计算中的发散困难，对一些常见光束，可得出广义 M^2 因子的解析公式，便于进行直观的物理分析。但是对按照式(1.1)～式(1.3)

定义的光束参数作简单而直接的物理测量还存在一些困难。

(2) 渐近分析法：由 Pare 等提出，渐近分析法的基本思想是，当功率百分比 f 足够大时，截断二阶矩应当近似地按抛物线(确切而言是双曲线)规律演化。因此，截断光束的 M^2 因子可由最小二乘拟合法计算。空间域中截断光束的二阶矩为

$$\sigma_x^2 = \int_{-x_C}^{x_C} x^2 |E(x,0)|^2 \, dx \bigg/ \int_{x_C}^{x_C} |E(x,0)|^2 \, dx \tag{1.5}$$

式中，$E(x,0)$ 为束腰($z=0$)处的场分布。积分限 x_C 由式(1.6)决定：

$$\int_{-x_C}^{x_C} |E(x,0)|^2 \, dx = f \int_{-a}^{a} |E(x,0)|^2 \, dx \tag{1.6}$$

式中，f 为功率百分比。在空间频率域中有

$$\sigma_s^2 = \int_{-s_C}^{s_C} s^2 |E(s,0)|^2 ds \bigg/ \int_{-s_C}^{s_C} |E(s,0)|^2 ds \tag{1.7}$$

且

$$\int_{-s_C}^{s_C} |E(s,0)|^2 \, ds = f \int_{-a}^{a} |E(x,0)|^2 \, dx \tag{1.8}$$

于是，截断光束的 M_Q^2 因子为

$$M_Q^2 = 4\pi \sqrt{\sigma_x^2 \sigma_s^2} \tag{1.9}$$

使用渐近分析法求 M_Q^2 时，功率百分比的选取很重要。若 f =100%，则 M_Q^2 发散。如果 f 取值太小，双曲线传输公式将不成立，M_Q^2 不是常数。一般取 f 在 95%～99%为宜。利用这一方法分析了截断高斯光束、截断双曲余弦高斯光束等的 M_Q^2 因子，证实了该方法的可用性。

(3) 自收敛束宽法：依据 Amarande 等提出的自收敛束宽法，将空间域中截断光束的二阶矩定义为

$$\sigma_x^2(z) = \frac{1}{p} \int_{-x_{\text{lim}}}^{x_{\text{lim}}} x^2 |E(x,z)|^2 \, dx \tag{1.10}$$

式中，$p = \int_{-x_{\text{lim}}}^{x_{\text{lim}}} |E(x,z)|^2 \, dx$ 为积分限 x_{lim} 内的功率份额。$\sigma_x^2(z)$ 与束宽 $w(F_s)$ 的关系为

$$w(F_s) = 2\sqrt{\sigma_x^2(z)} \tag{1.11}$$

x_{lim} 由式(1.12)决定：

$$x_{\text{lim}} = F_s w(F_s) \tag{1.12}$$

式中，F_s 为自收敛束宽因子；$w(F_s)$ 可由迭代法求出。选取 F_s 的原则是，用自收敛束宽法计算出的 M_S^2 因子应收敛于无光阑时的值，即该方法应自洽。在自收敛束宽法中，M_S^2 因子由双曲线传输公式求出：

$$w^2(z)=w_0^2+\left(\frac{\lambda M^2}{\pi w_0}\right)^2(z-z_0)^2 \tag{1.13}$$

式中，w_0、z_0分别为束腰宽度和束腰位置；λ为波长。

实际上，自收敛束宽法与渐近分析法类似，都是用功率份额定义的截断二阶矩法。在一定条件下，用这两种方法可得出近似的M_S^2因子，但都存在参数(f或F_s)不能唯一确定的问题，并且计算出的M_S^2因子可能小于1。

2. 桶中功率和β参数

若只关心实际激光在远场的可聚焦能力，则可用桶中功率(PIB)评价远场激光质量。桶中功率定义为远场给定尺寸的“桶”中围住的激光功率占总功率的百分比，可表示为

$$\mathrm{PIB}=\int_{-b}^{b}|E(x,z)|^2\,\mathrm{d}x\bigg/\int_{-\infty}^{\infty}|E(x,z)|^2\,\mathrm{d}x \tag{1.14}$$

式中，$E(x,z)$为远场分布(例如，焦距为f的透镜的几何焦面$z=f$处的场分布，或者实际焦面$z=z_{\max}$处的场分布)；b为桶的宽度。$0\leqslant \mathrm{PIB}\leqslant 1$，PIB越大，则光束质量越好。

通常还用β参数表征激光光束质量，β定义为

$$\beta=\sqrt{\frac{A_m}{A_0}} \tag{1.15}$$

式中，A_m、A_0分别为当$\mathrm{PIB}=63\%$时实际光束和理想光束所对应的面积。显然，β可直接由PIB曲线得出。需要指出的是，理想光束可按应用目的选取，例如，在高功率激光技术领域常取均匀平面波，而没把高斯光束作为理想光束。β越小，则光束质量越好。与M^2因子相比，PIB和β有测量较容易、精度较高、不受有无硬边光阑限制、便于实际应用等优点，实际工作中常作为评价激光远场光束质量的参量。但是，PIB和β都不与光束的传输定律和传输不变量相联系。β定义中取$\mathrm{PIB}=63\%$(实际上与束宽定义有关)也无严格的理论依据。此外，β与M^2因子不同，依赖于比较标准的选取，也可能出现$\beta<1$的情况。

3. 实际应用对激光光束质量的要求

上面对评价激光光束质量的重要参数M^2因子和桶中功率、β参数进行了讨论。但实际工作中对激光光束质量的要求是多方面的，因而评价参数也不是唯一的，主要要求如下。

首先关注远场功率(能量)的可聚焦度。大多应用将激光聚焦到工件上，或经长程传输后作用于靶目标上，最感兴趣的指标是在靶上激光功率(能量)的集中度，用桶中功率(能量)或β参数来描述。

瞄准稳定性反映时间平均意义上激光作用在目标上的偏移长度。发射激光的线偏移和角偏移都会影响瞄准稳定性，可用失调叠加积分η_m和瞄准稳定性参数P_s(在测量时间T内$|\eta_m|^2$的平均值)来量度。η_m和P_s定义为

$$\eta_m = \frac{1}{P_\infty}\int_{-\infty}^{\infty} E(x)[E(x-\delta)\exp(-\mathrm{i}k\Omega x)]^* \mathrm{d}x \tag{1.16}$$

$$P_s = \frac{1}{T}\int_0^T \left|\eta_m(t)\right|^2 \mathrm{d}t \tag{1.17}$$

式中，$E(x)$、$E(x-\delta)\exp(-\mathrm{i}k\Omega x)$ 分别为未失调光束和实际测量光束的场分布；δ、Ω 分别是实际光束的线偏移和角偏移，$P_\infty = \int_{-\infty}^{\infty} E(x)^2 \mathrm{d}x$。

在对光强空间剖面分布均匀性有要求的应用中，应当提出描述光强分布均匀性的物理参数。

(1) 不均匀度(或对比度)。

$$\eta = (I_{\max} - I_{\min})/(I_{\max} + I_{\min}) \tag{1.18}$$

式中，$I_{\max}$、$I_{\min}$ 分别为最大光强和最小光强。η 越小，则光强剖面越均匀。

(2) 填充因子。

$$F = \Gamma / I_{\max} \tag{1.19}$$

式中，Γ 为平均光强。F 越大，光强分布越均匀。

4. 时间持续性

时间持续性是指在激光工作时间 Δt 内需要控制的光束质量参数的可持续性。设控制参数为 K，则时间持续性定义为

$$S = \frac{K_{\min}(t)}{K_{\max}(t)}\Delta t \tag{1.20}$$

式中，$K_{\min}(t)$、$K_{\max}(t)$ 分别为在 Δt 内控制参数的最小值和最大值。S 越大，激光时间持续性越好。

在一些应用中，还要求激光光束有灵活改变激光波形空间分布和时间分布形状的能力，并且根据不同要求提出相应指标。

1.2.2 脉冲宽度压窄

光学脉冲压缩的基本思想来源于啁啾辐射。处于微波频段的啁啾脉冲通过一段色散延迟线后脉宽被压缩。当脉冲在这样的介质中传输时，由于色散引入了啁啾，如果初始啁啾和群速色散(GVD)引入的啁啾反向，则两者互相抵消，导致输出脉冲比输入脉冲窄。为弄清楚这种啁啾抵消是如何产生脉冲的，下面考虑啁啾高斯脉冲在光纤中的传输。入射光场在传输一段距离 z 后的表达式可以写为

$$U(z,T) = \left[1 - \mathrm{i}\xi(1+\mathrm{i}C)\right]^{-1/2} \exp\left\{-\frac{(1+\mathrm{i}C)T^2}{2T_0^2\left[1-\mathrm{i}\xi(1+\mathrm{i}C)\right]}\right\} \tag{1.21}$$

式中，$T = t - z/v_g$；T_0 是输入脉冲宽度；C 是初始啁啾；$\xi = z/L_D$ 是归一化传输距离，而 $L_D = T_0^2/\left|\beta_2\right|$ 是色散长度。对无啁啾脉冲($C=0$)，GVD 引起的啁啾沿脉冲线性变化，

这可以利用 $\delta\omega = -\partial\varphi/\partial T$ 由式(1.21)得到验证。容易得出，为实现最大程度的啁啾抵消，输入脉冲应当是线性啁啾的。

利用式(1.21)可得到压缩因子 $F_C = T_0/T_p$，它是传输距离的函数，式中 T_p 是压缩后高斯脉冲的宽度。压缩因子的简单表达式为

$$F_C(\xi) = \left[(1+sC\xi)^2 + \xi^2\right]^{-1/2} \tag{1.22}$$

式中，$s = \text{sgn}(\beta_2) = \pm 1$，取决于GVD的特性。方程(1.22)表明，仅当 $sC<0$ 时，脉冲才能得到压缩。这一条件恰恰意味着只有在初始啁啾和GVD引起的啁啾符号相反时，才能产生啁啾抵消现象。正啁啾($C>0$)脉冲要有负的GVD才能实现压缩；而负啁啾($C<0$)脉冲则要有正的GVD才能实现压缩。

式(1.22)还表明，仅在特定的长度 $\xi = |C|/(1+C^2)$ 处才能得到最窄的脉冲，在此长度处的最大压缩因子也是固定的，由输入啁啾决定，大小为 $F_C = 1+C^2$。若注意到与无啁啾脉冲相比，入射啁啾脉冲的频谱被展宽了 $1+C^2$ 倍，压缩因子存在一个最大值就不难理解了。在时域内，压缩过程可以形象地解释为：当GVD存在时，脉冲的不同频率分量以不同的速度运动，如果脉冲的前沿正好被延迟一个量，使其几乎和后沿同时到达输出端，则输出脉冲被压缩。为使红移的脉冲前沿速度降低，正啁啾脉冲(向后沿方向频率增加)需反常(或负)GVD；相反，对负啁啾脉冲则需要正常(或正)GVD，以降低脉冲蓝移前沿的速度。

在早期的光脉冲压缩工作中，正常和反常GVD都被用过，这主要取决于使脉冲引入初始频率啁啾的技术。对负啁啾脉冲情况，脉冲入射到具有正常GVD的液体或玻璃中；而对正啁啾脉冲的情况，发现光栅对最适合于反常GVD。而这些早期实验中，脉冲压缩并没有用到任何非线性光学效应。尽管早在1969年就已提出利用自相位调制(SPM)的非线性过程来压缩脉冲，可是直到20世纪80年代，利用单模石英光纤作为非线性介质以后，应用SPM压缩脉冲的实验工作才开始进行。1987年，在620nm波长区的6fs超短光脉冲产生；1988年，在1.32μm波长上获得了5000倍的压缩因子。这些进展是在对石英光纤脉冲变化的正确了解后得到的。

以光纤中非线性效应为基础的脉冲压缩器可分为两大类，即光纤-光栅对压缩器和孤子效应压缩器。在光纤-光栅对压缩器中，输入脉冲在光纤的正常色散区传输，然后用一个光栅对进行外部压缩。光纤的作用是通过SPM和GVD的联合效应使脉冲产生近似线性的正啁啾，光栅对则提供压缩正啁啾脉冲所需的反常GVD。而孤子效应压缩器仅由一段长度选取适当的光纤构成，输入脉冲在光纤的反常色散区传输，并且通过SPM和GVD之间的相互作用被压缩。压缩产生于所有高阶孤子在初始脉冲经过一个孤子周期复原前的初始窄化阶段；压缩因子取决于脉冲的峰值功率，它决定了孤子阶数 N。两种压缩器都是很好的，只是工作在不同的光谱区域。光纤-光栅对压缩器用来压缩可见光和近红外范围内的脉冲，而孤子效应压缩器在1.3～1.6μm的波长范围内使用。在1.3μm附近的波长范围具有特殊的优势，因为这两种压缩器可以通过色散位移光纤联合使用，所以可以得到较大的压缩因子。

1.2.3 光学晶体材料

光学晶体(Optical Crystal)为用作光学介质材料的晶体材料，主要用于制作紫外和红外区域窗口、透镜和棱镜。光学晶体按晶体结构分为单晶和多晶。由于单晶材料具有高的晶体完整性和光透过率，以及低的输入损耗，因此常用的光学晶体以单晶为主。

1. 卤化物单晶

卤化物单晶分为氟化物单晶，溴、氯、碘的化合物单晶，铊的卤化物单晶。氟化物单晶在紫外、可见和红外波段光谱区均有较高的透过率、较低的折射率及较低的光反射系数；缺点是膨胀系数大、热导率小、抗冲击性能差。溴、氯、碘的化合物单晶能透过很宽的红外波段，其熔点低，易于制成大尺寸单晶；缺点是易潮解、硬度低、力学性能差。铊的卤化物单晶也具有很宽的红外光谱透过波段，微溶于水，是一种在较低温度下使用的探测器窗口和透镜材料；缺点是有冷流变性，易受热腐蚀，有毒。

2. 氧化物单晶

氧化物单晶主要有蓝宝石(Al_2O_3)、水晶(SiO_2)、氧化镁(MgO)和金红石(TiO_2)。与卤化物单晶相比，其熔点高、化学稳定性好，在可见和近红外光谱区透过性能良好。用于制造从紫外到红外光谱区的各种光学元件。

3. 半导体单晶

半导体单晶有单质晶体(如锗单晶、硅单晶)，Ⅱ-Ⅵ族半导体单晶，Ⅲ-Ⅴ族半导体单晶，以及金刚石。金刚石是光谱透过波段最长的晶体，可延长到远红外区，并具有较高的熔点和硬度、优良的物理性能与化学稳定性。半导体单晶可用作红外窗口材料、红外滤光片及其他光学元件。

光学多晶材料主要是热压光学多晶，即采用热压烧结工艺获得的多晶材料，主要有氧化物热压多晶、氟化物热压多晶、半导体热压多晶。热压光学多晶除具有优良的透光性外，还具有高强度、耐高温、耐腐蚀和耐冲击等优良力学、物理性能，可用作各种特殊需要的光学元件和窗口材料。

1.2.4 光与物质相互作用

在量子理论建立之前，人们曾用经典模型简单直观地说明了有关光和物质原子相互作用的某些实验现象，这对于理解激光器的物理过程有一定帮助。经典理论所应用的概念和术语有助于理解半经典理论和量子理论，因此下面介绍经典理论的基本概念。

1. 原子自发辐射的经典模型

在量子力学建立之前，人们用经典力学描述了原子内部电子的运动，其物理模型就是按简谐振动或阻尼振动规律运动的电偶极子，称为简谐振子。简谐振子模型认为，原子中的电子被与位移成正比的弹性恢复力束缚在某一平衡位置 $x=0$ (原子中的正电中心)

附近振动(假设一维运动情况)，当电子偏离平衡位置而具有位移 x 时，就受到一个恢复力 $f=-Kx$ 的作用。假定没有其他力作用在电子上，则电子运动方程为

$$m\ddot{x}+Kx=0 \tag{1.23}$$

式中，m 为电子质量。

式(1.23)为齐次二阶微分方程，也是熟知的一维线性谐振子方程，它的解是简单的无阻尼振荡：

$$x(t)=x_0\mathrm{e}^{\mathrm{i}\omega_0 t} \tag{1.24}$$

式中，ω_0 为谐振频率，并且

$$\omega_0=\left(\frac{K}{m}\right)^{1/2} \tag{1.25}$$

根据电动力学原理，当运动电子具有加速度时，它将以如下的速率发射电磁波能量：

$$\frac{e^2(\dot{v}_e)^2}{6\pi\varepsilon_0 c^3} \tag{1.26}$$

式中，e 为基本电子电量；$\dot{v}_e$ 为电子运动的加速度。式(1.26)所表示的电子能量在单位时间内的损失也可以认为是辐射对电子的反作用力(或辐射阻力)在单位时间内所做的负功，即可表示为

$$Fv_e=\frac{-e^2(\dot{v}_e)^2}{6\pi\varepsilon_0 c^3} \tag{1.27}$$

式中，F 为作用在电子上的辐射反作用力。

将式(1.27)在一个周期的时间间隔 $t_1\sim t_2$ 内对时间积分：

$$\begin{aligned}\int_{t_1}^{t_2}Fv_e\mathrm{d}t&=\int_{t_1}^{t_2}-\frac{e^2(\dot{v}_e)^2}{6\pi\varepsilon_0 c^3}\mathrm{d}t=-\frac{e^2}{6\pi\varepsilon_0 c^3}\int_{t_1}^{t_2}\dot{v}_e\mathrm{d}v_e\\&=-\frac{e^2}{6\pi\varepsilon_0 c^3}\dot{v}_e v_e\Big|_{t_1}^{t_2}+\frac{e^2}{6\pi\varepsilon_0 c^3}\int_{t_1}^{t_2}v_e\mathrm{d}\dot{v}_e\end{aligned} \tag{1.28}$$

所以

$$\int_{t_1}^{t_2}\left(F-\frac{e^2}{6\pi\varepsilon_0 c^3}\ddot{v}_e\right)v_e\mathrm{d}t=-\frac{e^2}{6\pi\varepsilon_0 c^3}\dot{v}_e v_e\Big|_{t_1}^{t_2} \tag{1.29}$$

由于所选取的 $t_1\sim t_2$ 是一个周期时间间隔，故等式(1.29)的右方为零。在一个周期内 $\left(F-\frac{e^2}{6\pi\varepsilon_0 c^3}\ddot{v}_e\right)v_e$ 的平均值为零，可粗略地取

$$F=\frac{e^2}{6\pi\varepsilon_0 c^3}\ddot{v}_e=\frac{e^2}{6\pi\varepsilon_0 c^3}\dddot{x} \tag{1.30}$$

考虑到作用在电子上的辐射反作用力，则式(1.23)应改写为

$$m\ddot{x}+Kx=\frac{e^2}{6\pi\varepsilon_0c^3}\dddot{x} \tag{1.31}$$

由于辐射反作用力比恢复力小得多，因而可以认为位移x仍可近似表示为式(1.24)，这样$\dddot{x}=-\omega_0^2\dot{x}$，再根据式(1.25)，则式(1.29)可写为

$$\ddot{x}+\gamma\dot{x}+\omega_0^2x=0 \tag{1.32}$$

式中，γ称为经典辐射阻尼系数，并且

$$\gamma=\frac{e^2\omega_0^2}{6\pi\varepsilon_0c^3m} \tag{1.33}$$

因为γ很小，式(1.32)的解为

$$x(t)=x_0\mathrm{e}^{-\frac{\gamma}{2}t}\mathrm{e}^{\mathrm{i}\omega_0t} \tag{1.34}$$

式中，x_0为常数。可见，考虑了辐射阻尼，则振子做简谐阻尼振动。以上就是原子的经典简谐振子模型。

按式(1.32)做简谐振动的电子和带正电的原子核组成一个做简谐振动的电偶极子，其偶极矩为

$$p(t)=-ex(t)=-ex_0\mathrm{e}^{-\frac{\gamma}{2}t}\mathrm{e}^{\mathrm{i}\omega_0t}=p_0\mathrm{e}^{-\frac{\gamma}{2}t}\mathrm{e}^{\mathrm{i}\omega_0t} \tag{1.35}$$

上述简谐电偶极子发出的电磁辐射可表示为

$$E=E_0\mathrm{e}^{-\frac{\gamma}{2}t}\mathrm{e}^{\mathrm{i}\omega_0t} \tag{1.36}$$

这就是原子在某一特定谱线(中心频率为ω_0)上自发辐射的经典描述。显然，可以将$\tau_r=\dfrac{1}{\gamma}$定义为简谐振子的辐射衰减时间。在可见光频率范围内，τ_r约为10^{-8}s量级，这与实验结果一致。

2. 受激吸收和色散现象的经典理论

从原子的经典模型出发，分析当频率为ω的单色平面波通过物质时的受激吸收和色散现象，并直接导出物质的吸收系数和折射率(色散)的经典表达式，以及它们之间的相互关系。

受激吸收和色散现象是物质原子和电磁场相互作用的结果。物质原子在电磁场的作用下产生感应电极化强度(即介质的极化)，感应电极化强度使物质的介电常数(电磁波的传播常数)发生变化，从而导致物质对电磁波的吸收和色散。下面我们就从这个概念出发求出吸收系数和折射率的经典表达式。

根据电磁场理论，对于在物质中沿z方向传播的单色平面波，其x方向的电场强度可表示为

$$E(z,t)=E(z)\mathrm{e}^{\mathrm{i}\omega t}=E_0\mathrm{e}^{-\mathrm{i}\frac{\omega}{c}\sqrt{\varepsilon'\mu'}z}\mathrm{e}^{\mathrm{i}\omega t} \tag{1.37}$$

式中，ε' 和 μ' 分别为物质的相对介电常数和相对磁导率。在一般介电物质中 $\mu'=1$，而 ε' 则应根据物质在 $E=(z,t)$ 作用下的极化过程求得。下面就从原子的经典模型出发求出 ε'。

假设物质由单电子原子组成，则作用在电子上的力为 $-eE(z,t)$。这里忽略了磁场对电子的微小作用力。

在上述电场力的作用下，电子运动方程(1.32)应改写为

$$\ddot{x}+\gamma\dot{x}+\omega_0^2 x=-\frac{e}{m}E(z)\mathrm{e}^{\mathrm{i}\omega t} \tag{1.38}$$

上述微分方程的特解可写为如下形式：

$$x(t)=x_0\mathrm{e}^{\mathrm{i}\omega t} \tag{1.39}$$

这里我们没有考虑微分方程通解中代表自由阻尼振荡的项，因为它对感应电矩没有贡献。

将式(1.39)代入式(1.38)，得

$$x_0=\frac{-\frac{e}{m}E(z)}{(\omega_0^2-\omega^2)+\mathrm{i}\gamma\omega} \tag{1.40}$$

因只对共振相互作用，即 $\omega\approx\omega_0$ 的情况感兴趣，此时有

$$x_0=\frac{-\frac{e}{m}E(z)}{2\omega_0(\omega_0-\omega)+\mathrm{i}\gamma\omega_0} \tag{1.41}$$

一个原子的感应电矩则为

$$p(z,t)=-ex(z,t)=\frac{\frac{e^2}{m}E(z)}{2\omega_0(\omega_0-\omega)+\mathrm{i}\gamma\omega_0}\mathrm{e}^{\mathrm{i}\omega t} \tag{1.42}$$

对于气压不太高的气体工作物质，原子之间的相互作用可以忽略，因而感应电极化强度可以通过单位体积中的原子感应电矩求和得到

$$P(z,t)=np(z,t)=\frac{\frac{ne^2}{m}}{2\omega_0(\omega_0-\omega)+\mathrm{i}\gamma\omega_0}E(z,t) \tag{1.43}$$

式中，n 为单位体积工作物质中的原子数。

我们知道，物质的感应电极化强度也可表示为

$$P(z,t)=\varepsilon_0\chi E(z,t) \tag{1.44}$$

式中，χ 为工作物质的电极化系数。

比较式(1.43)和式(1.44)可得电极化系数：

$$\chi=\frac{ne^2}{m\varepsilon_0}\frac{1}{2\omega_0(\omega_0-\omega)+\mathrm{i}\gamma\omega_0}=\frac{-\mathrm{i}ne^2}{m\omega_0\varepsilon_0\gamma}\frac{1}{1+\frac{\mathrm{i}2(\omega-\omega_0)}{\gamma}} \tag{1.45}$$

令 $\chi=\chi'+\mathrm{i}\chi''$，则电极化系数的实部和虚部分别是

$$\chi' = \left(\frac{ne^2}{m\omega_0\varepsilon_0\gamma}\right)\frac{2(\omega_0-\omega)\gamma^{-1}}{1+\frac{4(\omega-\omega_0)^2}{\gamma^2}} \tag{1.46}$$

$$\chi'' = -\left(\frac{ne^2}{m\omega_0\varepsilon_0\gamma}\right)\frac{1}{1+\frac{4(\omega-\omega_0)^2}{\gamma^2}} \tag{1.47}$$

物质的相对介电常数ε'与电极化系数的关系为

$$\varepsilon' = 1+\chi = 1+\chi'+\mathrm{i}\chi'' \tag{1.48}$$

因为$|\chi| \ll 1$，所以

$$\sqrt{\varepsilon'} = \sqrt{1+\chi} \approx 1+\frac{\chi}{2} = 1+\frac{\chi'}{2}+\mathrm{i}\frac{\chi''}{2} = \eta+\mathrm{i}\beta \tag{1.49}$$

其中

$$\eta = 1+\frac{\chi'}{2} \tag{1.50}$$

$$\beta = \frac{\chi''}{2} \tag{1.51}$$

将式(1.49)代入式(1.37)，可得

$$E(z,t) = E_0\mathrm{e}^{\frac{\omega}{c}\beta z}\mathrm{e}^{\mathrm{i}\left(\omega t-\frac{\omega}{c/\eta}z\right)} \tag{1.52}$$

从式(1.52)可见，η就是物质的折射率。根据增益系数的定义：

$$g = \frac{\mathrm{d}I(z)}{\mathrm{d}z}\frac{1}{I(z)} \tag{1.53}$$

考虑到$I(z) \propto |E(z,t)|^2 = E(z,t)E^*(z,t) = E_0^2\mathrm{e}^{2\frac{\omega}{c}\beta z}$，可得

$$g = 2\frac{\omega}{c}\beta \tag{1.54}$$

利用式(1.51)，式(1.54)可写作

$$g = \frac{\omega}{c}\chi'' \tag{1.55}$$

将式(1.46)和式(1.47)分别代入式(1.55)和式(1.50)，则得到物质的增益系数和折射率为

$$g = -\left(\frac{ne^2}{m\varepsilon_0\gamma c}\right)\frac{1}{1+\frac{4(\omega-\omega_0)^2}{\gamma^2}} \tag{1.56}$$

$$\eta = 1+\left(\frac{ne^2}{m\omega_0\varepsilon_0\gamma}\right)\frac{(\omega_0-\omega)\gamma^{-1}}{1+\frac{4(\omega-\omega_0)^2}{\gamma^2}} \tag{1.57}$$

其中运用了条件$\omega \approx \omega_0$。式(1.56)和式(1.57)在无激励的情况下导出，在小信号情况

下，若二能级简并度相等，则反转粒子数密度$\Delta n=-n$，所以$g<0$，实际处于吸收状态。将上述结果推广到普遍的状态(有激励或无激励，大信号或小信号)，用Δn代替$-n$，并令$\Delta v_H=\gamma/(2\pi)$，则式(1.56)和式(1.57)可改写为

$$g=\left(\frac{\Delta ne^2}{4m\varepsilon_0 c}\right)\frac{\frac{\Delta v_H}{2\pi}}{(v-v_0)^2+\left(\frac{\Delta v_H}{2\pi}\right)^2} \tag{1.58}$$

$$\eta=1-\left(\frac{\Delta ne^2}{16\pi^2 m v_0\varepsilon_0}\right)\frac{v_0-v}{(v-v_0)^2+\left(\frac{\Delta v_H}{2\pi}\right)^2} \tag{1.59}$$

若$\Delta n>0$，则$g>0$，对应于增益状态。若$\Delta n<0$，则$g<0$，对应于吸收状态。由上述分析可见，由于自发辐射的存在，物质的增益(吸收)谱线为洛伦兹线型，并且物质在附近呈现出由式(1.59)描述的强烈色散。根据式(1.58)和式(1.59)进一步得出物质折射率η与增益系数g之间的普遍关系式：

$$\eta=1-\frac{v_0-v}{\Delta v_H\omega}g \tag{1.60}$$

根据这个关系，可以由物质的增益系数求得它的折射率。

思考题与习题

1. 啁啾是如何对光信号传输产生影响的？并说明啁啾是如何压窄脉宽的？
2. 光学晶体能分成几类？
3. 什么是激光物质的吸收光谱、荧光光谱、激光光谱？
4. 如何描述激光的光束质量？
5. 如何定义激光超短脉冲？
6. 若光束通过1m长的激光介质以后，光强增大了一倍，求此介质的增益系数。

第 2 章　激光调制技术的原理和方法

2.1　调制的概念和分类

1. 概念

激光调制技术是激光技术应用的一个重大进展。激光是一种光频电磁波，具有良好的相干性，与无线电波相似，可作为传递信息的载波。要用激光作为载体，就必须解决如何将信息加载到激光上去的问题。如果用激光作为光通信中的语音通话的载波，需要将语音信息加载于激光，由激光“携带”信息通过一定的传输通道(大气、光纤等)送到接收器，再由接收器鉴别并还原成原来的信息，从而完成通话。这种将信息加载于激光的过程称为调制，完成这一过程的装置称为调制器。其中激光为载波，起控制作用的低频信号为调制信号。

2. 调制分类

实现激光调制的方法有很多，根据调制器和激光器的相对关系，可以分为内调制和外调制两类。内调制是指加载的调制信号是在激光振荡过程中进行的，即用调制信号去改变激光器的振荡参数，从而改变激光输出以实现调制。例如，注入式半导体激光器是用调制信号直接控制它的泵浦电流，使输出的激光强度发生相应的变化(也称为直接调制)。还有一种内调制方式是在激光谐振腔内放置调制元件，用调制信号控制元件的物理特性的变化，以改变谐振腔的参数，从而改变激光输出特性，调Q技术正是属于这种调制。外调制是指激光形成之后，在激光器外的光路上放置调制器，用调制信号改变调制器的物理特性，当激光通过调制器时，光波的某参量受到调制。由于外调制时调整方便，调制器对激光器件没有影响，所以在实际中得到了广泛的应用。

根据激光被调制的性质，激光调制又可以分为调幅、调频、调相以及强度调制和脉冲调制等。振幅调制(简称调幅)是光波的振幅随着调制信号的变化规律而变化的现象，是与调制信号成正比的函数，正弦调制的调幅波的频谱是由三个频率成分组成的，其中，一个是载频分量，另外两个是因调制过程而产生的新振荡，称为边频分量，这两个分量具有相等的幅度，且对称地分布在载频的两边。频率调制(简称调频)或相位调制(简称调相)是光载波的频率或相位随着调制信号的规律而变化的振荡。这两种调制波都表现为总相角的变化，因此统称为角度调制。强度调制是指光载波电场幅度的平方与调制信号成比例，使输出的激光辐射强度按照调制信号的规律变化。在实际应用中，为了得到较强的抗干扰效果，往往利用二次调制方式，即先将低频信号对一高频副载波进行频率调制，然后用这个已调频波对光载波进行强度调制，使光的强度按副载波信号的变化而变化。

这是因为在传输过程中，尽管大气抖动等干扰波会直接叠加到光信号波上，但经调制后，其信息包含在调频的副载波中，故其信息不会受到干扰，可以无失真地再现出原来的信息。以上几种调制形式所得到的调制波都是一种连续振荡的波，称为模拟调制。另外还有在不连续状态下进行调制的脉冲调制和数字式调制(也称为脉冲编码调制)。

2.2　调制的物理原理

在激光技术中，一般激光光波的电场强度表示为

$$E(t) = A_c \cos(\omega_c t + \varphi_c) \tag{2.1}$$

式中，A_c 为振幅；ω_c 为角频率；φ_c 为相位角。既然作为信息载体的光具有振幅、频率、相位、强度、偏振等参量，如果能够利用某种物理方法改变光载波的某一参量，使其按照调制信号的规律变化，那么激光就受到了信号的调制，达到“运载”信息的目的。

2.2.1　振幅调制

振幅调制就是载波的振幅按照调制信号的规律变化的振荡，简称调幅。设调制信号为时间的余弦函数，即

$$a(t) = A_m \cos(\omega_m t) \tag{2.2}$$

式中，A_m 为调制信号的振幅；ω_m 为调制信号的角频率。在进行调制后，式中的振幅 A_m 不再是常量，而是与调制信号成正比。调制波的表达式为

$$E(t) = A_c[1 + m_a \cos(\omega_m t)]\cos(\omega_c t + \varphi_c) \tag{2.3}$$

利用三角函数将式(2.3)展开，得到调幅波的频率公式：

$$E(t) = A_c \cos(\omega_c t + \varphi) + \frac{m_a}{2} A_c \cos[(\omega_c + \omega_m)t + \varphi_c] + \frac{m_a}{2} A_c \cos[(\omega_c - \omega_m)t + \varphi_c] \tag{2.4}$$

式中，$m_a = A_m / A_c$ 为振幅调制系数。式(2.4)中调幅波的频谱由三个成分组成，第一项是载频分量，第二项和第三项是调制产生的新分量，称为边频分量，如图 2-1 所示。上述分析是单频余弦信号调制的情况，如果是复杂的周期信号，则调幅波的频率将由载频分量和两个边频带组成。

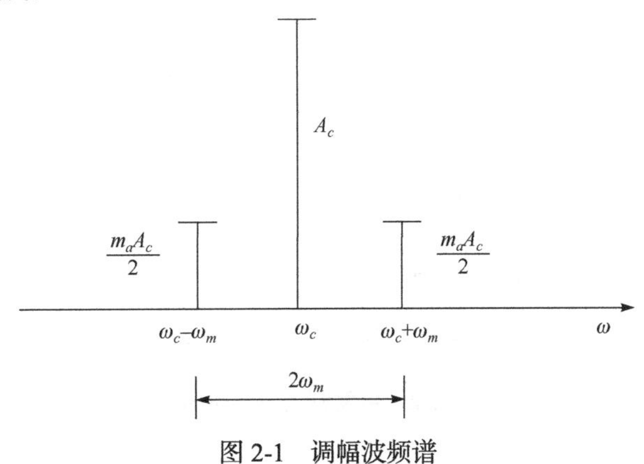

图 2-1　调幅波频谱

振幅调制是用调制信号(基带信号)去控制载波的振幅，使其随调制信号线性变化，而保持载波的频率不变。在振幅调制中，根据已调信号的频谱分量不同，分为普通调幅(标准调幅，AM)、抑制载波的双边带调幅(DSB)、抑制载波的单边带调幅(SSB)等。它们的主要区别是产生的方法和频谱结构不同。载波本身并不包含信息，而且占有较大的功率，为了减小不必要的功率浪费，可以只发射边频，而不发射载波，称为抑制载波的双边带调幅，用 DSB 表示。SSB 是由 DSB 经过边带滤波器滤除一个边带或者在调制过程中直接将一个边带抵消而形成的。

2.2.2 相位调制

相位调制就是相位角 φ_c 随调制信号的规律变化，调相波的总和角为

$$\Psi(t)=\omega_c t+k_\varphi a(t)+\varphi_c=\omega_c t+k_\varphi A_m\cos(\omega_m t)+\varphi_c \tag{2.5}$$

则调相波为

$$E(t)=A_c\cos\left[\omega_c t+m_\varphi\cos(\omega_m t)+\varphi_c\right] \tag{2.6}$$

式中，k_φ 为相位比例系数；$m_\varphi=k_\varphi A_m$ 为调相系数。因此相位调制总相角统一写成

$$E(t)=A_c\cos\left[\omega_c t+m\sin(\omega_m t)+\varphi_c\right] \tag{2.7}$$

将其按三角公式展开，并利用相关的公式得到

$$\begin{aligned}E(t)=&A_cJ_0(m)\cos(\omega_c t+\varphi_c)\\&+2A_c\cos(\omega_c t+\varphi_0)\sum_{n=1}^{\infty}J_{2n}(m)\cos(2n\omega_m t)-2A\sin(\omega_c t+\varphi_c)\sum_{n=1}^{\infty}J_{2n-1}(m)\sin\left[(2n-1)\omega_m t\right]\end{aligned} \tag{2.8}$$

可见，在单频余弦波调制时，其角度调频波的频谱是由光载波与在它两边对称分布的无穷多对边频组成的。若调制信号是其他情况，则其频谱将会更复杂。

载波的相位对其参考相位的偏离值随调制信号的瞬时值成比例变化的调制方式，称为相位调制，简称调相。调相和调频有密切的关系，其频谱分布如图 2-2 所示。调相时，

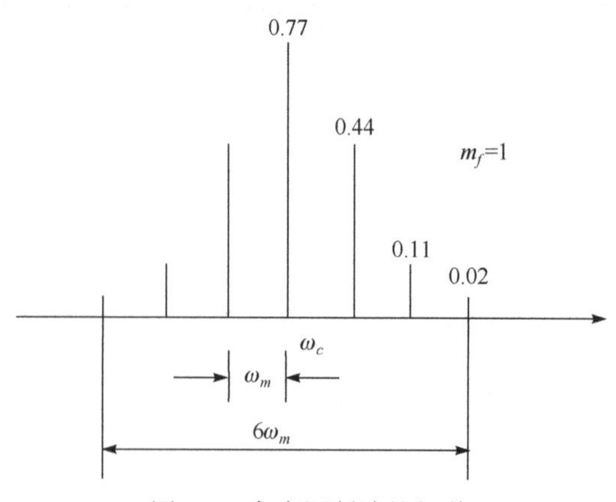

图 2-2 角度调制波的频谱

同时有调频伴随发生；调频时，也同时有调相伴随发生，不过两者的变化规律不同。实际使用时很少采用调相，它主要作为得到调频的一种方法。相位调制是通过干涉仪进行的，在光纤干涉仪中，以敏感光纤作为相位调制元件。通过被测能量场的作用，使光纤内传播的光波相位发生变化，再利用干涉测量技术把相位变化转为光强变化，从而检测出待测的应力、应变和温度等物理量。

2.2.3　强度调制

强度调制是光载波的强度(光强)随调制信号规律而变化的激光振荡，如图 2-3 所示。激光调制通常采用强度调制形式，这是因为接收器(探测器)一般都是直接地响应其所接收的光强变化。

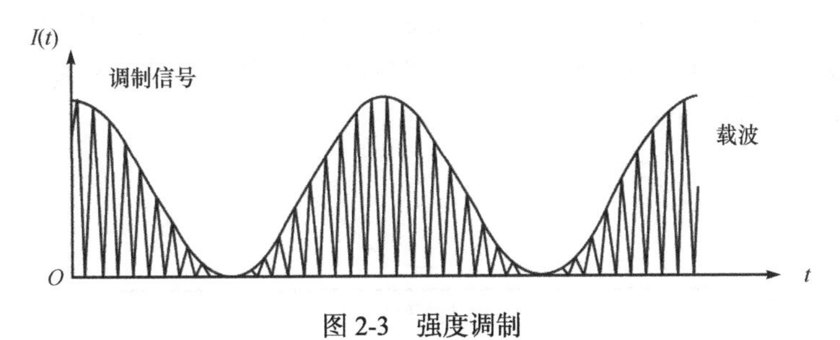

图 2-3　强度调制

激光的光强定义为光波电场的平方，其表达式为

$$I(t)=e^2(t)=A_c^2\cos^2(\omega_c t+\varphi_c) \tag{2.9}$$

于是，强度调制的光强表达式可写为

$$I(t)=\frac{A_c^2}{2}[1+k_p a(t)]\cos^2(\omega_c t+\varphi_c) \tag{2.10}$$

式中，k_p 为比例系数。设调制信号是单频余弦波 $a(t)=A_m\cos(\omega_m t)$，那么将其代入式 (2.10)，并令 $k_p A_m=m_p$ (称为强度调制系数)，则

$$I(t)=\frac{A_c^2}{2}[1+m_p\cos(\omega_m t)]\cos^2(\omega_c t+\varphi_c) \tag{2.11}$$

这是当调制系数 $m_p \ll 1$ 时，比较理想的光强调制公式。光强调制波的频谱可用前面所述类似的方法求得；但其结果与调幅波的频谱略有不同，其频谱分布除载频及对称分布的两边频之外，还有低频 ω_m 和直流分量。

2.2.4　脉冲调制和脉冲编码调制

以上调制形式得到的调制波都是连续振荡的波，称为模拟式调制。此外，目前光通信中广泛采用在不连续状态下调制的形式为脉冲调制和数字式调制(脉冲编码调制)。一般先进行电调制，再进行光强调制。脉冲调制就是用一种断续的周期性脉冲序列作为载波，这种载波受到调制信号的控制，使脉冲的幅度、位置、频率等随之发生变化。脉冲调幅是以调制信号控制脉冲序列的幅度，使其产生周期性变化，而脉冲宽度和位置均保持不变。脉冲调制有两种含义：一是指脉冲本身的参数(幅度、宽度、相位)随信号发生变化的过程，脉冲幅度随信号变化，称为脉冲幅度调制；脉冲相位随信号变化，称为脉冲相位调制；同理还有脉冲宽度调制、双脉冲间隔调制、脉冲编码调制等。其中，脉冲编码调制的抗干扰性最强，故在通信中应用最有前途。二是指用脉冲信号去调制高频振荡的过程。

脉冲调制是用间歇性的周期性脉冲序列作为载波，并使载波的某一参量按调制信号规律变化的方法。即用模拟调制信号对电脉冲序列的幅度、宽度、频率、位置等参量进行调制，使之按调制信号规律变化，成为已调制脉冲序列，然后用这一已调制脉冲序列对光载波进行强度调制，得到相应变化的光脉冲序列。

脉冲调制有脉冲幅度调制、脉冲宽度调制、脉冲频率调制和脉冲位置调制等。例如，用调制信号改变电脉冲序列中每个脉冲产生的时间，则其每个脉冲位置有一个与调制信号成比例的位移，即脉冲调制，如图 2-4 所示。

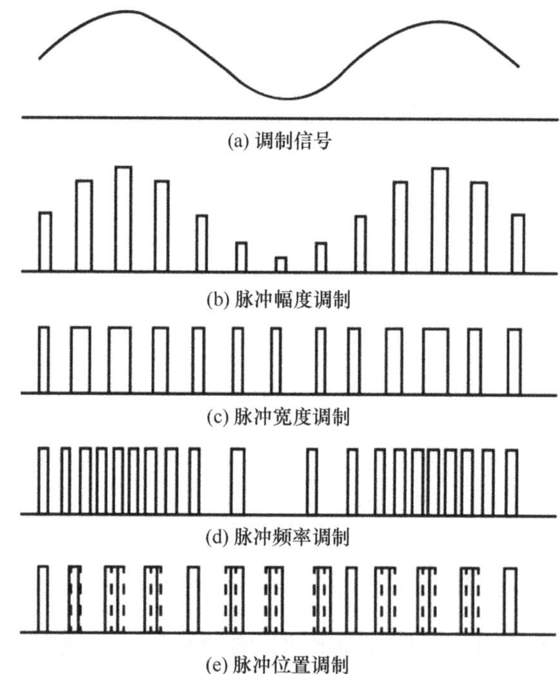

图 2-4　脉冲调制形式

对光波进行调制，得到相应的光脉冲调制波，其表达式为

$$E(t) = A_c \cos(\omega_c t + \varphi_c) \quad (t_n + \tau_d \ll t \ll t_n + \tau_d + \tau) \tag{2.12}$$

$$\tau_d = \frac{\tau_p}{2}\left[1 + M(t_n)\right] \tag{2.13}$$

式中，$M(t_n)$ 为调制信号的振幅；τ_d 为载波脉冲前沿相对于取样时间 t_n 的延迟时间。为防止脉冲重叠到相邻的样品周期上，最大延迟时间必须小于样品周期。

脉冲编码调制(Pulse Code Modulation，PCM)是对连续变化的模拟信号进行抽样、量化和编码而产生的数字信号。PCM 的优点是音质好，缺点是体积大，它是一种直接和简单地把语音经抽样、A/D 转换而得到的数字均匀量化后进行编码的方法，是其他编码算法的基础。脉冲编码调制把一个时间连续、取值连续的模拟信号变换成时间离散、取值离散的数字信号后在信道中传输。脉冲编码调制就是先对模拟信号抽样，再对样值幅度量化、编码的过程。

(1) 抽样。抽样是对模拟信号进行周期性扫描，把时间上连续的信号变成时间上离散的信号。该模拟信号经过抽样后还应当包含原信号中的所有信息，也就是说能无失真地恢复原模拟信号。它的抽样速率的下限是由抽样定理确定的，抽样速率采用 8Kbit/s。

(2) 量化。量化是把经过抽样得到的瞬时值的幅度离散，即用一组规定的电平，把瞬时抽样值用最接近的电平值来表示。一个模拟信号经过抽样量化后，得到已量化的脉冲幅度调制信号，它仅为有限个数值，即量化是把抽样后的脉冲幅度调制波做分级取“整”处理，用有限个数的代表值取代抽样值的大小，再通过量化变成数字信号。

(3) 编码。编码就是把量化后的数字信号变换成相应的二进制的过程，即用等宽度的脉冲作为“码子”，用“有”脉冲和“无”脉冲分别表示二进制的“1”和“0”。再将这一系列的反映数字信号规律的电脉冲加到调制器上，控制激光的输出。光载波的极大值代表“1”，零值代表“0”。这种调制方式具有很强的抗干扰能力，在数字激光通信中应用广泛。

尽管光束调制方式不同，但其调制工作原理都是基于电光、声光和磁光等物理效应。下面分别讨论电光调制、声光调制和磁光调制等的原理和方法。

2.3　电 光 调 制

2.3.1　物理基础

电光调制的物理基础是电光效应，即某些晶体在外加电场的作用下，其折射率将发生变化，当光波通过此介质时，其传播特性就受到影响而改变，这种现象称为电光效应。电光效应导致的相位调制器中光波导折射率的线性变化，使通过该波导的光波有了相位移动，从而实现相位调制。单纯的相位调制不能调制光的强度。由包含两个相位调制器和两个 Y 分支波导构成的马赫-曾德尔(Mach-Zehnder)干涉仪型调制器能调制光的强度。电光效应已被广泛用来实现对光波(相位、频率、偏振态和强度等)的控制，并制作成各种光调制器件。理论和实践证明：晶体介质的介电常数与晶体的电荷分布有关，施加的电场将会引起束缚电荷的重新分布，并可导致离子晶体的微小形变，结果是引起介电常数的变化，导致晶体折射率的变化，用幂级数表示为

$$\Delta n = n - n_0 = c_1 E + c_2 E^2 \tag{2.14}$$

式中，c_1 和 c_2 为常量；n_0 为未加电场时的折射率。第一项为线性电光效应或泡克耳斯(Pokels)效应，第二项为二次电光效应或克尔(Kerr)效应。由一次项引起折射率变化的效

应，称为一次电光效应，也称线性电光效应或泡克耳斯效应；由二次项引起折射率变化的效应，称为二次电光效应，也称平方电光效应或克尔效应。一次电光效应只存在于不具有对称中心的晶体中，二次电光效应则可能存在于任何物质中，一次电光效应要比二次电光效应显著。

2.3.2 电致折射率变化

电光效应的分析和描述有两种方法：一是电磁理论方法；二是几何图形法，即折射率椭球体(又称光率体)法。本节采用折射率椭球体法讨论。外加电场对于晶体折射率的影响，可以用折射率椭球的大小、形状和取向诸多因素的变化来描述。

1. 晶体未加电场时

在主轴坐标系中，折射率椭球方程为

$$\frac{x^2}{n_x^2}+\frac{y^2}{n_y^2}+\frac{z^2}{n_z^2}=1 \tag{2.15}$$

或写成一般形式：

$$\sum_{i=j=1,2,3}\frac{1}{n_{ij}^2}x_i x_j=1 \tag{2.16}$$

式中，x、y、z 为介质的主轴方向，即此方向的电位移和电场强度平行；n_{ij} 为折射率椭球的主折射率。式(2.15)和式(2.16)描述光波在晶体中的传播特征。

式(2.16)中引入介电张量 ε_{ij}，定义为

$$\frac{1}{\varepsilon_{ij}}=\frac{1}{n_{ij}^2} \tag{2.17}$$

则式(2.16)变为

$$\sum_{i=j=1,2,3}\frac{1}{\varepsilon_{ij}}x_i x_j=1 \tag{2.18}$$

式(2.16)中引入逆介电张量 B_{ij}，定义为

$$B_{ij}=\frac{1}{\varepsilon_{ij}}=\frac{1}{n_{ij}^2} \tag{2.19}$$

则式(2.16)变为

$$\sum_{i=j=1,2,3}B_{ij}^0 x_i x_j=1 \tag{2.20}$$

式中

$$B_1^0 x_1^2+B_2^0 x_2^2+B_3^0 x_3^2=1 \tag{2.21}$$

2. 电场作用于晶体时

折射率椭球发生变化时，式(2.20)为

$$\sum_{i=j=1,2,3} B'_{ij} x_i x_j = 1 \tag{2.22}$$

式中，$B'_{ij} = B^0_{ij} + \Delta B_{ij}$。

式(2.22)变为

$$\sum_{i=j=1,2,3} (B^0_{ij} + \Delta B_{ij}) x_i x_j = 1 \tag{2.23}$$

式(2.23)展开为

$$B^0_1 x_1^2 + B^0_2 x_2^2 + B^0_3 x_3^2 + 2B^0_4 x_2 x_3 + 2B^0_5 x_1 x_3 + 2B^0_6 x_1 x_2 = 1 \tag{2.24}$$

由于

$$\Delta B_{ij} = \gamma \boldsymbol{E} + h\boldsymbol{EE} + \cdots = \gamma_{ijk} E_k + h_{ijpq} E_p E_q + \cdots \tag{2.25}$$

式中，ΔB_{ij} 是外加电场引起的，故应该是 $\boldsymbol{E}$ 的函数。

将式(2.24)与式(2.21)比较，利用式(2.25)的初级项，对于非对称中心晶体有

$$\Delta B_{ij} = \gamma_{ijk} E_k \tag{2.26}$$

在式(2.25)中，由于 $\boldsymbol{E}$ 是矢量，ΔB 为二阶张量，则 γ 应该为三阶张量。γ_{ijk} 为线性电光系数，则式(2.26)为线性电光效应。

由式(2.19)，式(2.26)可写为

$$\Delta B_{ij} = \Delta\left(\frac{1}{\varepsilon_{ij}}\right) = \Delta\left(\frac{1}{n_{ij}^2}\right) = \gamma_{ijk} E_k \tag{2.27}$$

所以，折射率椭球方程为

$$\sum_{i=j=1,2,3} (B^0_{ij} + \gamma_{ijk} E_k) x_i x_j = 1 \tag{2.28}$$

2.3.3　非对称中心晶体的线性电光系数

将式(2.28)写成矩阵形式为

$$\begin{bmatrix} \Delta B_{11} \\ \Delta B_{12} \\ \vdots \\ \Delta B_{32} \\ \Delta B_{33} \end{bmatrix} = \begin{bmatrix} \gamma_{111} & \gamma_{112} & \gamma_{113} \\ \gamma_{121} & \gamma_{122} & \gamma_{123} \\ \vdots & \vdots & \vdots \\ \gamma_{321} & \gamma_{322} & \gamma_{323} \\ \gamma_{331} & \gamma_{332} & \gamma_{333} \end{bmatrix} \begin{bmatrix} E_1 \\ E_2 \\ E_3 \end{bmatrix} \tag{2.29}$$

式中，E_1、E_2、E_3 为沿着三个主轴上的电场或写成为 E_x、E_y、E_z；γ_{ijk} 表示由 9×3=27 个矩阵元素组成的三阶张量。由于 B_{ij} 是 ε_{ij} 的逆张量，而 ε_{ij} 是对称二阶张量，故 B_{ij} 也应该

是对称二阶张量。

因此，$\Delta B_{23}=\Delta B_{32},\Delta B_{13}=\Delta B_{31},\Delta B_{12}=\Delta B_{21}$，即

$$\Delta B_{ij}=\Delta B_{ji} \tag{2.30}$$

所以，B_{ij}的分量由 9 个减少为 6 个。

线性电光系数$\gamma_{ijk}=\gamma_{ikj}=\gamma_{jik}$。

矩阵方程(2.29)可以简化为

$$\begin{bmatrix}\Delta B_1\\ \Delta B_2\\ \Delta B_3\\ \Delta B_4\\ \Delta B_5\\ \Delta B_6\end{bmatrix}=\begin{bmatrix}\gamma_{11} & \gamma_{12} & \gamma_{13}\\ \gamma_{21} & \gamma_{22} & \gamma_{23}\\ \gamma_{31} & \gamma_{32} & \gamma_{33}\\ \gamma_{41} & \gamma_{42} & \gamma_{43}\\ \gamma_{51} & \gamma_{52} & \gamma_{53}\\ \gamma_{61} & \gamma_{62} & \gamma_{63}\end{bmatrix}\begin{bmatrix}E_1\\ E_2\\ E_3\end{bmatrix} \tag{2.31}$$

以 KDP 晶体举例如下。

KDP 属于四方晶系、负单轴晶体。在直角坐标系下，其折射率满足$n_1=n_2=n_0$，$n_3=n_e$，且$n_e<n_0$。在 KDP 晶体上无外加电场作用时，式(2.31)所示的折射率椭球方程为

$$B_1^0(x_1^2+x_2^2)+B_3^0x_3^2=1 \tag{2.32}$$

根据$B_1^0=\dfrac{1}{n_1^2}=\dfrac{1}{n_0^2},B_2^0=\dfrac{1}{n_2^2}=\dfrac{1}{n_0^2},B_3^0=\dfrac{1}{n_3^2}=\dfrac{1}{n_e^2}$可得

$$\frac{1}{n_0^2}(x_1^2+x_2^2)+\frac{1}{n_e^2}x_3^2=1 \tag{2.33}$$

在 KDP 上受到外电场$\boldsymbol{E}(E_1,E_2,E_3)$作用后，由式(2.15)和各点群线性电光效应矩阵元素知道，KDP 晶体只有γ_{41}、$\gamma_{52}=\gamma_{41}$、γ_{63}三个矩阵元素存在。所以 KDP 晶体在外加电场作用后，新的折射率椭球方程的矩阵形式为

$$\begin{bmatrix}\Delta B_1\\ \Delta B_2\\ \Delta B_3\\ \Delta B_4\\ \Delta B_5\\ \Delta B_6\end{bmatrix}=\begin{bmatrix}0 & 0 & 0\\ 0 & 0 & 0\\ 0 & 0 & 0\\ \gamma_{41} & 0 & 0\\ 0 & \gamma_{52} & 0\\ 0 & 0 & \gamma_{63}\end{bmatrix}\begin{bmatrix}E_1\\ E_2\\ E_3\end{bmatrix} \tag{2.34}$$

折射率椭球方程为

$$(B_1^0x_1^2+B_2^0x_2^2+B_3^0x_3^2)+2\gamma_{41}E_1x_2x_3+2\gamma_{41}E_2x_3x_1+2\gamma_{63}E_3x_1x_2=1 \tag{2.35}$$

或写成

$$\frac{x^2}{n_0^2}+\frac{y^2}{n_0^2}+\frac{z^2}{n_e^2}+2\gamma_{41}yzE_x+2\gamma_{41}xzE_y+2\gamma_{63}xyE_z=1 \tag{2.36}$$

首先由式(2.36)分析得到，一是外加电场导致折射率椭球方程中“交叉项”的出现。二是加电场后，椭球的主轴不再与 x 、 y 、 z 轴平行，同时三个主折射率发生变化。其次是建立新的坐标系，在该坐标系中进一步主轴化，从而确定电场对光传播的影响。最后由于光传播方向选为 z 轴方向，可以看出，垂直光轴方向的电光效应只与 γ_{41} 有关，平行光轴方向的电光效应只与 γ_{63} 有关。实际中通常选电场平行或垂直 z 轴。当 $\boldsymbol{E} // z$ 轴时， $E_x = E_y = 0$ ， $E_z = E$ 或 $E_1 = E_2 = 0$ ， $E_3 = E$ ，式(2.35)和式(2.36)变为

$$B_1^0(x_1^2 + x_2^2) + B_3^0 x_3^2 + 2\gamma_{63}E_3 x_1 x_2 = 1 \tag{2.37}$$

$$\frac{x_1^2}{n_0^2} + \frac{x_2^2}{n_0^2} + \frac{x_3^2}{n_e^2} + 2\gamma_{63}E_3 x_1 x_2 = 1 \tag{2.38}$$

为了直观地观察晶体在平行于光轴的外电场作用下的光学性质变化，寻找一个新的坐标系 (x_1', x_2', x_3') ，使折射率椭球方程(2.35)不含交叉项，即表示为

$$\frac{x_1'^2}{n_{x_1'}^2} + \frac{x_2'^2}{n_{x_2'}^2} + \frac{x_3'^2}{n_{x_3'}^2} = 1 \tag{2.39}$$

式(2.39)为在新坐标系下的主轴化的折射率椭球方程。 x_1', x_2', x_3' 为外加电场后椭球主轴的方向，通常称为感应主轴； $n_{x_1'}, n_{x_2'}, n_{x_3'}$ 是新坐标系下的主折射率。由于式(2.35)中 x_1 和 x_2 对称，将 x_1 和 x_2 坐标绕 x_3 轴转 α 角，则新、旧坐标系的变换为

$$\begin{cases} x_1 = x_1'\cos\alpha - x_2'\sin\alpha \\ x_2 = x_1'\sin\alpha + x_2'\cos\alpha \\ x_3 = x_3' \end{cases} \tag{2.40}$$

整理得

$$\left(\frac{1}{n_0^2} + \gamma_{63}E_3\sin 2\alpha\right)x_1'^2 + \left(\frac{1}{n_0^2} - \gamma_{63}E_3\sin 2\alpha\right)x_2'^2 + \frac{1}{n_e^2}x_3'^2 + 2\gamma_{63}E_3\cos 2\alpha \cdot x_1'x_2' = 1 \tag{2.41}$$

令交叉项为零，即 $\alpha = \pi/4$ 时，式(2.41)为

$$\left(\frac{1}{n_0^2} + \gamma_{63}E_3\right)x_1'^2 + \left(\frac{1}{n_0^2} - \gamma_{63}E_3\right)x_2'^2 + \frac{1}{n_e^2}x_3'^2 = 1 \tag{2.42}$$

式(2.42)为 KDP 晶体沿 z 轴加电场之后的新椭球方程，如图 2-5 所示。以旧坐标系的 z 轴为对称轴旋转 45°得到新折射率椭球主轴；使新折射率椭球主轴化，则式(2.39)为标准的双轴晶体折射率椭球方程。此结果进一步说明了 KDP 晶体受外电场 E_3 作用后，将由单轴晶体变为双轴晶体，其晶体的光学性质发生变化；旧折射率椭球与 xOy 面的交线是半径为 n_0 的圆，加外电场

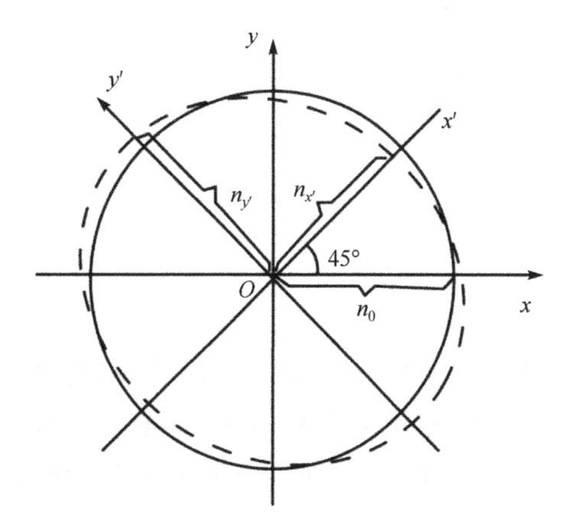

图 2-5　加电场后椭球的形变

后变为主轴在45°方向上的椭圆。

由式(2.42)可知，新椭圆方程主轴的半长度为

$$\begin{cases}\dfrac{1}{n_{x_1'}^2}=\dfrac{1}{n_0^2}+\gamma_{63}E_3\\[2ex]\dfrac{1}{n_{x_2'}^2}=\dfrac{1}{n_0^2}-\gamma_{63}E_3\\[2ex]\dfrac{1}{n_{x_3'}^2}=\dfrac{1}{n_e^2}\end{cases}\tag{2.43}$$

进一步整理得到

$$\begin{cases}\dfrac{1}{n_{x_1'}^2}-\dfrac{1}{n_0^2}=\gamma_{63}E_3\\[2ex]\dfrac{1}{n_{x_2'}^2}-\dfrac{1}{n_0^2}=-\gamma_{63}E_3\\[2ex]\dfrac{1}{n_{x_3'}^2}-\dfrac{1}{n_e^2}=0\end{cases}\tag{2.44}$$

再利用$\gamma_{63}\approx 10^{-10}\text{m/V}$，$\gamma_{63}E\ll\dfrac{1}{n_0^2}$，以及微分式$\mathrm{d}\left(\dfrac{1}{n^2}\right)=-\dfrac{2}{n^3}\mathrm{d}n$，即$\mathrm{d}n=-\dfrac{n^3}{2}\mathrm{d}\left(\dfrac{1}{n^2}\right)$，可以得到

$$\begin{cases}\Delta n_{x_1}=-\dfrac{1}{2}n_0^3\cdot\left(\dfrac{1}{n_{x_1'}^2}-\dfrac{1}{n_0^2}\right)=-\dfrac{1}{2}n_0^3\gamma_{63}E_3\\[2ex]\Delta n_{x_2}=-\dfrac{1}{2}n_0^3\cdot\left(\dfrac{1}{n_{x_2'}^2}-\dfrac{1}{n_0^2}\right)=\dfrac{1}{2}n_0^3\gamma_{63}E_3\\[2ex]\Delta n_{x_3}=0\end{cases}\tag{2.45}$$

所以得到

$$\begin{cases}n_{x_1'}=n_0-\dfrac{1}{2}n_0^3\gamma_{63}E_3\\[2ex]n_{x_2'}=n_0+\dfrac{1}{2}n_0^3\gamma_{63}E_3\\[2ex]n_{x_3'}=n_e\end{cases}\tag{2.46}$$

式(2.45)中，Δn 称为电致折射率变化。式(2.46)为晶体外加电场后新的折射率。

电光效应分为：①纵向电光效应。当光波矢方向与外加电场方向一致时，称为纵向电光效应。②横向电光效应。当光波矢方向与外加电场垂直时，称为横向电光效应。

2.3.4　电光相位延迟及半波电压

以 KDP 晶体为例，讨论电光相位延迟及半波电压。在实际应用中，电光晶体总是沿着相对于光轴的某些特殊方向切割而成，并且外加电场也是沿着某一主轴方向加到晶体上，常用的两种方法如下：一种是电场方向与通光方向一致，称为纵向电光效应；另一种是电场方向与通光方向垂直，称为横向电光效应。光波在低频电场作用下的电光晶体中传播时，光波在晶体中的传播规律受到折射率分布的支配。可见，可以利用晶体的电光效应控制光波的传播规律，如改变光波的偏振态、传播方向等。讨论外加电场为直流场或射频场的情况，即由电光晶体中射出的光波的相位并根据晶体上外加电场的瞬时值确定。以 KDP 晶体为例进行讨论和分析，沿晶体 z 轴方向加电场后，其折射率椭球的截面如图 2-6 所示。

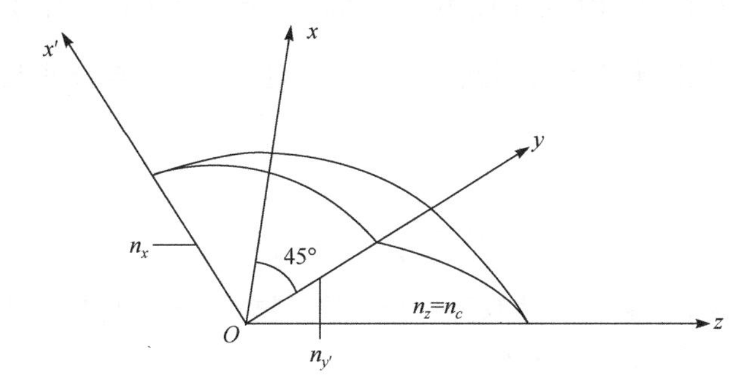

图 2-6　折射率椭球的截面

1. KDP 晶体的纵向电光效应

假设三主轴坐标为 x_1', x_2', x_3', $\boldsymbol{E}\uparrow\uparrow\boldsymbol{x}_3'$, $\boldsymbol{k}\uparrow\uparrow\boldsymbol{x}_3'$ ($\uparrow\uparrow$表示方向相同)，L 是晶体长度。一束线偏振光沿着 x_3' 入射到晶体后，即在晶体内分解成两个垂直于 x_3' 的偏振分量 x_1', x_2'，折射率分别对应于 n_1' 和 n_2'，当两个偏振分量从晶体射出时，因为两个主轴 x_1' 为快轴，x_2' 为慢轴，发生相位延迟。

$$\Delta\varphi = \varphi_{n'_{x_2}} - \varphi_{n'_{x_1}} = \frac{2\pi}{\lambda}\cdot L\cdot n_0^3\gamma_{63}E_3 = \frac{2\pi}{\lambda}n_0^3\gamma_{63}V \tag{2.47}$$

式(2.47)中的相位差是由电光效应引起的，称为电光相位延迟。由式(2.44)得到

$$V = \frac{\lambda\cdot\Delta\varphi}{2\pi n_0^3\gamma_{63}} \tag{2.48}$$

当 $\Delta\varphi = \pi$ 时

$$V_\pi = V_{\lambda/2} = \frac{\lambda\pi}{2n_0^3\gamma_{63}} \tag{2.49}$$

半波电压 $\Delta\varphi = \pi$ 时相应的外加电压为 V_π，由此得到 V_π 和 γ_{63} 是描述电光晶体的重要物理量；当 γ_{63} 增加、V_π 减小时，可以通过 V_π 的实验测量值计算相应的电光系数。半波电压是表征电光晶体性能优劣的重要参数，这个电压越小越好，在宽频带、高频率情况

下，半波电压小，需要的调制功率就小。

2. KDP 晶体的横向电光效应

假设取 $\boldsymbol{k}\uparrow\uparrow\boldsymbol{x}',\boldsymbol{x}_2''\perp\boldsymbol{x}_3''\uparrow\uparrow\boldsymbol{E},L$ 为晶体长度，d 为晶体厚度。一束线偏振光入射晶体后，将分解为 x_1' 和 $x_3(x_3')$ 方向振动的两个线偏振光，折射率分别为 n_1' 和 $n_3'=n_e$，从晶体射出时，两个偏振分量的相位差为

$$\begin{aligned}\Delta\varphi&=\frac{2\pi}{\lambda}n_1'L-\frac{2\pi}{\lambda}n_1'L=\frac{2\pi L}{\lambda}\left(n_0-\frac{1}{2}n_0^3\gamma_{63}E_3\right)-\frac{2\pi}{\lambda}L\cdot n\\&=\frac{2\pi L}{\lambda}(n_0-n_e)-\frac{\pi Ln_0^3\gamma_{63}E_3}{\lambda}=\Delta\varphi_1+\Delta\varphi_2\end{aligned}\tag{2.50}$$

式中，$\Delta\varphi_1$ 为自然双折射现象引起的相位差；$\Delta\varphi_2$ 为横向电光效应引起的电光相位延迟。

当 $\Delta\varphi_2=\pi$ 时，横向电光效应引起的电光相位延迟的半波电压为 $V_\pi=\dfrac{\lambda d}{n_0^3\gamma_{63}L}$，则相位差为

$$\Delta\varphi=\frac{2L}{\lambda}\cdot n_0^3\gamma_{63}\frac{V}{d}\tag{2.51}$$

在横向电光效应中，存在自然双折射造成的相位差 $\Delta\varphi_1$，此项无法人为控制，可以用补偿法消除自然双折射造成的相位差。

2.3.5 光偏振态的变化

1. 物理描述

任意一束线偏振光入射到加有电压的晶体后，会分解成两个垂直的线偏振光，由于存在电光效应造成的电光相位延迟，此两个偏振光的相速度存在差异，从而改变出射光的偏振态。

2. 数学描述

出射光的合成振动为一个椭圆偏振光：

$$\frac{E_{x_1'}^2}{A_1^2}+\frac{E_{x_2'}^2}{A_2^2}-\frac{2E_{x_1'}E_{x_2'}}{A_1A_2}\cos(\Delta\varphi)=\sin^2(\Delta\varphi)\tag{2.52}$$

当晶体上未加电压且 $\Delta\varphi=2n\pi$ (n=0, 1, 2, …)时，式(2.52)变为 $\left(\dfrac{E_{x_1'}}{A_1}-\dfrac{E_{x_2'}}{A_2}\right)^2=0$，即

$$E_{x_2'}=\frac{A_2}{A_1}E_{x_1'}=E_{x_1'}\tan\theta\tag{2.53}$$

式(2.53)的意义在于它是一个直线方程，通过晶体后的合成光是线偏振光，且与入射光的偏振方向一致。该晶体相当于“全波片”。

当在晶体上加电压 $V_{\lambda/4}$ 时，有

$$\Delta\varphi = \left(n + \frac{1}{2}\right)\pi \quad (n = 0,1,2,\cdots) \tag{2.54}$$

式(2.52)简化为

$$\frac{E_{x_1'}^2}{A_1^2} + \frac{E_{x_2'}^2}{A_2^2} = 1 \tag{2.55}$$

式(2.55)的意义在于它为一个正椭圆方程；当 $A_1 = A_2$ 时，它为一个为圆方程，合成光变为一个圆偏振光。晶体相当于“1/4 波片”。

当外加电场 $V_{\lambda/2}$ 作用于晶体时，有

$$\Delta\varphi = (2n+1)\pi \quad (n = 0,1,2,\cdots) \tag{2.56}$$

式(2.52)变为 $\left(\frac{E_{x_1'}}{A_1} - \frac{E_{x_2'}}{A_2}\right)^2 = 0$ ，所以

$$E_{x_2'} = \frac{A_2}{A_1} E_{x_1'} = E_{x_1'} \tan(-\theta) \tag{2.57}$$

式(2.57)的意义在于它为一个直线方程，合成光为线偏振光；加上半波电压后的晶体起到一个“半波片”的作用，但是合成光依然为线偏振光，但偏振方向相对于入射光旋转了 2θ 角。

综上所述，设一束线偏振光垂直于 x'-y' 平面入射，且沿 x 轴方向振动，它刚进入晶体 $(z = 0)$ 即分解为相互垂直的 x'、y' 两个偏振分量，经过距离 L 后：

x' 分量为

$$E_{x'} = A\exp\left\{\mathrm{i}\left[\omega_c t - \frac{\omega_c}{c}\left(n_0 - \frac{1}{2}n_0^3\gamma_{63}E_x\right)L\right]\right\} \tag{2.58}$$

y' 分量为

$$E_{y'} = A\exp\left\{\mathrm{i}\left[\omega_c t - \frac{\omega_c}{c}\left(n_o - \frac{1}{2}n_0^3\gamma_{63}E_z\right)L\right]\right\} \tag{2.59}$$

在晶体的出射面 $(z = L)$ 处两个分量间的相位差为

$$\Delta\varphi = \frac{\omega_c n_0^3 \gamma_{63} V}{c} \tag{2.60}$$

图 2-7 为某瞬间 $E_{x'}(z)$ 和 $E_{y'}(z)$ 两个分量随 z 变化的曲线(为便于观察，将两个垂直分量分开画出)，以及在路径上不同点处光场矢量的顶端扫描的轨迹。在 $z = 0$ 处，相位差 $\Delta\varphi = 0$ ，光场矢量是沿 x 方向的线偏振光；在 e 点处， $\Delta\varphi = \pi/2$ ，则合成光场矢量变为顺时针旋转的圆偏振光；在 i 点处， $\Delta\varphi = \pi$ ，则合成光场矢量变为沿着 y 方向的线偏振光，相对于入射偏振光旋转了 90°。如果在晶体的输出端放置一个与入射光偏振方向垂直的偏振器作为检偏器，那么当晶体上所加的电压在 0～$V_{\lambda/2}$ 变化时，从检偏器输出的光只是椭圆偏振光的 y 向分量，因而可以把偏振态的变化(偏振调制)变换成光电强度的变化(强度调制)。

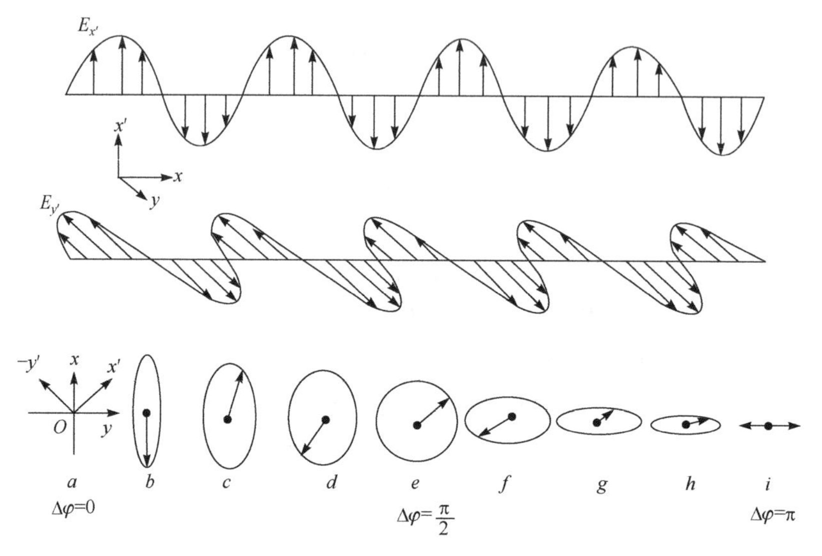

图 2-7 纵向运用 KDP 晶体中光波的偏振态变化

2.3.6 电光强度调制

利用泡克耳斯效应实现电光调制，本书施加在晶体上的电场在空间上基本是均匀的，但在时间上是变化的，当一束光通过晶体后，可以使一个随时间变化的电信号转换为光信号，由光波的强度或相位变化来实现要传递的信息，其主要应用于光通信和光开关等领域。

某些晶体或液体在外加电场的作用下，其折射率会发生变化，这种效应称为电光效应。当光波通过折射率变化的晶体或液体时，其出射光的传播特性受到影响而变化。电光效应已经被广泛应用于实现光波的相位、频率、偏振态和强度等的控制，基于电光效应可以制成各种光调制器件、光偏转器件和电光滤波器件等。

1. 纵向电压调制

图 2-8 为一个纵向电光强度调制器的原理图。下面推导纵向电压调制时的电光强度调制，假设入射光场为

$$E = A\exp(\mathrm{i}\omega t) \tag{2.61}$$

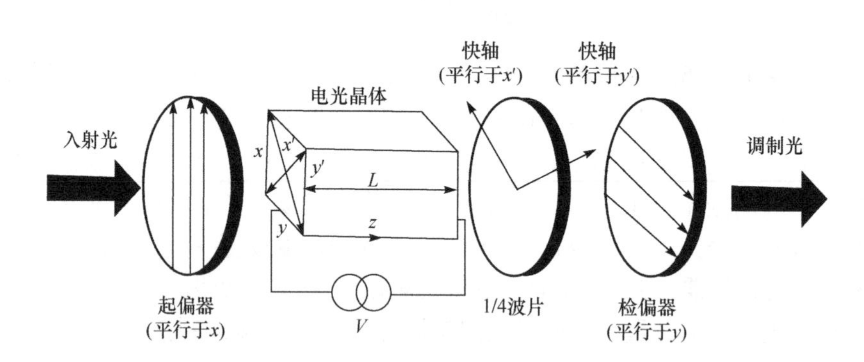

图 2-8 纵向电光强度调制器的典型结构

在新主轴坐标系中，两偏振光的光场为

$$E_{x_1'}(0)=E\cos\left(\frac{\pi}{4}\right)=\frac{\sqrt{2}}{2}A\exp(\mathrm{i}\omega t) \tag{2.62}$$

$$E_{x_2'}(0)=E\sin\left(\frac{\pi}{4}\right)=\frac{\sqrt{2}}{2}A\exp(\mathrm{i}\omega t) \tag{2.63}$$

则总光场为

$$E_0=E_{x_1'}(0)+E_{x_2'}(0)=\sqrt{2}A\exp(\mathrm{i}\omega t) \tag{2.64}$$

入射光强为

$$I_0\propto E_0\cdot E_0^*=\left|E_{x_1'}(0)\right|^2+\left|E_{x_2'}(0)\right|^2=2A^2 \tag{2.65}$$

经过电光晶体后，由于电光效应引起的双折射，本征模在出射端为

$$E_{x_1'}(0)=\frac{\sqrt{2}}{2}A\exp(\mathrm{i}(\omega t-kL)) \tag{2.66}$$

$$E_{x_2'}(0)=\frac{\sqrt{2}}{2}A\exp(\mathrm{i}(\omega t-kL-\Delta\varphi)) \tag{2.67}$$

此时在检偏器上的分量为

$$E_{x_1'}=E_{x_1'}(L)\cos\left(\frac{\pi}{4}\right)=\frac{A}{2}A\exp(\mathrm{i}(\omega t-kL)) \tag{2.68}$$

$$E_{x_2'}=E_{x_2'}(L)\sin\left(\frac{\pi}{4}\right)=\frac{A}{2}A\exp(\mathrm{i}(\omega t-kL-\Delta\varphi)) \tag{2.69}$$

出射的总光场为

$$E=E_{x_1'}+E_{x_2'}=\frac{A}{2}(\mathrm{e}^{-\mathrm{i}\Delta\varphi}-1) \tag{2.70}$$

输出光强为

$$I\propto E\cdot E^*=2A^2\cdot\sin^2\left(\frac{\Delta\varphi}{2}\right) \tag{2.71}$$

假设电光晶体上所加电压为交变电压：$V=V_0\sin(\omega_s t)$，由纵向电光效可知，出射光与入射光的电压延迟为

$$\Delta\varphi=\frac{V_0}{V_\pi}\cdot\pi\cdot\sin(\omega_s t) \tag{2.72}$$

由出射光强与入射光强之比得透过率T：

$$T=\frac{I}{I_0}=\sin^2\left(\frac{\Delta\varphi}{2}\right)=\sin^2\frac{V_0\cdot\pi\cdot\sin(\omega_s t)}{2V_\pi}=\sin^2\left(\frac{\pi V}{2V_\pi}\right) \tag{2.73}$$

式中，T 为调制器的透过率，与晶体上的外加电场有关，同时可以数值计算光强调制特

征曲线，调制器的输出特性与外加电压是非线性关系，如图 2-9 所示。若调制器工作在非线性部分，则调制光将发生畸变。

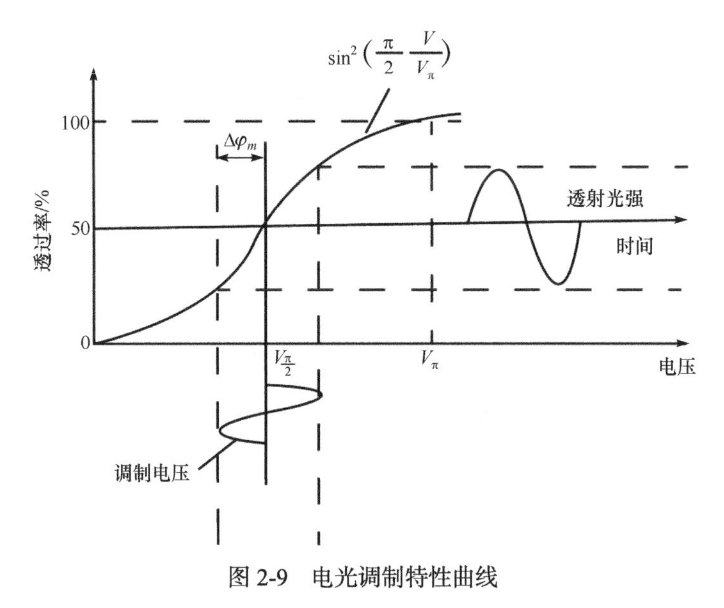

图 2-9　电光调制特性曲线

为了获得线性调制，可以通过引入一个固定的 $\pi/2$ 相位延迟，使调制器的电压偏置在 $T=50\%$ 的工作点上。常用的办法有两种：①在调制晶体上除施加信号电压之外，再附加一个 $V_{\lambda/4}$ 的固定偏压，但此法会增加电路的复杂性，而且工作点的稳定性差；②在调制器的光路上插入一个 1/4 波片，其快慢轴与晶体主轴 x 成 45°，从而使 $E_{x'}$ 和 $E_{y'}$ 两分量间产生 $\pi/2$ 的固定相位差。于是，式(2.73)中的总相位差为

$$\Delta\varphi=\frac{\pi}{2}+\pi\frac{V_m}{V_\pi}\sin(\omega_m t)=\frac{\pi}{2}+\Delta\varphi_m\sin(\omega_m t) \tag{2.74}$$

式中，$\Delta\varphi_m=\pi V_m/V_\pi$，是相应于外加调制信号电压 V_m 的相位差。因此，调制器的透过率 T 可表示为

$$\begin{aligned}T=\frac{I}{I_i}&=\sin^2\left[\frac{\pi}{4}+\frac{\Delta\varphi_m}{2}\sin(\omega_m t)\right]\\&=\frac{1}{2}[1+\sin(\Delta\varphi_m\sin(\omega_m t))]\end{aligned} \tag{2.75}$$

利用贝塞尔函数恒等式，将 $\sin(\Delta\varphi_m\sin(\omega_m t))$ 展开后，得

$$T=\frac{I}{I_i}=\frac{1}{2}+\sum_{n=0}^{\infty}\mathrm{J}_{2n+1}(\Delta\varphi_m)\sin^2[(2n+1)\omega_m t] \tag{2.76}$$

由式(2.76)可见，输出的调制光中含有高次谐波分量，使调制光发生畸变。为了获得线性调制，必须将高次谐波控制在允许的范围内。设基频波和高次谐波的幅值分别为 I_1 和 I_{2n+1}，则高次谐波与基频波成分的比值为

$$\frac{I_{2n+1}}{I_1}=\frac{\mathrm{J}_{2n+1}(\Delta\varphi_m)}{\mathrm{J}_1(\Delta\varphi_m)} \quad (n=0,1,2,\cdots) \tag{2.77}$$

若取 $\Delta\varphi_m=1\mathrm{rad}$，则 $\mathrm{J}_1(1)=0.44, \mathrm{J}_3(1)=0.02, I_3/I_1=0.045$，即三次谐波为基波的4.5%，在这个范围内可以获得近似线性调制，因而取

$$\Delta\varphi_m=\pi\frac{V_m}{V_\pi}\leqslant 1\mathrm{rad} \tag{2.78}$$

作为线性调制的判据。此时 $\mathrm{J}_1(\Delta\varphi_m)\approx\frac{1}{2}(\Delta\varphi_m)$，代入式(2.76)得

$$T=\frac{I}{I_i}\approx\frac{1}{2}[1+\Delta\varphi_m\sin(\omega_m t)] \tag{2.79}$$

因此，为了获得线性调制，要求调制信号不宜过大(小信号调制)，那么输出的光强调制波就是调制信号 $V=V_m\sin(\omega_m t)$ 的线性复现。如果 $\Delta\varphi_m\ll 1\mathrm{rad}$ 的条件不能满足(大信号调制)，则光强调制波就要发生畸变。

以上讨论的纵向电光调制器具有结构简单、工作稳定、不存在自然双折射的影响等优点。其缺点是半波电压太高，特别在调制频率较高时，功率损耗比较大。

2. 横向电光调制

横向电光效应大致可以分为三种形式：①沿 z 轴方向加电场，通光方向垂直于 z 轴，并与 x 或 y 轴成45°夹角(晶体为45°-z 切割)；②沿 x 轴方向加电场(即电场方向垂直于光轴)，通光方向垂直于 x 轴，并与 z 轴成45°夹角(晶体为45°-x 切割)；③沿 y 轴方向加电场，通光方向垂直于 x 轴，并与 z 轴成45°夹角(晶体为45°-y 切割)。在此仅以 KDP 晶体的第一种运用方式为代表进行分析。

横向电光调制器的典型结构如图 2-10 所示。因为外加电场沿 z 轴方向，所以和纵向运用时一样，$E_x=E_y=0$，$E_z=E$，晶体的主轴 x、y 旋转45°至 x'、y'，相应的三个主折射率见式(2.46)。

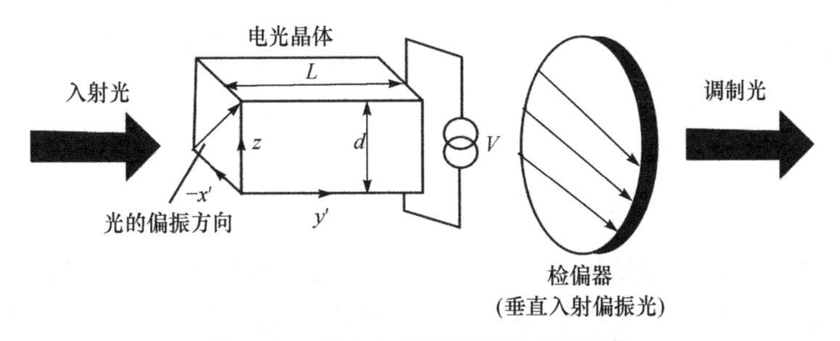

图 2-10 横向电光调制器的典型结构

但此时的通光方向与 z 轴垂直，沿着 y' 方向传播(入射光偏振方向与 z 轴成45°)，进入晶体后将分解为沿 x' 和 z 方向振动的两个分量，其折射率分别为 $n_{x'}$ 和 n_z。若通光方向的晶体长度为 L，厚度(两电极间距离)为 d，外加电压 $V=E_z d$，则从晶体出射的两分量

间的相位差为

$$\Delta\varphi = \frac{2\pi}{\lambda}(n_{x'} - n_z)L = \frac{2\pi}{\lambda}\left[(n_0 - n_e)L - \frac{1}{2}n_0^3\gamma_{63}\left(\frac{L}{d}\right)V\right] \tag{2.80}$$

由此可知，KDP 晶体的横向电光效应使光波通过晶体后的相位差包括两项：第一项是与外加电场无关的晶体本身的自然双折射引起的相位差，这一项对调制器的工作没有贡献，而且当晶体温度变化时，还会带来不利的影响，因此应设法消除(补偿)掉；第二项是外加电场作用产生的相位差，它与外加电压V和晶体的尺寸(L/d)有关，若适当地选择晶体尺寸，则可以降低其半波电压。

KDP 晶体横向电光调制的主要缺点是存在着自然双折射引起的相位差，这意味着在没有外加电场时，进入晶体的线偏振光分解的两偏振分量就有相位差存在。当晶体的温度变化时，由于折射率n_0和n_e随温度的变化率不同，因而两分量的相位差会发生漂移。实验证明，KDP 晶体的两折射率之差随温度的变化率为$\Delta(n_0 - n_e)/\Delta T \approx 1.1\times10^{-5}/℃$。如果长度$L = 30\text{mm}$的 KDP 晶体制成调制器，当通过波长为 632.8nm 的激光时，由温度所引起的相位差变化为

$$\Delta\varphi = \frac{2\pi}{\lambda}\Delta nL = \frac{2\pi}{0.6328\times10^{-6}}\times1.1\times10^{-5}\times0.03 \approx 1.04\pi\ \text{rad} \tag{2.81}$$

如果要求相位变化不超过 0.02rad，则需要晶体的恒温精度保持在 0.005℃以内，这显然是不可能的。因此，在 KDP 晶体横向调制器中，自然双折射的影响会导致调制光发生畸变，甚至使调制器不能工作。所以在实际应用中，除尽量采取一些措施(如散热、恒温等)以减小晶体温度的漂移之外，主要采用一种“组合调制器”的结构予以补偿。常用的补偿方法有两种：①将两块几何尺寸几乎完全相同的晶体的光轴互成 90°串接排列，即一块晶体的y'轴和z轴分别与另一块晶体的z轴和y'轴平行，如图 2-11(a)所示；②两块晶体的z轴和y'轴互相反向平行排列，中间放置一块 1/2 波片，如图 2-11(b)所示。

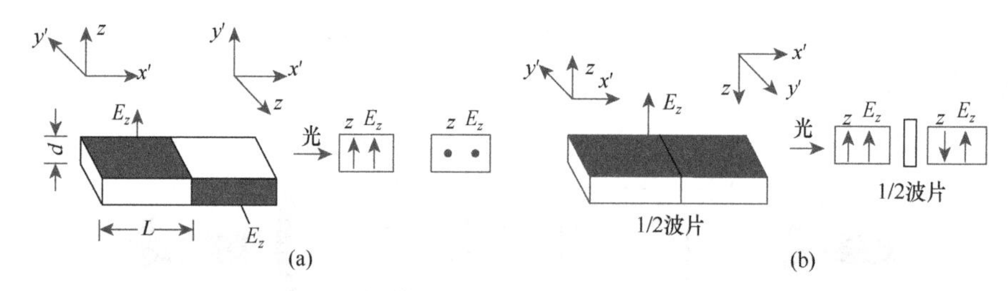

图 2-11 横向电光效应的两种补偿方式

这两种方法的补偿原理是相同的。外电场沿z轴(光轴)方向，但在两块晶体中，电场相对于光轴反向，当线偏振光沿x'轴方向入射到第一块晶体时，电矢量分解为沿z轴方向的e_1光和沿y'轴方向的o_1光，当它们经过第一块晶体之后，两束光的相位差为

$$\Delta\varphi_1 = \varphi_{y'} - \varphi_z = \frac{2\pi}{\lambda}\left(n_0 - n_e + \frac{1}{2}n_0^3\gamma_{63}E_z\right)L \tag{2.82}$$

经过 1/2 波片后，两束光的偏振方向各旋转 90°，经过第二块晶体后，原来的e_1光变

成了 o_2 光，o_1 光变成 e_2 光，则它们经过第二块晶体后，其相位差为

$$\Delta\varphi_2 = \varphi_z - \varphi_{y'} = \frac{2\pi}{\lambda}\left(n_e - n_0 + \frac{1}{2}n_0^3\gamma_{63}E_z\right)L \tag{2.83}$$

于是，通过两块晶体之后的总相位差为

$$\Delta\varphi = \Delta\varphi_1 + \Delta\varphi_2 = \frac{2\pi}{\lambda}n_0^3\gamma_{63}V\frac{L}{d} \tag{2.84}$$

因此，若两块晶体的尺寸、性能及受外界影响完全相同，则自然折射的影响即可得到补偿。根据式(2.84)，当 $\Delta\varphi = \pi$ 时，半波电压为

$$V_{\lambda/2} = \left(\frac{\lambda}{2n_0^3\gamma_{63}}\right)\frac{d}{L} \tag{2.85}$$

式中，括号内就是纵向电光效应的半波电压，所以

$$(V_{\lambda/2})_{横} = (V_{\lambda/2})_{纵}\frac{d}{L} \tag{2.86}$$

可见，横向半波电压是纵向半波电压的 d/L，减小 d 增加 L 可以降低横向半波电压。但是，这种方法必须用两块晶体，所以结构复杂，而且其尺寸加工要求极高。对 KDP 晶体而言，若长度差为 0.1mm，当温度变化 1℃时，相位变化为 0.6°(对 632.8nm 波长)，所以对 KDP 晶体一般不采用横向调制方式。在实际应用中，由于 $\bar{4}3$m 族 GaAs 晶体($n_0 = n_e$)和 3m 族 $LiNbO_3$ 晶体(x 方向加电场，z 方向通光)均不受自然双折射的影响，故多采用横向电光调制。

2.4 *Q* 开关技术

2.4.1 问题提出

调 *Q* 技术又称为 *Q* 开关技术，指通过对谐振腔损耗的调制使得谐振腔的 *Q* 值按照一定的程序和规律变化，从而改善激光脉冲的功率和时间特性，获得短而强的巨脉冲。调 *Q* 技术是压缩激光脉宽、提高峰值功率的有效方法，但是受到光子平均寿命的限制，利用调 *Q* 技术只能获得脉宽为纳秒量级的激光脉冲，利用锁模技术可以获得皮秒和飞秒量级的激光脉冲。

调 *Q* 技术就是通过某种方法使激光谐振腔的 *Q* 值随时间按一定程序变化的技术。在泵浦开始时使谐振腔处在低 *Q* 值状态，即提高振荡阈值，使振荡不能生成，激活介质的上能级的反转粒子数就可以大量积累，当积累到最大值(饱和值)时，使腔的损耗突减，*Q* 值突增，激光振荡迅速建立起来，在极短的时间内上能级的反转粒子数被消耗，转变为腔内的光能量，在腔的输出端以单一脉冲形式将能量释放出来，于是就获得峰值功率很高的巨脉冲激光输出。一般调 *Q* 脉冲宽度在纳秒量级，峰值功率可达兆瓦量级及以上。调 *Q* 技术最先出现在固体激光器中，而后随着光纤激光器的出现和发展，人们也将调 *Q* 技术应用于光纤激光器中，产生了调 *Q* 光纤激光器，大大提高了光纤激光器输出的脉冲

能量和峰值功率，在二次谐波产生、光时域反射计、激光测距仪、激光雷达、激光加工等领域得到广泛应用。调Q技术分为脉冲反射式和脉冲透射式。

在脉冲反射式调Q技术中，一是要尽可能多地把激活粒子储存在激光工作物质的上能级，这样可以保证有更多的能量，二是要在尽量短的时间内把粒子消耗掉，否则容易使脉冲宽度变宽，或产生次脉冲。由此可见调Q技术运行的一些基本条件就是，激光工作物质必须有高的抗损伤阈值，而且上能级寿命要尽可能长，这样才能保证在激光的上能级形成反转粒子数积累。同时，对泵浦速率提出了更高的要求，也就是说泵浦速率不能低于激光工作物质上能级自发辐射的速率，否则保证不了能量的积累。目前，因多种调Q技术而形成了多种调Q激光器件。例如，按照泵浦方式的不同，把它分为主动调Q技术和被动调Q技术。

2.4.2　解决思路和原理

电光调Q技术主要是利用晶体的电光效应和检偏器一起产生电光调制，如图 2-12 所示。首先，从检偏器输出的光为线偏振光(A)，在晶体两端加一特定电压，由于晶体的偏振效应，光的偏振态(B)发生变化。经过反射镜反射之后，透过晶体的光偏振态(D)再次发生变化，然后到检偏器里检测。第二次经过检偏器的光再次变为线偏振光(E)。如果光两次经过晶体之后，光的偏振态(D)与检偏器的方向相同，则激光器损耗最小，激光系统的Q值很大，Q开关处于“关闭”状态；如果光的偏振态与检偏器的方向垂直，则激光器损耗最大，激光系统的Q值很小，Q开关处于“接通”状态。改变施加给晶体的电压，可以调节第二次到达检偏器的光偏振态(D)，即调节系统的Q开关状态。当设置Q开关处于“关闭”状态时，谐振腔的损耗很大，激光器不振荡，增益介质中上能级的粒子数不断积累。此时，改变晶体两端电压，激光系统的损耗变低，激光迅速地被放大，直到上能级粒子数被消耗完成，激光器输出一个巨脉冲。这就是电光调Q技术的基本原理。声光调Q技术指利用声光器件的布拉格衍射原理，调节谐振腔的损耗，实现激光器的调Q运转。

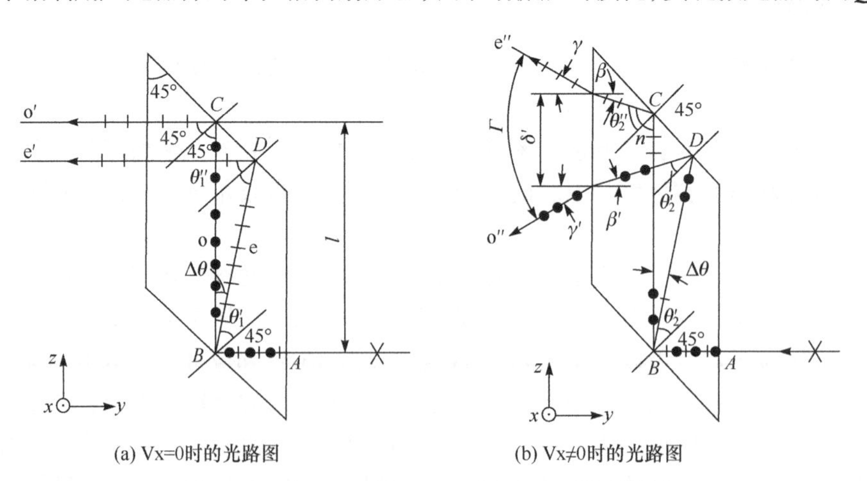

图 2-12　当 Vx=0 或 Vx≠0 时的电光调制光路图

在分析脉冲激光器输出尖峰序列的原因时已经指出，在泵浦激励过程中，当工作物

质中反转粒子数 Δn 增加到阈值时就产生激光，当 Δn 超过 Δn_t 时，随着受激辐射的增强，上能级粒子数大量消耗，反转粒子数 Δn 迅速下降，直到 Δn 低于阈值 Δn_t 时，激光振荡迅速衰减。然后泵浦的抽运又使上能级逐渐积累粒子而形成第二个激光尖峰，如此不断重复，便产生一系列小的尖峰脉冲。由于每个激光脉冲都是在阈值附近产生的，所以输出脉冲的峰值功率较低，一般为几十千瓦数量级。增大输入能量时，只能使尖峰脉冲的数目增多，而不能有效地提高峰值功率水平。同时，激光输出的时间特性也很差。

为了得到高的峰值功率和获得单个脉冲，采用了调 Q 技术，它的基本原理是通过某种方法使得谐振腔的损耗因子 δ (或 Q 值)按照规定的程序变化，在泵浦激励刚刚开始时，先使得光腔具有高损耗因子 δ_H，激光器由于阈值高而不能产生激光振荡，于是亚稳态上的粒子数便可以积累到较高的水平。然后在适当的时刻，使得光腔的损耗因子突然降低到 δ，阈值也随之突然降低，此时激光上能级上的反转粒子数大大超过阈值，受激辐射迅速增强。于是在极短的时间内，上能级储存的大部分粒子的能量转变为激光能量，形成一个很强的激光巨脉冲输出，调 Q 激光脉冲建立过程如图 2-13 所示。

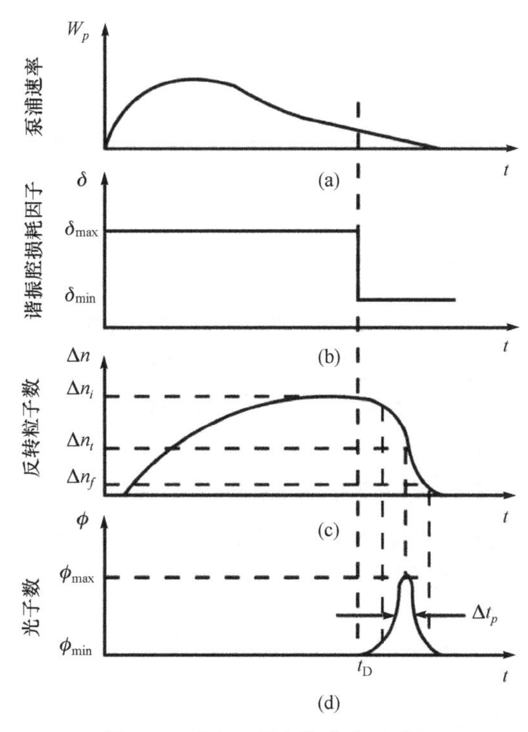

图 2-13　调 Q 激光脉冲建立过程

当 Q 值阶跃上升时开始振荡，在 $t=t_0$ 振荡开始以后一个较长的时间过程中，腔内的光子数 ϕ 增长非常缓慢，如图 2-14 所示，其值始终很小($\phi \approx \phi_i$)，受激辐射概率很小，此时仍是自发辐射占优势。只有振荡持续到 $t=t_D$，ϕ 增长到 ϕ_D 时反转粒子数的雪崩过程才形成，ϕ 迅速增大，受激辐射快速超过自发辐射而占优势。由此可见，调 Q 脉冲从振荡开始到巨脉冲激光形成需要一定的延时时间 Δt。光子数的迅速增长使 Δn 迅速减少，到 $t=t_p$ 时刻，$\Delta n=\Delta n_t$；光子数达到最大值 ϕ_{max} 之后，由于 $\Delta n<\Delta n_t$，则 ϕ 迅速减少，

此时$\Delta n=\Delta n_f$（Δn_f为振荡终止后工作物质中剩余的反转粒子数）。采用调Q技术很容易获得兆瓦量级的峰值功率、脉宽为纳秒量级的激光巨脉冲。本节将简单介绍调Q激光器的基本理论，而不涉及具体的技术细节。

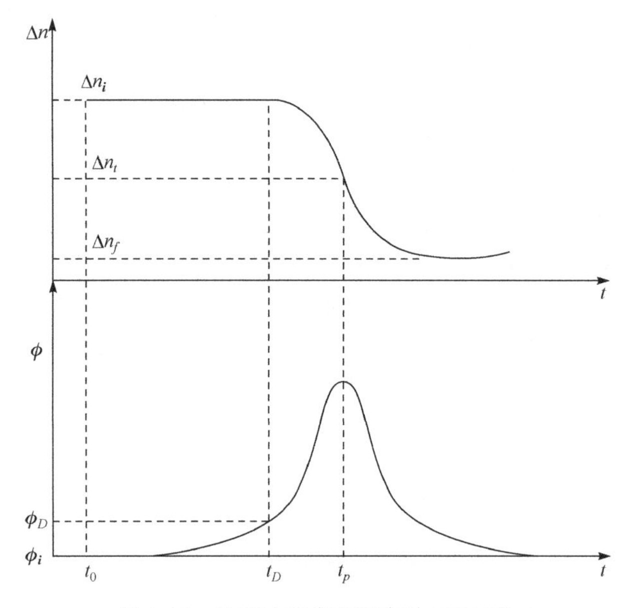

图 2-14 从开始振荡到脉冲形成的过程

1. 调Q激光器的峰值功率

对于调Q脉冲的形成过程，以及谐振腔各种参数对激光脉冲输出参数的影响，可以利用速率方程进行分析。速率方程是描述激光介质的反转粒子数和谐振腔内的光子数随着时间变化规律的方程。根据这些规律，可以推导和研究调Q激光脉冲的峰值功率、脉冲宽度、反转粒子数等之间的关系。

激光形成的速率方程是由激光介质的反转粒子数变化和谐振腔内的光子数变化内在联系起来的，在激光原理中已经给出了激光器的三能级系统和四能级系统的速率方程，由此可直接给出激光器内的光子数与工作介质的反转粒子数之间的速率方程：

$$\left.\begin{aligned}\frac{\mathrm{d}\Delta n}{\mathrm{d}t}&=2n_1W_{13}-\Delta n\frac{A}{g}\phi-2n_2A\\ \frac{\mathrm{d}\phi}{\mathrm{d}t}&=\Delta n\frac{A}{g}\phi-\delta\phi\end{aligned}\right\}\text{三能级系统} \tag{2.87}$$

$$\left.\begin{aligned}\frac{\mathrm{d}\Delta n}{\mathrm{d}t}&=n_1W_{14}-\Delta n\frac{A}{g}\phi-\Delta nA\\ \frac{\mathrm{d}\phi}{\mathrm{d}t}&=\Delta n\frac{A}{g}\phi-\delta\phi\end{aligned}\right\}\text{四能级系统} \tag{2.88}$$

式中，Δn为单位体积反转粒子数；ϕ为单位体积腔内光子数；g为腔内自发辐射波型数；W_{13}和W_{14}为受激跃迁概率；A为自发辐射概率。

虽然实际的Q开关并非如图 2-15 所示的那样，能使损耗因子在一瞬间由δ_A降至δ_B，而是经历了一段时间后降至δ_B，为了简单分析，仍将损耗看成阶跃突变的，实际上几种典型的Q开关函数，如阶跃型、线性型和抛物型开关函数，甚至很难用一种简单形式予以表达，所以重点介绍阶跃型开关，这一近似是允许的。

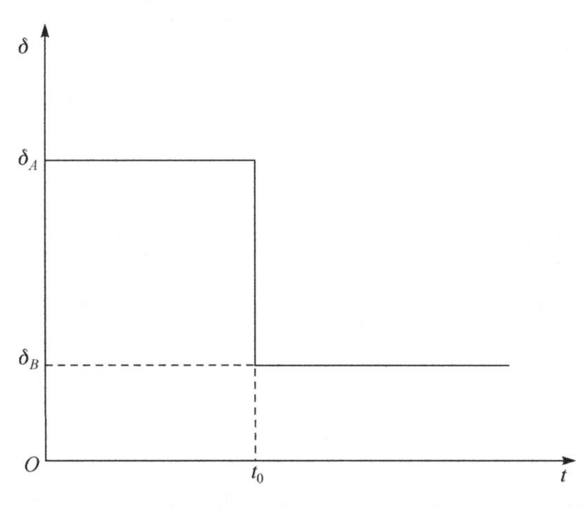

图 2-15　损耗因子δ的阶跃变化

在调Q激光器中，腔长一般大于工作物质长度，为简单起见，在本节的讨论中假设工作物质充满谐振腔，即$L=1$。在$L>1$时，其结果应进行修正，但这一差别对了解输出峰值功率、输出能量、脉宽等随激光器参量的变化关系并无妨碍。

在$t=t_p$时刻，反转粒子数自Δn_i降至Δn_t，而腔内光子数达到最大值$\phi_{\max}$，此时输出功率为最大值P_m，如图 2-14 所示。假定$\eta_F=1$，E_1、E_2能级的统计权重相等，则可得到$t>0$($t=0$时Q开关打开)时，在中心频率处三能级系统反转粒子数和光子数的速率方程为例。

$$\frac{\mathrm{d}\phi}{\mathrm{d}t}=\sigma_{21}v\phi\Delta n-\frac{\phi}{\tau_R} \tag{2.89}$$

$$\frac{\mathrm{d}\Delta n}{\mathrm{d}t}=-2\sigma_{21}v\phi\Delta n=2n_2A_{21}+2n_1W_{13} \tag{2.90}$$

调Q激光器激光脉冲的持续时间为几十纳秒，在这样短的时间内自发辐射及泵浦激励的影响可以忽略不计，因此式(2.89)和式(2.90)可化简为

$$\frac{\mathrm{d}\phi}{\mathrm{d}t}=\sigma_{21}v\phi\Delta n-\frac{\phi}{\tau_R}=\left(\frac{\Delta n}{\Delta n_t}-1\right)\frac{\phi}{\tau_R} \tag{2.91}$$

$$\frac{\mathrm{d}\Delta n}{\mathrm{d}t}=-2\sigma_{21}v\phi\Delta n=-2\frac{\Delta n}{\Delta n_t}\frac{\phi}{\tau_R} \tag{2.92}$$

从以上两个式子中消去$\mathrm{d}t$，则得

$$\frac{\mathrm{d}\phi}{\mathrm{d}\Delta n}=\frac{1}{2}\left(\frac{\Delta n_t}{\Delta n}-1\right) \tag{2.93}$$

对式(2.93)积分，得

$$\int_{\phi_i}^{\phi} \mathrm{d}\phi = +\frac{1}{2}\int_{\Delta n_i}^{\Delta n}\left(\frac{\Delta n_t}{\Delta n}-1\right)\mathrm{d}\Delta n \tag{2.94}$$

$$\phi = \phi_i + \frac{1}{2}\left(\Delta n_i - \Delta n + \Delta n_t \ln\frac{\Delta n}{\Delta n_i}\right) \tag{2.95}$$

当$\Delta n = \Delta n_t$时，$\mathrm{d}\phi / \mathrm{d}\Delta n = 0$，$\phi$达到最大值$\phi_{\max}$。由于自发辐射产生的初始光子数$\phi_i \ll \phi_{\max}$，所以

$$\phi \approx \frac{1}{2}\left(\Delta n_i - \Delta n + \Delta n_t \ln\frac{\Delta n}{\Delta n_i}\right) = \frac{1}{2}\Delta n_i\left(\frac{\Delta n_i}{\Delta n_t} - \ln\frac{\Delta n_i}{\Delta n_t} - 1\right) \tag{2.96}$$

设激光束截面积为A，输出反射镜透过率为T，另一反射镜透过率为零，则激光器输出峰值功率为

$$P_m = \frac{1}{2}h\nu_{21}\phi_{\max}\nu AT \tag{2.97}$$

由以上两式可以看出，$\Delta n_i / \Delta n_t$越大，则$\phi_{\max}$值越大，因而峰值功率P_m越大。$\Delta n_i / \Delta n_t$的值取决于以下因素：①Q开关关闭时腔内损耗因子越大，则允许达到而不致越过阈值的Δn_i值越大。Q开关打开后腔内的损耗越小，则阈值Δn_t越小。因此为了提高$\Delta n_i / \Delta n_t$，希望$\delta_{\mathrm{H}} / \delta$值大。②泵浦功率越高，则$\Delta n_i / \Delta n_t$越大。③在相同的泵浦功率下，激光上能级寿命越长，则$\Delta n_i / \Delta n_t$越大。一般气体激光器的激光上能级寿命较短，如氦氖激光器的632.8nm激光上能级的寿命仅20ns，不适用于调Q器件。在气体激光器中，只有二氧化碳激光器的激光上能级寿命较长，因此可采用调Q技术。

2. 巨脉冲的能量

在三能级系统中，单位体积工作物质每发射一个光子，反转粒子数Δn就减少2。巨脉冲开始时反转粒子数密度为Δn_i，熄灭时为Δn_f，所以在巨脉冲持续过程中单位体积工作物质发射的光子数为$(\Delta n_i - \Delta n_f)/2$。设工作物质中激光束的模体积为$V^0$，则腔内巨脉冲能量为

$$E_{内} = \frac{1}{2}h\nu_{21}(\Delta n_i - \Delta n_f)V^0 = E_i - E_f \tag{2.98}$$

式中，$E_i = h\nu_{21}V^0\Delta n_i / 2$是储藏在工作物质中可以转变为激光的初始能量，称为“储能”；$E_f = h\nu_{21}V^0\Delta n_f / 2$是巨脉冲熄灭以后工作物质中剩余的能量，它将通过自发辐射逐渐消耗掉。输出巨脉冲能量为

$$E = \frac{T}{T+a}(E_i - E_f) = \frac{T}{T+a}uE_i \tag{2.99}$$

能量利用率u描述储能被利用的程度，即

$$u=\frac{E_{内}}{E_i}=1-\frac{\Delta n_f}{\Delta n_i} \tag{2.100}$$

式(2.99)和式(2.100)表明，储能越大，则巨脉冲能量越大；$\Delta n_f/\Delta n_i$越小，则u越高。下面分析$\Delta n_f/\Delta n_i$取决于哪些因素。图 2-16 为u和$\frac{\Delta n_f}{\Delta n_i}$与$\frac{\Delta n_i}{\Delta n_t}$的关系。从图 2-16 中可以看出，$u$随$\Delta n_i/\Delta n_t$的增加而增大，这说明能量利用率高，而$\Delta n_f/\Delta n_i$随之减小。当$\Delta n_i/\Delta n_t>3$时，有 90%以上的能量被脉冲提取，当$\Delta n_i/\Delta n_t=1.5$时，能量利用率只有 60%。因此，对于调$Q$激光器，应尽量使$Q$开关函数阶跃变化大些，达到$\Delta n_i/\Delta n_t>3$，这样才能保证有较高的工作效率。

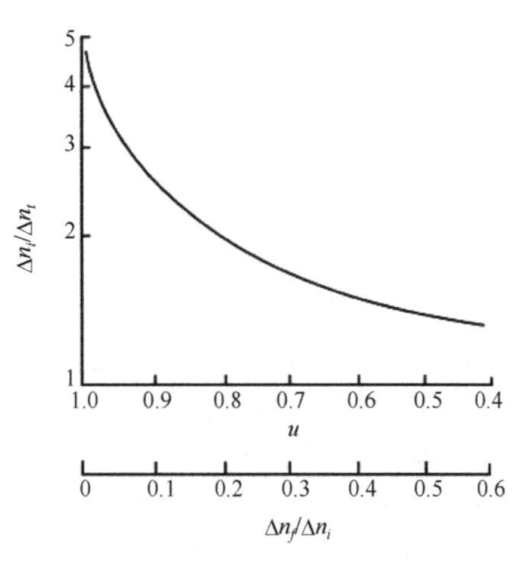

图 2-16　u和$\frac{\Delta n_f}{\Delta n_i}$与$\frac{\Delta n_i}{\Delta n_t}$的关系

在巨脉冲衰减阶段，当光子数ϕ衰减至初始值ϕ_i时，巨脉冲熄灭，此时工作物质中剩余的反转粒子数为Δn_f。于是可得

$$\Delta n_i-\Delta n_f+\Delta n_t\ln\frac{\Delta n_f}{\Delta n_i}=0 \tag{2.101}$$

或

$$\frac{\Delta n_f}{\Delta n_i}=1+\frac{\Delta n_t}{\Delta n_i}\ln\frac{\Delta n_f}{\Delta n_i} \tag{2.102}$$

3. 巨脉冲的时间特性

在脉冲形成过程中，设腔内光子数ϕ由$\phi_{\max}/2$上升至$\phi_{\max}$所需的时间为Δt_i，由$\phi_{\max}$下降至$\phi_{\max}/2$所需的时间为Δt_f，则巨脉冲宽度定义为

$$\Delta t=\Delta t_i+\Delta t_f \tag{2.103}$$

下面讨论脉冲宽度的估算方法。

对式(2.92)积分，得

$$t=-\frac{1}{2}\tau_R\int_{\Delta n_i}^{\Delta n}\frac{\Delta n_t}{\phi\Delta n}\mathrm{d}\Delta n \tag{2.104}$$

将式(2.95)代入式(2.104)，得

$$t=-\frac{1}{2}\tau_R\int_{\Delta n_i}^{\Delta n}\frac{\mathrm{d}\Delta n}{\Delta n\left[\frac{\phi_i}{\Delta n_t}+\frac{1}{2}\left(\frac{\Delta n_i}{\Delta n_t}-\frac{\Delta n}{\Delta n_t}+\ln\frac{\Delta n}{\Delta n_i}\right)\right]} \tag{2.105}$$

式(2.105)表示Δn和t的函数关系，由于ϕ和Δn存在着由式(2.95)表示的函数关系，所以式(2.105)也间接地表示了ϕ和t的函数关系，可以由它求出脉冲宽度Δt。

设$\phi=\phi_{\max}/2$时，反转粒子数为Δn_f和Δn_i，它们的值可由式(2-96)求出。再考虑到$\phi_i \ll \phi_{\max}$，则可求出Δt_i和Δt_f分别为

$$\Delta t_i=-\tau_R\int_{\Delta n_i}^{\Delta n_t}\frac{\mathrm{d}\Delta n}{\Delta n\left(\dfrac{\Delta n_i}{\Delta n_t}-\dfrac{\Delta n}{\Delta n_t}+\ln\dfrac{\Delta n}{\Delta n_i}\right)} \tag{2.106}$$

$$\Delta t_f=-\tau_R\int_{\Delta n_t}^{\Delta n_f}\frac{\mathrm{d}\Delta n}{\Delta n\left(\dfrac{\Delta n_i}{\Delta n_t}-\dfrac{\Delta n}{\Delta n_t}+\ln\dfrac{\Delta n}{\Delta n_t}\right)} \tag{2.107}$$

从以上两式中不能得出Δt_f和Δt_i的解析表达式，但根据已给的初始值Δn_i和Δn_t，可以求出Δn_i和Δn_t的数值解。

(1) 当$\Delta n_i/\Delta n_t$增大时，脉冲的前沿和后沿同时变窄，相对地说，前沿变窄更显著。这是因为$\Delta n_i/\Delta n_t$越大，则腔内净增益系数越大，腔内光子数的增长及反转粒子数的衰减就越迅速，因此脉冲的建立及熄灭过程也就越短。

(2) 脉冲宽度正比于光子寿命τ_R，而τ_R又和腔长L成正比，所以为了获得更窄的脉冲，腔长不宜过长，输出损耗也不宜太小。

例如，假设红宝石调Q激光器的腔长$L=15\text{cm}$，腔的等效单程反射率$r=0.77$，腔内单程净损耗率$a/2=0.2$，则可计算出腔内光子寿命为

$$\tau_R\approx\frac{15\text{cm}}{c(0.2-\ln 0.77)}\approx 1.09\text{ns} \tag{2.108}$$

设$\Delta n_i/\Delta n_t$=2，由数值解得

$$\Delta t_i/\tau_R\approx 2.016 \tag{2.109}$$

$$\Delta t_f/\tau_R\approx 2.481 \tag{2.110}$$

所以$\Delta t=4.9\text{ns}$。

实际测出的脉冲宽度往往比计算结果大得多，而峰值功率往往比计算值小，其原因首先是在以上分析过程中假设反转粒子数是均匀的。实际上，由于光泵浦系统的聚光作用，工作物质的激励是非均匀的，中心处反转粒子数较大，离中心越远，反转粒子数越小。因此工作物质不同部分的脉冲建立时间不同，中心处，脉冲能量分散在较宽的时间范围内，所以峰值功率也比理想情况低。其次，实际的调Q激光器损耗的变化并不是瞬时完成的，而是需要一定的时间，Q开关动作的快慢会影响巨脉冲宽度及峰值功率。在以上分析过程中，假定激光工作物质属于三能级系统，且激光跃迁上下能级的统计权重相等，工作物质长等于腔长。

2.5　电光调 Q 技术

2.5.1　脉冲反射式调 Q

在电光调Q激光器中，能量以激活粒子的形式存储在工作物质高能态上，当达到最大值时，将Q开关“打开”，腔内建立起极强的激光振荡，使得激光上能级存储的能量转变为腔内的光子能量，其输出方式是一面形成激光振荡，一面从激光谐振腔的输出镜输出激光。因此，输出激光脉冲的强度与谐振腔内的光场强度成比例，这种由输出反射镜输出激光脉冲的调Q方式称为脉冲反射式(Pulse Reflection Mode，PRM)调Q开关。其巨脉冲的脉冲宽度一般为 10～20ns，输出光脉冲的形状与腔内光强的变化一致。激光振荡终止，工作物质中残留一部分反转粒子数。

以带偏振器的电光调Q器件为例。一台激光器的工作物质为 Nd：YAG 晶体，偏振器采用方解石空气隙格兰-傅克棱镜，采用 Z-00 切割的 KDP 为调制晶体(使得通光面与 z 轴垂直)，利用其γ_{63}的纵向电光效应，将调制晶体两端的环状电极连接调Q晶体的电源，如图 2-17 所示。

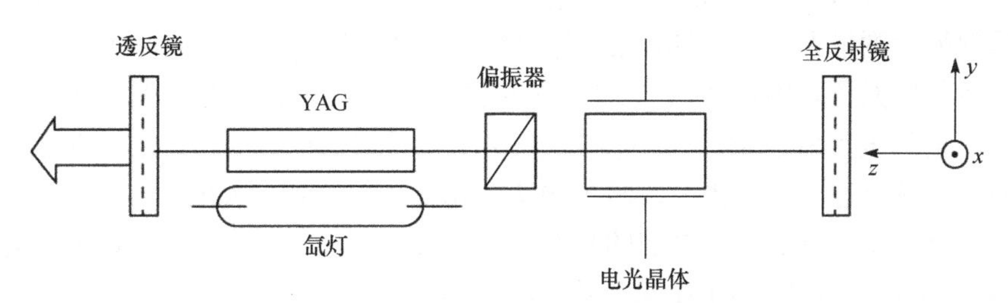

图 2-17　带偏振器的电光调 Q 装置

由图 2-17 可见，①当调制晶体 KDP 上未加电压时，光沿着轴线方向(光轴)通过晶体，其偏振状态不发生变化，经过全反射镜后无变化地再次通过调制晶体和偏振棱镜，此时的电光调Q开关处于“打开”状态。②当调制晶体上加上$\lambda/4$电压时，由于纵向电光效应，沿x方向的线偏振光通过晶体后，两分量之间便产生$\pi/2$的相位差，从晶体出射后合成为圆偏振光；经全反射镜反射回来，再次通过调制晶体，又会产生$\pi/2$的相位差，往返一次累积产生π的相位差，合成后得到沿y方向振动的线偏振光，相当于偏振面相对于入射光旋转了 90°，所以不能再通过偏振棱镜。此时，电光Q开关处于“关闭”状态。因此，在泵浦(如氙灯)刚开始供给工作介质能量时，事先在调制晶体上加上$\lambda/4$电压，使谐振腔处于“关闭”的低Q值状态，阻断激光振荡的形成。待激光上能级的反转粒子数积累到最大值时，突然撤去晶体上的$\lambda/4$电压，使激光器瞬间处于高Q值状态，于是产生雪崩式的激光振荡，就可输出一个巨脉冲。

由电光调Q基本原理可知，要获得高效率调Q的关键之一是精确控制Q开关“打开”的延迟时间。即从氙灯点燃开始延迟一段时间，当工作物质上能级的反转粒子数达到最大时，立即“打开”开关的效果最好。如果Q开关打开早了，上能级反转粒子数尚未达到最大就开始起振，那么输出的巨脉冲功率会降低，而且可能出现多脉冲。如果延时过长，即Q开关打开得迟了，那么由于自发辐射等损耗，也会影响巨脉冲的功率。

2.5.2 脉冲透射式调 Q

除 2.5.1 节介绍的 PRM 调Q开关，还有一种谐振腔储能调Q开关，即能量是以光子(光辐射场)的形式存储在谐振腔内的。这种调Q的输出方式有别于 PRM，它是将 PRM 调Q激光器谐振腔的输出耦合镜换成全反射镜，Q开关打开后，光子只在腔内往返振荡而无输出，直到工作物质的反转粒子储能全部转变为腔内光子能量时，放置在腔内的特定光学器件(通常为偏振棱镜)将腔内存储的最大振荡能量瞬间全部透射输出。这种调Q的方式称为脉冲透射式(Pulse Transmission Mode，PTM)Q开关。又因为它不是边振荡边输出，而是先振荡达到最大值后，再瞬间释放出去，故又称为“腔倒空”。

下面对几种 PTM 调Q激光器分别加以介绍。

图 2-18 为一种带有起偏器P_1和检偏器的 PTM 调Q激光器。$P_1//P_2$，M_1、M_2为全反射镜，而且M_2置于偏振棱镜P_2界面反射偏光的光路上。当电光晶体上不加电压时，激光工作物质在光泵的激励下，上能级反转粒子数逐渐增加，工作物质开始的自发辐射光可顺利通过P_1和P_2，但抽出端无反射镜，腔的Q值很低，故无法形成激光振荡。当工作物质储能达到最大值时，在电光晶体上加上半波电压$V_{\lambda/2}$，此时通过P_1的线偏振光通过晶体后偏振面将要旋转 90°，因此，线偏振光不能通过偏振棱镜P_2，但可经偏振棱镜的界面反射到全反射镜M_2上。这样，由两个全反射镜构成的谐振腔损耗很低，Q值突增，激光振荡迅速形成。当腔内激光振荡的光子密度达到最大值时，迅速撤去晶体上的电压，光路又恢复到加电压之前的状态，于是腔内存储的最大光能量瞬间透过偏振棱镜P_2而耦合输出。这就是 PTM 调Q开关的工作过程。

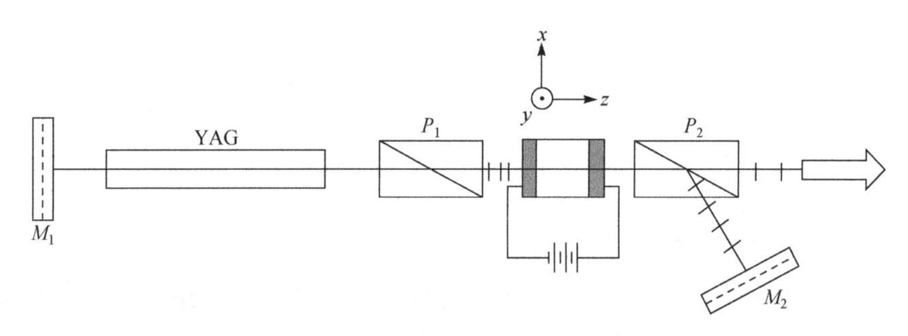

图 2-18 PTM 调Q激光器

带偏振棱镜的 PTM 电光调Q开关还有另一种运用方式，其装置如图 2-19 所示。M_1、M_2为谐振腔的两个全反射镜，PC 为 KD'P 电光晶体，P为偏振棱镜。KD'P 晶体的两电极上分别加电压V_1、V_2。其中，V_1为常加电压，V_2为方波电压。当未加方波电压V_2时，Q开关处于完全“关闭”状态(谐振腔处于低Q值状态)，此时由于氙灯点燃，工作物质处于储能阶段。在工作物质上能级反转粒子数达到最大值的瞬间(t_0时刻)，将方波电压V_2($V_{\lambda/4}$)加上，则在 KD'P 晶体上的合成电压V_{12}等于 0(图 2-20)，Q开关处于完全“打开”的状态。另外，由于谐振腔的两个全反射镜M_1和M_2的反射率为 100%，故谐振腔突变

为高 Q 值状态，腔内迅速建立起激光振荡(但并无抽出)。当腔内光子数达最大值时，方波电压 V_2 迅速由 $V_{\lambda/4}$ 跃变为 0，则晶体上的电压 V_{12} 又跃变为 $V_{\lambda/4}$，腔内形成的强光场往返两次经过晶体，使偏振面旋转 90°，最后由偏振棱镜 P 的侧面反射而输出腔外。可以看出，这种 PTM 电光调 Q 开关的最佳效率取决于施加方波电压 V_2 的时间和宽度。

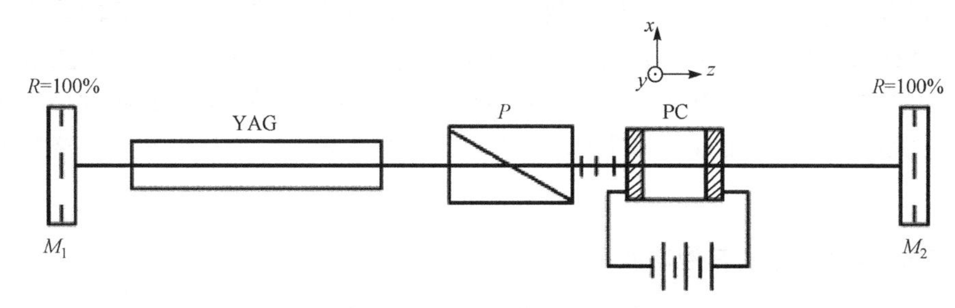

图 2-19　PTM 电光调 Q 开关

另外，单块双 45°电光调 Q 器件不仅可以进行 PRM 调 Q 运转，也可进行 PTM 调 Q 运转，其工作原理如图 2-21 所示。它与 PRM 电光调 Q 的不同点是，把原来的全反射镜 M_2 换成 M_2、M_3 两个全反射镜，放置在特定的位置上。在开始工作时，$LiNbO_3$ 晶体上不加电压(V_x=0)，但泵浦灯已点燃，工作物质上能级已开始大量积累粒子。此时，虽然光路处于直通状态，但由于两个全反射镜已从光的轴线中心移至两侧，因而腔的损耗很大，不能形成激光振荡。当工作物质的反转粒子数积累到最大时，$LiNbO_3$ 晶体上加电压 $V_x = V_{\lambda/2}$，由于 M_1、M_2、M_3 都是全反射镜，故腔内形成强大的激光振荡，但无输出。当腔内光子数达最大时，迅速撤去电压，腔内光路恢复直通状态，则巨脉冲由 $LiNbO_3$ 晶体直接透射出去。这种单块双 45°PTM 电光调 Q 开关也可以在腔内光的轴线两端放置两个全反射镜，构成 PTM 电光调 Q 开关，它的运用方式只是加压和退压。

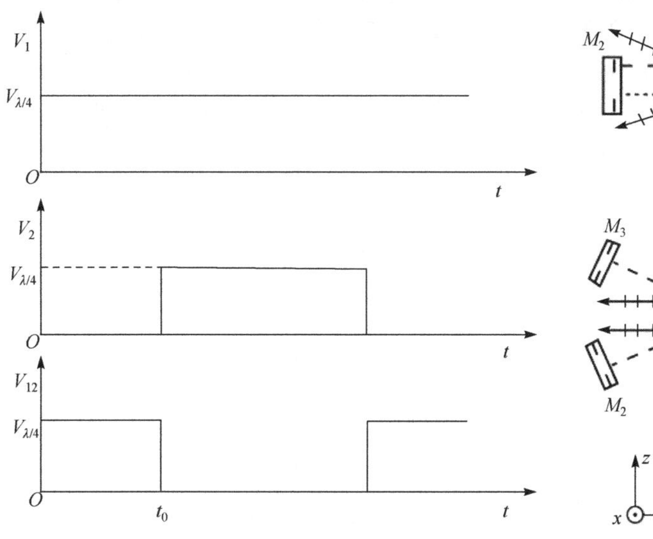

图 2-20　PTM 电光调 Q 开关的工作程序

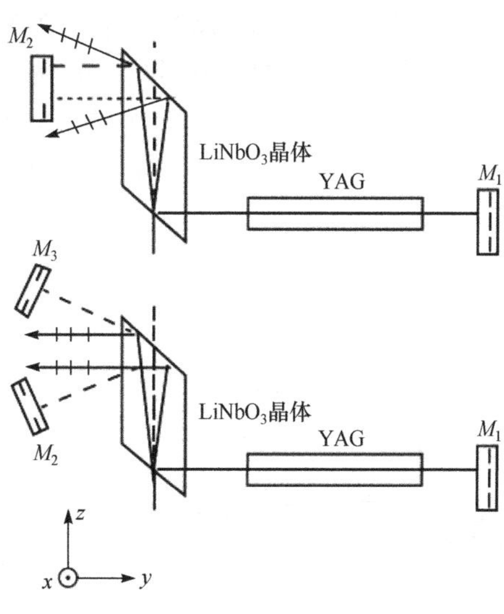

图 2-21　单块双 45°PTM 电光调 Q

PTM 调Q有以下两个突出的优点。

(1) PTM 调Q的效率比 PRM 调Q高。PRM 调Q是振荡和输出同时进行的，在Q开关打开后，激光振荡开始建立，而且每往返一次就有激光输出，而 PTM 调Q是先振荡、后输出，当腔内光子数达到最大时，将全部光能量瞬间输出，所以输出功率高。

(2) PRM 调Q的脉宽主要取决于激光振荡在腔内建立的时间，光在腔内要往返若干次才能完成形成过程，所以脉宽较宽。而 PTM 调Q是光能I在$2L/c$时间内输出(一次完成)，所以脉冲宽度将大大压缩。但是，要得到上述理想的结果，必须在脉冲形成的时间内准确地接通谐振腔，而且电脉冲的后沿时间也要极为精确，所以对驱动电路系统要求较高。

2.5.3　电光调 Q 技术的其他功能

前面所介绍的电光调Q技术，无论是工作物质储能的 PRM 运转，还是腔内储能的 PTM 运转，其最后的结果都是获得压缩脉宽的高峰值功率巨脉冲输出。但是通过研究发现，由于Q调制器能有效地控制激光器的损耗与增益(增益Q开关)，即能有效地控制激光器的净增益，所以一个Q调制器不仅能有效地控制激光的能量(或功率)特性，而且可以控制激光的空间(横模)特性、频率(纵模)特性和输出稳定性等。

1. 选横模的功能

基于不同横模之间存在的损耗差异，通过插入腔内的Q调制器来控制腔的损耗。开始时使激光器运行于高阈值、低增益的临界振荡状态下(称为“预激光”技术)，在一定泵浦功率强度下，只有损耗最小的横模(TEM_{00} 模)建立振荡，其余损耗较大的横模都被抑制而不能振荡(选模的基本原理详见第 5 章)，这样便产生了单横模“种子”。为了得到大的能量输出，接着将Q开关完全打开，使种子激光得到充分放大，那么最终输出的便是功率足够高的基横模激光。《激光物理学》中采用图 2-22 所示的实验装置进行了研究。图 2-22 中，M_1、M_2为腔镜，PC 为 Pockel 盒，P为偏振棱镜，KD'P 晶体两电极上分别加电压V_1、V_2。其中，V_1为常加电压，V_2为方波电压，工作程序如图 2-23 所示。图中，V_{12}为 KD'P 晶体上的合成电压，V_{os}为一定泵浦功率下对应于腔损耗最小横模的临界

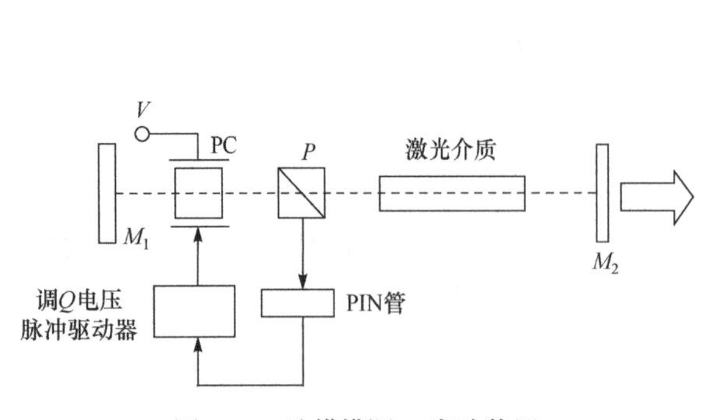

图 2-22　选横模调 Q 实验装置

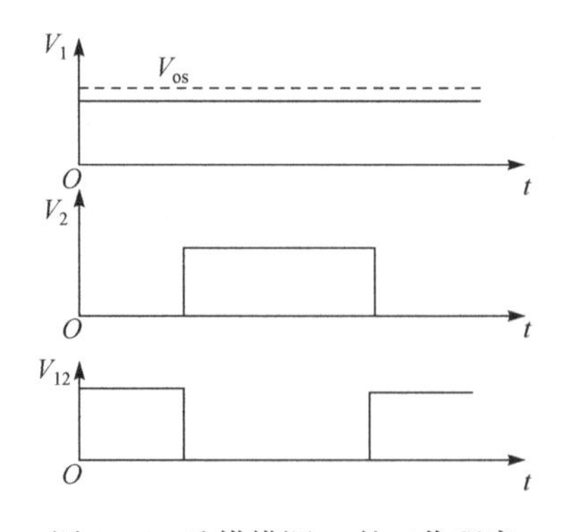

图 2-23　选横模调 Q 的工作程序

振荡条件所需的常加电压值，电压V_1值略低于V_{os}值，仅仅使损耗最小的横模能建立振荡。V_2方波电压宽度的选取应以使损耗最小的横模激光得到充分放大，而其余横模均不能形成激光振荡。因此，只要方波电压V_2的宽度选择合适，使损耗最小的基横模得到充分放大，而其他横模还未形成激光之前及时关闭Q开关，那么输出到腔外的仅是损耗最小的横模激光。

2. 选单纵模的功能

选单纵模的调Q技术是在单横模的基础上，利用不同纵模之间存在的增益差异实现的。开始时，使Q开关处于不完全关闭状态，通过Q开关控制腔的损耗，使之在一定泵浦功率下，仅靠近中心频率ν_o附近的少数增益较大的纵模能建立起振荡，而且由于这些少数纵模在阈值附近振荡，激光形成所需要的时间较长，不同纵模之间的模式竞争比较充分，故最终形成并得到充分放大的仅是增益最大的单纵模。当单纵模激光形成后，将Q开关完全打开，即可获得单纵模脉冲激光输出。

选单纵模调Q的工作程序与图 2-23 基本相同。所不同的是，电压V_{os}是在一定泵浦功率下对应于增益最大纵模(中心频率ν_o)的临界振荡条件应加的电压。由于靠近中心频率附近的各纵模之间增益差异甚小，故在腔内插入一个 F-P 标准具平板(反射率R=8%)，使中心频率附近的各纵模之间同时存在损耗差异，增大各纵模之间的净增益差异，使Q调制器对纵模的选择作用更为有效。

调Q技术还有锁模、削波等功能。可见，多功能调Q技术的发展将是激光单元技术上的一个突破，可以大大提高调Q激光器的实用性。

2.5.4　研制电光调 Q 激光器的要求

利用晶体或液体的电光效应，可以设计出调制速率非常快的电控光闸，又称电光开关。这种电控光闸的关键部件是电光元件，它受到外电场作用时具有双折射特性，双折射以两个正交方向即所谓的“快”“慢”轴向表征，这两个轴向具有不同的折射率。光束在入射到晶体通光表面时与这些轴成 45°夹角，并垂直于“快”“慢”轴构成的平面，光在晶体中传播时分解为方向相同但速度不同的两个正交分量。正是因为光在“快”“慢”轴方向偏振所对应的折射率不同，光通过晶体后两正交分量之间产生相位差。相位差的产生把原来在平面内振动的线偏振光变成在空间内振动的椭圆偏振光，根据所加电压的大小不同合成不同形状的偏振光，如圆偏振光或线偏振光。对于Q开关运转，只有引起$\lambda/4$和$\lambda/2$延迟的两种特殊电压才是可应用的，在$\lambda/4$电压延迟时，入射的线偏振光通过电光盒之后变成圆偏振光；在$\lambda/2$电压延迟时，输出光束是线偏振的，但是偏振面旋转了 90°。在电光晶体的后端放置检偏器以实现对光的通、断控制，当通过晶体后的合成光偏振方向与检偏器的透光方向垂直时，光线被阻挡，谐振腔呈高损耗状态；反之，当平行时，光线完全通过，产生激光振荡。

2.6 声光调制

2.6.1 声光调制的物理基础

声波是一种弹性波(纵向应力波)，在介质中传播时，它使介质产生相应的弹性形变，从而激起介质中的各质点沿着声波传播方向振动，使介质的密度呈现疏密相间的交替变化。这种疏密相间的交替变化即形象地描述了一种光学元件——光栅，该光栅常数等于声波波长 λ_s。当光波通过介质时，光产生衍射，其衍射光的强度、方向和频率等将随着加在介质上的声波场的变化而变化。

2.6.2 声波分类

声波在介质中的传播分为行波和驻波两种形式。

1. 行波传播

介质在超声行波作用下，呈现疏密相间的交替变化，以声速 V_s 向前推进，由于 $V_s \ll V_0$ (光速)，所以，认为运动的“声光栅”为静止的，如图 2-24 所示。假设声波的圆频率为 ω_s，波矢为 $k_s = \dfrac{2\pi}{\lambda_s}$，则行波的声波方程为

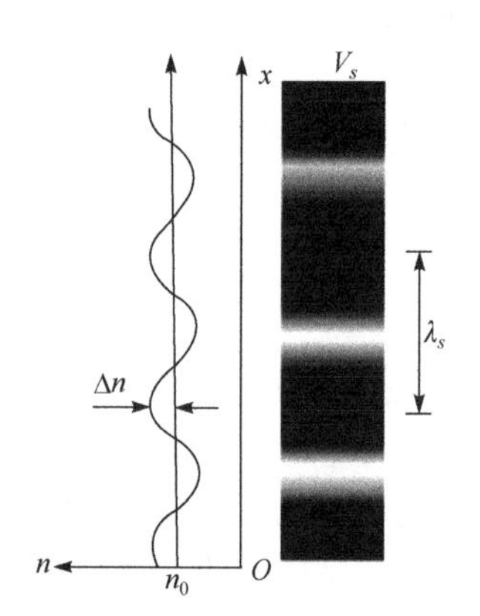

图2-24 超声行波在介质中的传播

$$a(x,t) = A\sin(\omega_s t - k_s x) \tag{2.111}$$

式中，$a(x,t)$ 为介质质点的瞬时位移；A 为质点位移的振幅。

介质折射率的变化正比于介质质点沿着 x 方向位移的变化率：

$$\Delta n \propto \frac{\mathrm{d}a(x,t)}{\mathrm{d}t} = -k_s A\cos(\omega_s t - k_s x) \tag{2.112}$$

或

$$\Delta n(x,t) = \Delta n\cos(\omega_s t - k_s x) \tag{2.113}$$

则在行波作用下，介质折射率为

$$n(x,t) = n_0 + \Delta n\cos(\omega_s t - k_s x) = n_0 - \frac{1}{2}n_0^3 PS\cos(\omega_s t - k_s x) \tag{2.114}$$

式中，S 为超声波引起介质产生的弹性应变幅值；P 为材料的弹光系数。

各级衍射光的频率为

$$\omega_d = \omega_0 \pm q\omega_s \quad (q = 0,1,2,\cdots) \tag{2.115}$$

2. 驻波传播

超声驻波是由波长、振幅和相位相同，传播方向相反的两束声波叠加而成的，如图 2-25 所示。超声驻波方程为

$$a(x,t) = 2A\cos(k_s x)\cdot\sin(\omega_s t) \tag{2.116}$$

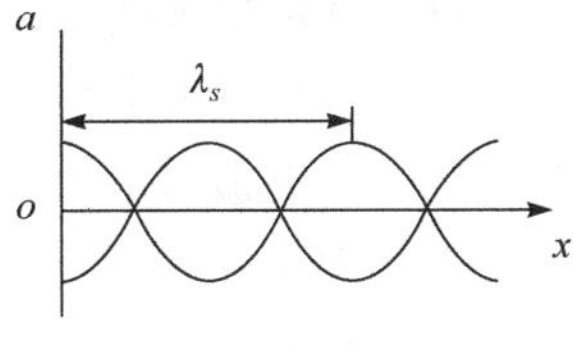

图 2-25　超声驻波

式(2.116)说明，超声驻波的振幅为 $2A\cos(k_s x)$，它在 x 方向各点上不同，但相位 $\omega_s t$ 在各点均相同。折射率在超声驻波下的变化为

$$\Delta n(x,t) = -2Ak_s\cdot\sin(k_s x)\cdot\sin(\omega_s t) \tag{2.117}$$

在超声驻波作用下，介质的折射率为

$$n(x,t) = n_0 + \Delta n(x,t) = n_0 + [-2Ak_s\cdot\sin(k_s x)\cdot\sin(\omega_s t)] \tag{2.118}$$

由式(2.116)知道，在驻波振幅项中有

$$2A\cos(k_s x) = 2A\cos\left(\frac{2\pi}{\lambda_s}x\right) \tag{2.119}$$

当 $x=\dfrac{n\lambda_s}{2}$ 时，由于

$$\frac{2\pi}{\lambda_s}x = n\pi \quad (n=0,1,2,\cdots) \tag{2.120}$$

各点振幅为最大值 $2A$。这些振幅最大值点为波腹，波腹间的距离为 $\lambda_s/2$。

当 $x=(2n+1)\dfrac{\lambda_s}{4}(n=0,1,2,\cdots)$ 时，$\dfrac{2\pi}{\lambda_s}x=(2n+1)\dfrac{\pi}{2}$，在各点上驻波振幅为零。这些点对应着驻波的波节，波节间的距离为 $\lambda_s/2$。由于波腹和波节之间的距离固定，认为声光栅静止。超声驻波在一个周期内，介质两次出现疏密层。在波节处密度保持不变，折射率每半个周期就在波腹处变化一次，若声波频率为 f_s，那么声光栅出现和消失的次数为 $2f_s$。所以，光波通过该介质时，所得到的调制光的调制频率为声波频率的 2 倍。

2.6.3　声光互作用的类型

根据声波频率的高低和声波与光波作用长度的不同，声光互作用分为两类：拉曼-奈斯衍射和布拉格衍射。

1. 拉曼-奈斯衍射

物理描述为：当超声波频率较低时，光波平行于声波面入射(即垂直于声波场传播方向)，声光互作用长度较短，产生拉曼-奈斯衍射。由于声速比光速小得多，所以声光介质视为一个静止的平面相位光栅。由于声波波长 λ_s 比光波波长 λ 大得多，所以当光波平行通过介质时，几乎不通过声波面，因此只受到相位调制，即通过光学折射率大的部分的光波波振面将推迟，而通过光学折射率小的部分的光波波振面将超前，由此通过声光介质的平面波波振面出现了凸凹现象，物理图像呈现了褶皱曲面，如图 2-26 所示。出射

波振面上各子波源发出的次波将发生相干作用，形成与入射方向对称分布的多级衍射光，即拉曼-奈斯衍射。

由图 2-26 可见，拉曼-奈斯衍射的特征如下。

(1) 声光介质视为一个静止的平面相位光栅。

(2) 声波波长远大于光波波长，所以，只讨论声光栅对光波的相位调制。光通过介质稠密处，光波波阵面推迟，光通过介质稀疏处，光波波阵面超前。即光通过声光介质，平面波波阵面出现褶皱。

物理图像表现如下。

(1) 声光作用长度 L 短。

(2) 光波平行于声波平面入射。

(3) 出射光(调制光)波面上各子波源发出的次波发生相干作用，形成与入射方向对称分布的多级衍射光。

2. 布拉格衍射

布拉格衍射分为两类：①各向同性介质中的正常布拉格衍射。②各向异性介质中的异常布拉格衍射。

正常布拉格衍射的物理描述为：当声波频率较高、声光作用长度较大时，入射光波与声波面夹角满足一定条件，介质内各级衍射光会相互干涉，各高级次互相抵消，只出现 0 级和+1 级(或–1 级)衍射光。正常布拉格衍射的物理图像，如图 2-27 所示。

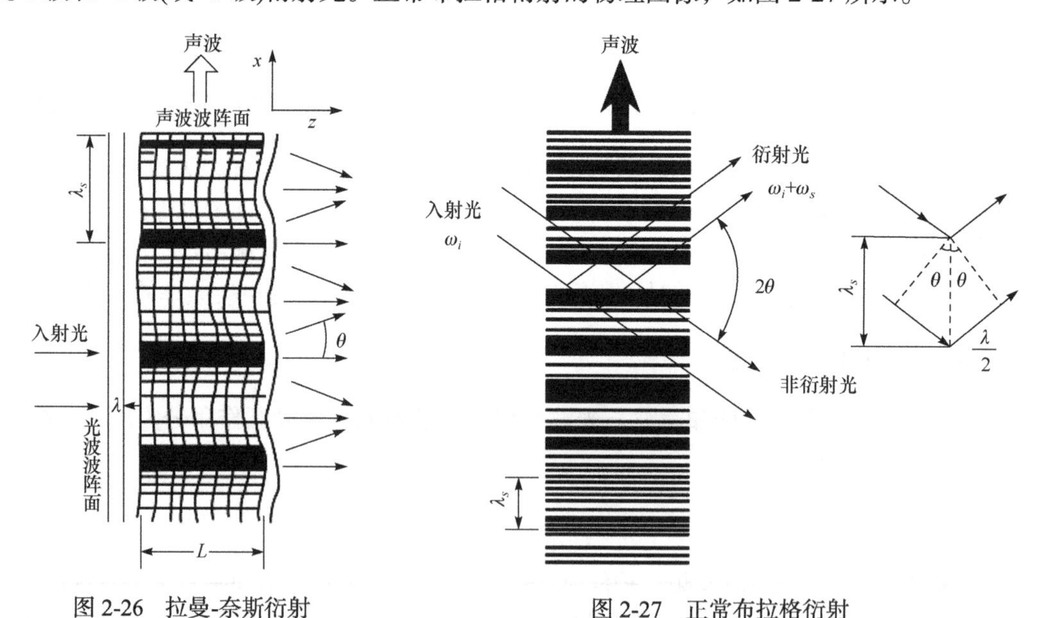

图 2-26 拉曼-奈斯衍射　　　　图 2-27 正常布拉格衍射

无论行波场衍射出现在同一镜面内，还是驻波场衍射出现在不同镜面内，都根据波的干涉加强条件来推导布拉格方程。可把声波通过的介质近似看作许多相距为λ_s 的部分反射、部分透射的镜面。对于行波超声场，这些镜面将以速度V_s 沿 x 方向移动。因为声频比光频低得多，所以在某一瞬间，超声场可近似看成静止的，因而对衍射光的强度分布没有影响。对于驻波超声场，则完全是不动的，如图 2-28 所示。

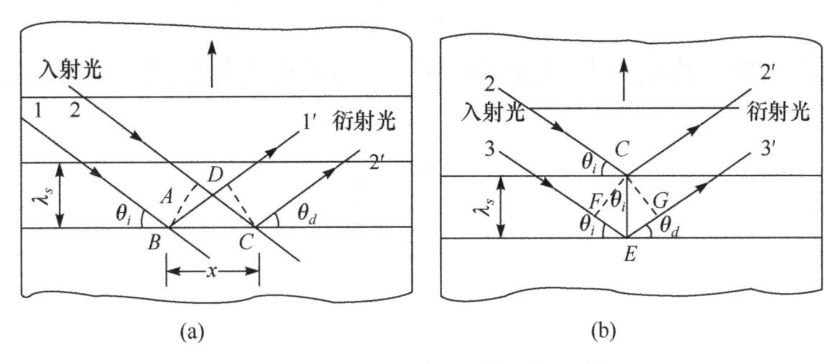

图 2-28　产生布拉格衍射的条件模型

平面波 1、2、3 以角度 θ_i 入射至声波场，在 B 、C 、E 各点处部分反射，产生衍射光 1′ 、2′ 、3′ 。各衍射光相干加强的条件是它们之间的光程差应为其波长的整倍数，或者说它们必须同相位。图 2-28(a)表示在同一镜面上的衍射情况，入射光 1、2 在 B 、C 点反射，1′ 、2′ 同相位的条件为必须使光程差 $AC-BD$ 等于光波波长的整倍数，即

$$x(\cos\theta_i-\cos\theta_d)=m\frac{\lambda}{n}\quad(m=0,\pm1) \tag{2.121}$$

要使声波面上的所有点同时满足这一条件，只有当入射角等于衍射角，即

$$\theta_i=\theta_d \tag{2.122}$$

时才能实现。相距 λ_s 的两个不同镜面的衍射情况，如图 2-28(b)所示。由 C 、E 点反射的光 2′ 、3′ 具有同相位的条件为其光程差 $FE+EG$ 必须等于光波波长的整数倍，即

$$\lambda_s(\sin\theta_i+\sin\theta_d)=\frac{\lambda}{n} \tag{2.123}$$

考虑到 $\theta_i=\theta_d$ ，所以

$$2\lambda_s\sin\theta_B=\frac{\lambda}{n} \tag{2.124}$$

或

$$\sin\theta_B=\frac{\lambda}{2n\lambda_s}=\frac{\lambda}{2nV_s}f_s \tag{2.125}$$

式中，$\theta_i=\theta_d=\theta_B$ ，θ_B 称为布拉格角。可见，只有入射角 θ_i 等于布拉格角 θ_B 时，在声波面上衍射的光波才具有同相位，满足相干加强的条件，得到衍射极值，式(2.125)称为布拉格方程。例如，对于水中的声光布拉格衍射，设光波波长 $\lambda=0.5\mu\text{m}$，$n=1.33$ ，声波频率 $f_s=500\text{MHz}$ ，声速 $V_s=1.5\times10^3\text{m/s}$ ，则 $\lambda_s=V_s/f_s=3\times10^{-6}\text{m}$ ，由式(2.125)得到布拉格角 $\theta_B=6\times10^{-2}\text{rad}=3.4^\circ$ 。

下面简要分析布拉格衍射光强度与声光材料特性和声场强度的关系。根据推证，当入射光强为 I_i 时，布拉格声光衍射的 0 级和 1 级衍射光强的表达式可分别写为

$$I_0 = I_i \cos^2\left(\frac{\upsilon}{2}\right), \quad I_1 = I_i \sin^2\left(\frac{\upsilon}{2}\right) \tag{2.126}$$

已知υ是光波穿过长度为L的超声场所产生的附加相位延迟。υ可以用声致折射率的变化Δn来表示，即

$$\upsilon = \frac{2\pi}{\lambda}\Delta nL \tag{2.127}$$

则

$$\frac{I_1}{I_i} = \sin^2\left[\frac{1}{2}\left(\frac{2\pi}{\lambda}\Delta nL\right)\right] \tag{2.128}$$

设介质是各向同性的，由晶体光学可知，当光波和声波沿某些对称方向传播时，Δn由介质的弹光系数P和介质在声场作用下的弹性应变幅值S所决定，即

$$\Delta n = -\frac{1}{2}n^3 PS \tag{2.129}$$

式中，S与超声功率P_s有关，而超声功率与换能器的面积(H为换能器的宽度，L为换能器的长度)、声速V_s和能量密度$\frac{1}{2}pV_s^2S^2$ (p是介质密度)有关，即

$$P_s = (HL)V_s\left(\frac{1}{2}pV_s^2S^2\right) = \frac{1}{2}pV_s^3S^2HL \tag{2.130}$$

因此

$$S = \sqrt{\frac{2P_s}{HLpV_s^3}} \tag{2.131}$$

于是

$$\Delta n = -\frac{1}{2}n^3 P\sqrt{\frac{2P_s}{HLpV_s^3}} = -\frac{1}{2}n^3 P\sqrt{\frac{2I_s}{pV_s^3}} \tag{2.132}$$

式中，$I_s = P_s/(HL)$，称为超声强度。将式(2.132)代入式(2.128)，可得

$$\eta_s = \frac{I_1}{I_i} = \sin^2\left[\frac{\pi L}{\sqrt{2}\lambda}\sqrt{\left(\frac{n^6P^2}{pV_s^3}\right)I_s}\right] = \sin^2\left(\frac{\pi L}{\sqrt{2}\lambda}\sqrt{M_2 I_s}\right) \tag{2.133}$$

或

$$\eta_s = \frac{I_1}{I_i} = \sin^2\left[\frac{\pi}{\sqrt{2}\lambda}\sqrt{\left(\frac{L}{H}\right)M_2 P_s}\right] \tag{2.134}$$

式中，$M_2 = n^6P^2/(pV_s^3)$是声光介质的物理参数组合，是由介质本身性质决定的量，称为声光材料的品质因数(或声光优质指标)，是选择声光介质的主要指标之一。从式(2.134)可见：①在超声功率P_s一定的情况下，欲使衍射光强尽量大，则要求选择M_2大的材料，并

且把换能器做成长而窄(即 L 大、H 小)的形式；②当 P_s 足够大，使 $\frac{\pi}{\sqrt{2\lambda}}\sqrt{\left(\frac{L}{H}\right)M_2P_s}$ 达到 $\frac{\pi}{2}$ 时，$I_1/I_i=100\%$；③当 P_s 改变时，I_1/I_i 也随之改变，因而通过控制 P_s(即控制加在电声换能器上的电功率)就可以达到控制衍射光强的目的，实现声光调制。

2.6.4 声光衍射布拉格方程和狄克逊方程的量子解释

普通光学通过几何图形中的光程差得到布拉格方程，或者是从光波的相干叠加来说明布拉格声光互作用原理的，即

$$2d\sin\theta_i = m\cdot\frac{\lambda}{n}\quad (m=0,1,-1,2,-2,\cdots) \tag{2.135}$$

式中，d 为光栅常数；θ_i 为光波入射角；λ 为入射光波波长。

我们也可以从光和声的量子特性得出声光布拉格衍射条件。

1. 正常布拉格衍射

由光和声的量子特征推导布拉格方程，光束可以看成能量为 $\hbar\omega_i$、动量为 $\hbar\boldsymbol{k}_i$ 的光子(粒子)，其中 ω_i 和 $\boldsymbol{k}_i$ 为光波的角频率和波矢，ω_s 和 $\boldsymbol{k}_s$ 为声波的角频率和波矢，即

$$光子流\ \hbar\omega_i,\hbar\boldsymbol{k}_i$$

$$声子流\ \hbar\omega_s,\hbar\boldsymbol{k}_S$$

声光互作用可看成光子和声子的一系列碰撞。每一个碰撞过程认为是一个入射光子 ω_i 和一个声子 ω_s 的湮灭，同时产生一个频率为 $\omega_d=\omega_i+\omega_s$ 的衍射光子。

正常布拉格衍射波矢图，如图 2-29 所示。

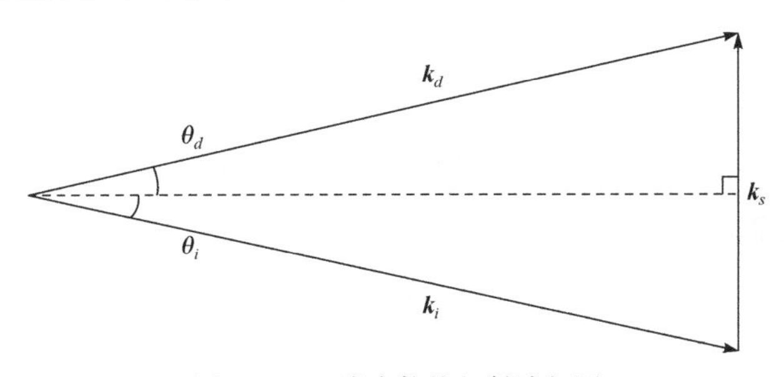

图 2-29 正常布拉格衍射波矢图

(1) 由图 2-29 可知，在正常布拉格衍射下，声光互作用的能量和动量守恒方程为

$$\begin{cases}\hbar\omega_i+\hbar\omega_s=\hbar\omega_d\\ \omega_d=\omega_i+\omega_s\\ \hbar k_i+\hbar k_s=\hbar k_d\\ \boldsymbol{k}_i+\boldsymbol{k}_s=\boldsymbol{k}_d\end{cases} \tag{2.136}$$

式中，$\hbar$ 为 $\frac{h}{2\pi}$。

(2) 当声子的波矢方向 $\boldsymbol{k}_s$ 向下时，声光互作用的能量和动量守恒方程为

$$\begin{cases} \hbar\omega_i - \hbar\omega_s = \hbar\omega_d \\ \omega_d = \omega_i - \omega_s \\ \hbar k_i - \hbar k_s = \hbar k_d \\ \boldsymbol{k}_i - \boldsymbol{k}_s = \boldsymbol{k}_d \end{cases} \tag{2.137}$$

(3) 由波矢图 2-29 导出布拉格方程：

$$k_i \sin\theta_i + k_d \sin\theta_d = k_s = 2k_i \sin\theta_B \quad (\theta_i = \theta_d = \theta_B) \tag{2.138}$$

$$\sin\theta_B = \frac{k_s}{2k_i} = \frac{\lambda_i}{2n\lambda_s} = \frac{\lambda_i f}{2nV_s} \tag{2.139}$$

$$2\lambda_s \sin\theta_B \approx \lambda_i / n \tag{2.140}$$

$$\theta_i = \theta_d = \theta_B, \quad |\boldsymbol{k}_i| = |\boldsymbol{k}_d| \tag{2.141}$$

2. 异常布拉格衍射

在各向异性介质中，折射率与传播方向有关，即波矢的大小与波的传播方向有关：

$$n_i = n_d, \quad |\boldsymbol{k}_i| \neq |\boldsymbol{k}_d| \tag{2.142}$$

异常布拉格衍射波矢图如图 2-30 所示。

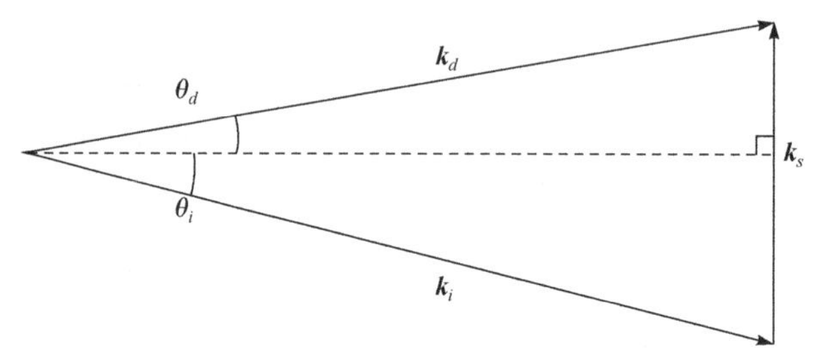

图 2-30 异常布拉格衍射波矢图

各波矢的模分别为

$$\boldsymbol{k}_i + \boldsymbol{k}_s = \boldsymbol{k}_d \tag{2.143}$$

式中

$$k_i = \frac{2\pi}{\lambda_i} n_i(\theta_i) = \frac{2\pi}{\lambda} n_i(\theta_i) \tag{2.144}$$

$$k_d = \frac{2\pi}{\lambda_i} n_d(\theta_d) = \frac{2\pi}{\lambda} n_d(\theta_d) \tag{2.145}$$

$$k_s = \frac{2\pi}{\lambda_s} = \frac{2\pi}{V_s \cdot T} = 2\pi \cdot \frac{f_s}{V_s} \tag{2.146}$$

由图 2-30 根据余弦定律可以得到

$$k_d^2 = k_s^2 + k_i^2 - 2k_s k_i \cos(\pi/2 - \theta_i) \\ = k_s^2 + k_i^2 - 2k_s k_i \sin(\theta_i) \tag{2.147}$$

$$k_i^2 = k_s^2 + k_d^2 - 2k_s k_d \sin(\theta_d) \tag{2.148}$$

得

$$\sin\theta_i = \frac{\lambda}{2n_i(\theta_i)V_s}\left\{f_s + \frac{V_s^2}{\lambda^2 f_s}[n_i^2(\theta_i) - n_d^2(\theta_d)]\right\} \tag{2.149}$$

$$\sin\theta_d = \frac{\lambda}{2n_d(\theta_d)V_s}\left\{f_s - \frac{V_s^2}{\lambda^2 f_s}[n_i^2(\theta_i) - n_d^2(\theta_d)]\right\} \tag{2.150}$$

式(2.149)和式(2.150)为狄克逊(Dixon)方程。式中，n_i 和 n_d 是角度 θ_i 和 θ_d 的函数，因此只要在一定介质下，折射率随角度变化的函数关系确定，由狄克逊方程即可解出 θ_i 与 f_s，以及 θ_d 与 f_s 的关系。

狄克逊方程与布拉格方程比较如下。

式(2.149)和式(2.150)中第一项为正常布拉格衍射，第二项为异常布拉格衍射。当 $f_s = f_o = \frac{V_s}{\lambda}\sqrt{n_{io}^2 - n_{do}^2}$ 时，θ_i 达到极值，且 $\theta_d = 0$，其中 f_o 条件下的 θ_i 和 θ_d 值为 θ_{i0} 和 θ_{id}，$n_{i0} = n_i(\theta_{i0})$，$n_{id} = n_d(\theta_{d0})$。当 $f_s = f_o$ 时，式(2.150)右边两项相等，而当 $f_s > f_o$ 时，右边第二项很小，可以忽略，此时，狄克逊方程就可简化为

$$\sin\theta_i = \sin\theta_d = \frac{\lambda}{2nV_s}f_s \tag{2.151}$$

即成为正常布拉格衍射方程。但当 f_s 接近或小于 f_o 时，就具有与正常布拉格衍射完全不同的几何关系。

将式(2.149)和式(2.150)相加，有

$$\sin\theta_i + \sin\theta_d = \frac{\lambda f_s}{nV_s}$$

当 θ_i、θ_d 很小时，令

$$n_i(\theta_i) = n_d(\theta_d) = n \tag{2.152}$$

即

$$\theta_i + \theta_d = \frac{\lambda f_s}{nV_s} \tag{2.153}$$

所以，$\theta_i + \theta_d$ 与 f_s 的关系与正常布拉格衍射相同。

由于异常布拉格衍射 $|\boldsymbol{k}_i| \neq |\boldsymbol{k}_d|$，因此可存在同向互作用，即 $\boldsymbol{k}_i$、$\boldsymbol{k}_d$ 和 $\boldsymbol{k}_s$ 均在同一方向上。显然，动量三角形的闭合条件可以简化为标量形式：$k_d = k_i \pm k_s$。若将 $k_i = \frac{2\pi}{\lambda}n_i$、$k_d = \frac{2\pi}{\lambda}n_d$ 和 $k_s = \frac{2\pi}{\lambda_s} = \frac{\pi}{V_s}f_s$ 代入动量三角形的闭合条件，即可得到

$$\lambda = \pm V_s(n_d - n_i)/f_s \tag{2.154}$$

这说明对确定的声光介质和传播方向，式(2.154)右边的分子部分是一常数，当白光(或具有复杂光谱成分的光)入射时，对某一确定的声频 f_s，只有满足式(2.154)的波长 λ 才能被衍射。如果改变 f_s，则对应的衍射光波长也要改变，利用这一特性可制成声光可调谐滤波器。

3. 光栅应用

由光栅方程：

$$2d\sin\theta = m\lambda \tag{2.155}$$

$$d = \frac{m\lambda}{2\sin\theta} \quad (m = 0,1,2,\cdots) \tag{2.156}$$

当 m=1，$\theta = \pi/2$ 时，光栅常数 $d = \dfrac{\lambda}{2}$，当 λ 减小时，d 也减小，即每毫米刻痕增多。

2.7 声光调 Q 技术

2.7.1 问题提出

声光调 Q 技术的基础理论为电声转换和声光效应。当超声波入射到一块通常为熔融石英的透明光学材料上时，材料的弹光效应将超声波的调制应变场耦合到光学折射率上，实现折射率的周期性变化，这时材料就相当于光学相位光栅，光栅周期与声波的波长相一致。入射到光学材料上的光被光栅衍射，部分透射光偏离原传播方向，实现谐振腔的高损耗，激光晶体在此期间不断积累能量，当超声波撤去时，谐振腔重新变为低损耗，产生激光输出。选择适当的介质材料、设计参量，就能使衍射光束较大程度地偏离激光谐振腔，从而产生较佳的声光调 Q 效果。

现在声光调 Q 开关已经完全商用化，调 Q 重复频率可达到几十千赫兹甚至上百千赫兹，不过利用光线偏折原理可知，声光开关不可能把入射光完全阻挡住，因而单程消光比很低，一般小于 10，所以声光开关不能运用在高增益大功率激光器中，只能应用于增益较低的连续激光器中。由于声光调 Q 开关需要的驱动调制电压很低，小于 200V，所以极易实现对低增益连续激光器调 Q，以获得高重复频率的脉冲输出，一般情况下，重复频率在 1～20kHz。

2.7.2 解决思路和原理

声光调 Q 开关是激光器实现重复频率输出的核心器件，它由声光口开关器件和声光开关驱动电源两部分组成。声光口开关器件的原理是超声波在介质中传播造成介质折射率产生相应的周期变化，相当于形成一个相位光栅，当光波通过该介质时会产生衍射，实现光束偏转。

将外加控制信号，即交替变化的 0V 和 5V 标准电平信号(TTL)，有规律地加到声光开关驱动电源上，当 TTL 为低电平时，声光开关驱动电源有功率输出，声光换能器将电能转换成声能，超声波在声光介质中传播，此时声光介质相当于相位光栅，声光开关衍射效率很高(> 80%)，腔内阈值很低，因此抑制了谐振腔内激光的振荡，上能级积累了大量高能粒子，无激光输出。当 TTL 为高电平时，声光开关驱动电源没有功率输出，声光换能器不工作，声光介质为普通 Ge 单晶，对激光单程透过率>90%，此时声光开关衍射效率为 0，腔内阈值瞬间升高，上能级积累的大量高能粒子瞬间受激辐射，形成巨脉冲输出。TTL 电平信号周期性变换时，激光器便实现了脉冲输出，其脉冲频率受 TTL 电平信号源控制。如果通过编码控制 TTL 电平信号，激光器便可以实现相应的编码脉冲输出。控制信号、衍射效率、腔内 Q 值与输出功率的相互关系，如图 2-31 所示。

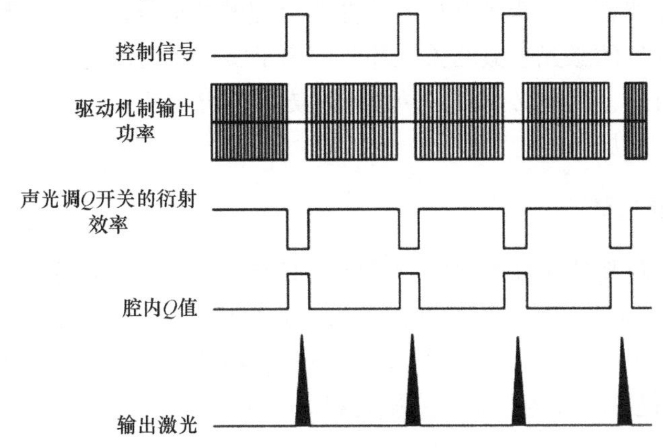

图 2-31　控制信号、衍射效率、腔内 Q 值与输出功率的相互关系

声光调 Q 在连续激光器中的运转方式如图 2-32 所示。在这种情况下，泵浦速率 W_p 保持不变(图 2-32(a))，但谐振腔的 Q 值做周期性变化(图 2-32(b))，它的变化周期由脉冲调制信号频率 f 决定，输出一系列高重复频率的调 Q 脉冲(图 2-32(c))。由于泵浦是连续的，

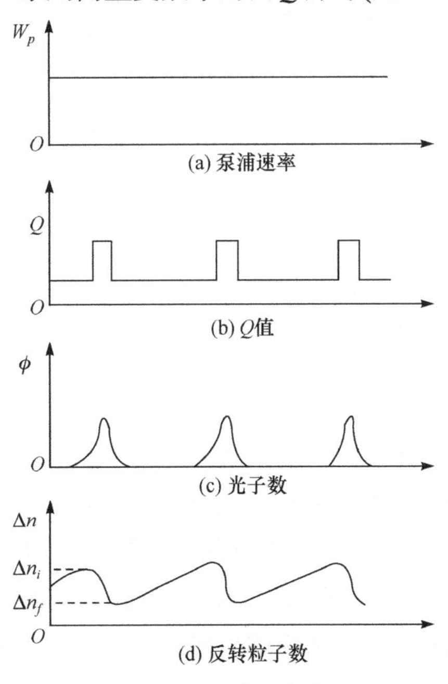

图 2-32　连续激光器高重复率调 Q 过程

谐振腔的 Q 值(也就是腔的耗损)以频率 f 由高 Q 态到低 Q 态周期变化，故激光工作物质的反转粒子数也做相应的变化(图 2-32(d))。

2.8 声光调 Q 器件

2.8.1 声光调 Q 器件的设计和结构

在声光调 Q 激光器中，声光介质的选择、合理的结构设计，以及制作工艺技术等都是保证器件具有良好的激光参数的关键环节。为了实现特定的超声场，声光调 Q 器件一般采用行波工作方式，因此必须在超声波前进方向的介质表面上加入吸声材料或吸声装置，以避免超声波的反射。

1. 声光介质的选择

对于声光介质材料的选择可以综合考虑如下因素：介质的品质因数 M 要尽可能大，对光的透过率大(即对光的吸收小)，对超声波的吸收要小；有良好的热稳定性；介质的光学性质均匀和有足够大的尺寸；对于高功率调 Q 器件，其抗损伤阈值要高。目前大面积的 $LiNbO_3$ 晶体是一种较为理想的介质材料。

2. 声光调 Q 器件的设计

声光器件设计的关键是合理地确定超声场的尺寸，如图 2-33 所示。其中，声光作用距离 L 可由布拉格判据来确定，即 $L \geqslant 2L_0$，特征长度 $L_0 = \lambda_s^2 / \lambda = V_s^2 / (\lambda f_s^2)$。

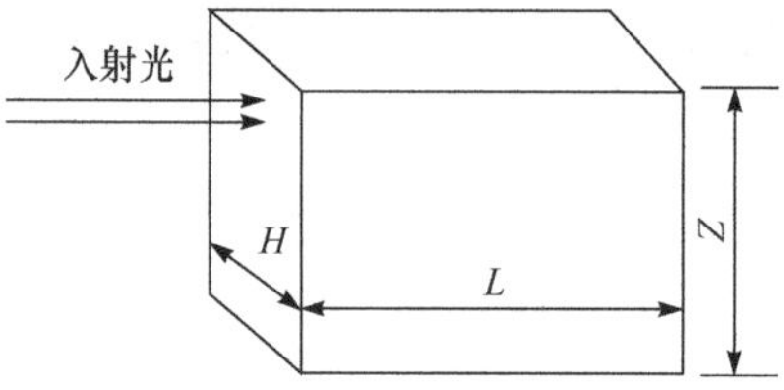

图 2-33 超声场的尺寸

布拉格衍射效率为

$$\eta_1 = \frac{I_1}{I_i} = \sin^2\left(\frac{\upsilon}{2}\right)$$

$$\upsilon = \frac{\pi}{\lambda}\sqrt{\left(\frac{2L}{H}\right)M_2 P_s}$$

可以看出，在一定的超声功率 P_s 下，L/H 的值越大，衍射效率 η_1 越高。因此，L 可根据材料的实际情况尽可能取大一点，声场宽度 H 则应尽量小，一般取与激光束的直径相等或稍大一点。换能器的长度尺寸只要比上述 L 和 H 值稍大即可(这是为了保证具有足够的绝缘距离)。因高频电场是沿厚度方向施加到换能器上的，所以换能器厚度为超声波的半波长，即由公式 $d = \lambda_s / 2 = V_s / (2f_s)$ 计算而得。声光介质的尺寸比声场尺寸稍大即可，与换能器相对的一个面最好磨成复合角，如图 2-34 所示，这样在与吸声材料配合时可使超声波的反射影响最小。同时，往往把声光介质的通光面与超声波面(即换能器接触面)之间的夹角磨成 $90° - \theta_B$，以便在满足布拉格入射条件 $\sin\theta_B = \lambda / (2\lambda_s)$ 的同时，又能保证光束垂直通光面入射(这时介质表面的反射损耗最小)，如图 2-35 所示。

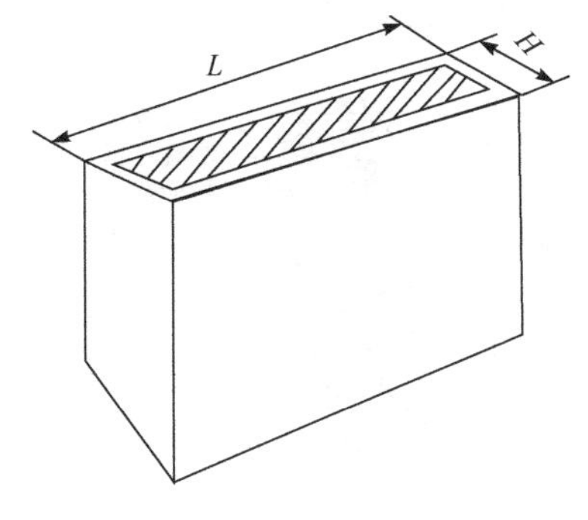

图 2-34　声光器件的结构形式

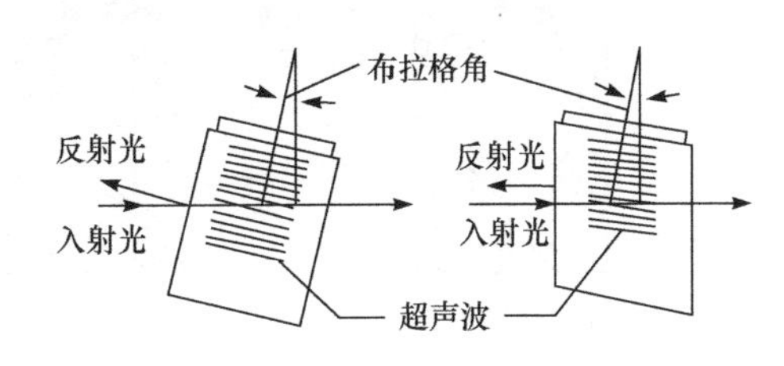

图 2-35　声光器件的工作方式

换能器与声光介质的黏接工艺也是十分重要的问题。因为换能器的超声功率要通过这个结合层进入声光介质中，所以黏接层必须是低损耗的。由超声波的传播理论可知，当黏接层的四周被同一介质包围时，其声波透过系数为

$$D=\frac{1}{1+\frac{1}{4}\left(m-\frac{1}{m}\right)^{2}\sin^{2}\left(\frac{2\pi d'}{\lambda_s}\right)} \tag{2.157}$$

式中，声阻抗比值 $m=Z_1/Z_2$； d' 为黏接层厚度。

实验证明，有两种情况可使声波透射系数接近最大值。当 $m\approx1$ 时，即黏接层的声阻抗 Z_2 接近介质的声阻抗 Z_1 时， $D\approx1$；或者，当黏接层的厚度 d' 很薄(≈0)时， $D\approx1$。因此，只要黏接层材料与声光介质材料的声阻抗匹配较好，或黏接层的厚度小于 15μm，均可得到满意的效果。目前采用的黏接工艺有以铟为过渡层的真空热压焊和超声焊等，也可采用环氧树脂、502 胶等黏接。表 2-1 列出了一些材料的声阻抗。

表 2-1　一些材料的声阻抗

材料名称	铝	金	银	铟	环氧树脂	石英	502 胶
密度/(g/cm^3)	2.7	19.3	10.5	7.2	1.18	2.6	1.36
声阻抗/ ($\times10^5$ / (s·cm^2))	16.9	62.6	38	19.6	3.2	14.5	3.59

3. 声光调 Q 器件的结构

换能器的电声能转换过程及超声波被吸收后都会产生热量，如果不及时散掉，就会在声光介质中形成温度梯度场，从而扰乱超声场的“相位光栅”作用，严重时会使器件失去调 Q 作用，因此器件还需要考虑散热问题。图 2-36 为声光调 Q 器件的三种典型结构。图 2-36(a)为全水冷式，其中换能器上的电极压块及声光介质和吸声材料上的夹件均要通水冷却。图 2-36(b)为半水冷空冷式，即只保证换能器上的电极压块通水冷却，介质夹件可做成散热片的形式，由空气自然冷却或适当吹风强迫冷却。图 2-36(c)为半水冷多次反射吸收式，它不同于第二种的是，声波通过介质夹件上的反射面多次反射吸收，达到吸

声和冷却的目的。当设计较大声功率的器件时，采用全水冷式结构为宜。

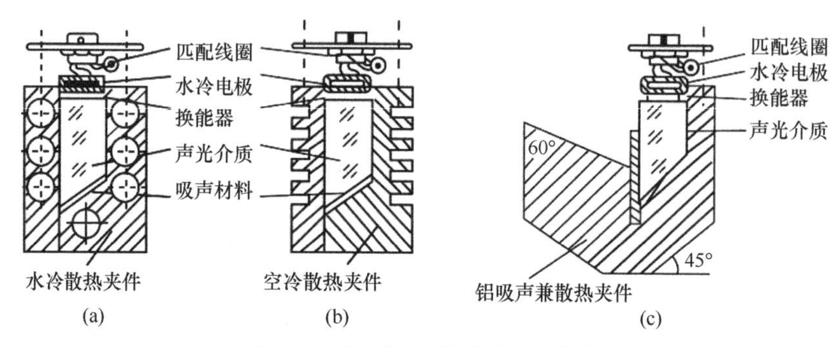

图 2-36 声光调 Q 器件的典型结构

2.8.2 声光腔倒空激光器

利用声光器件作为开关元件实现“腔倒空”，这是一种腔内光子储能的运转方式，其结构形式如图 2-37 所示，其中 M_1、M_2、M_3、M_4 均为全反射镜。准确选择 M_2、M_3 的曲率和两镜间的距离，以恰好使两者的曲率中心重合，光束在曲率中心处聚焦在一个直径很小的区域上，声光器件即放置在光束的束腰部位。

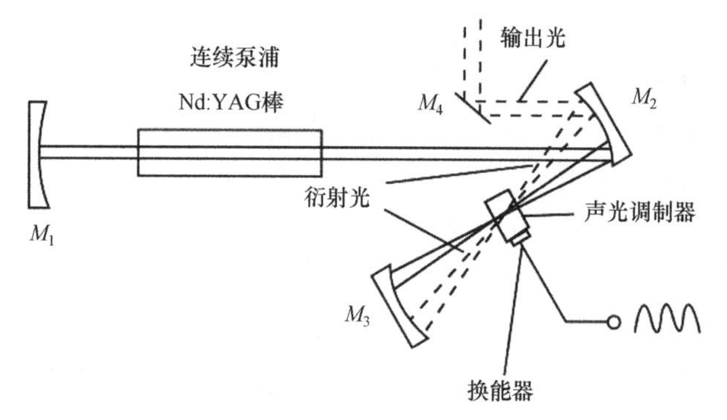

图 2-37 声光腔倒空激光器

当声光器件上未加电压时，谐振腔处于高 Q 值状态，在腔内可建立起极强的激光振荡(但无输出)，腔内光子数达最大值后，突然在声光器件上加压形成超声场，使激光束几乎全部发生偏转，腔内存储的光子能量几乎全部从平面反射镜处耦合输出，因而称为“腔倒空”。显然，其输出效率较高，光脉冲宽度也很窄，相当于光子在腔内来回一次所需要的时间，为纳秒量级。光脉冲的重复频率可以达兆赫兹量级以上。声光器件未加电压时，光路如图 2-37 实线所示；加电压时即发生布拉格衍射，光在腔内往返一次由 M_4 反射输出。

使用同样的技术观察声光调制器进行腔倒空时激光输出中所出现的调制，声光调制器作为激光腔倒空的一种手段的优越性如下，当腔光允许两次通过声盒时，每次都要衍射一部分光。当两束衍射光束一致并偏离腔时，它们就可作为腔倒空激光器的输出。对声光腔倒空器件有更高的要求：其一，为了尽可能实现腔倒空，所用声光器件必须只有一级衍射光，而且衍射效率应尽量接近 100%，因而必须用严格的布拉格衍射器件。其二，腔倒空方式要求开关速度快得多，其上升时间大约为 5ns，光束必须聚焦到一个直径约为 50μm 的区域上。其三，为了提高布拉格衍射效率，腔倒空器件的调制频率要高得多，故可以直接把超声频率作为调制频率，输出光脉冲的重复频率可以高达兆赫兹量级以上。

2.9 磁 光 调 制

2.9.1 磁光效应

光调制器、光源、光电探测器和光放大器是光有源器件的四种重要类型，其中光调制器是长距离光通信的关键器件，也是最重要的集成光学器件之一。光发射机的功能是把输入电信号转换成光信号，并用耦合技术把光信号最大限度地注入光纤线路，其中把电信号转换为光信号的过程就是光调制。调制后的光波经过光纤通道送到接收端，由光接收机鉴别出它的变化，再恢复原来的信息，这个过程就是光调解。

磁光调制的物理基础是磁光效应。有些物质，如顺磁性、铁磁性和亚铁磁性材料等的内部组成的原子或离子都具有一定的磁矩，由这些磁性原子或离子组成的化合物具有很强的磁性，称为磁性物质。人们发现，在磁性物质内部有很多个小区域，在每个小区域内，所有原子或离子的磁矩都相互平行地排列着，把这种小区域称为磁畴；因为各个磁畴的磁矩方向不相同，因而其作用相互抵消，所以宏观上并不显示出磁性。若沿物体的某一方向施加一个外磁场使物体磁化，当光波通过这种磁化的物体时，其传播特性发生变化，这种现象称为磁光效应。

磁光效应包括法拉第旋转效应、克尔效应、磁致双折射效应等。其中，最主要的是法拉第旋转效应，当一束线偏振光在外加磁场作用下的介质中传播时，其偏振方向发生旋转，其旋转角度 θ 的大小与沿光束方向的磁场强度 H 和光在介质中传播的长度 L 成正比，即

$$\theta = VHL \tag{2.158}$$

式中，V 称为韦尔代(Verdet)常数，它表示在单位磁场强度下线偏振光通过单位长度的磁光介质后偏振方向旋转的角度。表 2-2 列出了一些磁光材料的韦尔代常数。

表 2-2 一些磁光材料的韦尔代常数 (单位：$\times10^{-4}$rad/T · cm)

材料名称	冕玻璃	火石玻璃	氯化钠	金刚石	水
V	0.015～0.025	0.03～0.05	0.036	0.012	0.013

对于旋光现象的物理原因可解释为：外加磁场使介质分子的磁矩定向排列，当一束线偏振光通过它时，分解为两个频率相同、初相位相同的圆偏振光，其中一个圆偏振光的电矢量是顺时针方向旋转的，称为右旋圆偏振光，而另一个圆偏振光是逆时针方向旋转的，称为左旋圆偏振光。这两个圆偏振光无相互作用地以两种略有差别的速度 $\upsilon_+ =$

c/n_R和$\upsilon_- = c/n_L$传播，它们通过厚度为L的介质之后产生的相位延迟分别为

$$\varphi_1 = \frac{2\pi}{\lambda} n_R L, \quad \varphi_2 = \frac{2\pi}{\lambda} n_L L \tag{2.159}$$

所以，两个圆偏振光间存在相位差：

$$\Delta\varphi = \varphi_1 - \varphi_2 = \frac{2\pi}{\lambda}(n_R - n_L)L \tag{2.160}$$

当它们通过介质之后，再次合成为线偏振光，其偏振方向相对于入射光旋转了一个角度。图 2-38 中YZ表示入射介质的线偏振光的振动方向，将振幅A分解为左旋和右旋两矢量A_L和A_R。假设介质的长度L使右旋矢量A_R刚转回到原来的位置，此时左旋矢量(由于$\upsilon_L \neq \upsilon_R$)转到$A_L'$，于是合成的线偏振光$A'$相对于入射光的偏振方向转了一个角度$\theta$，此值等于$\delta$的 1/2，即

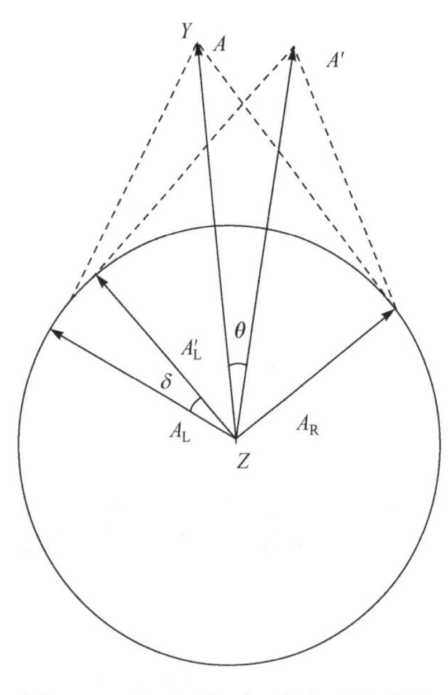

图 2-38 光通过介质时偏振方向旋转

$$\theta = \frac{\delta}{2} = \frac{\pi}{\lambda}(n_R - n_L)L \tag{2.161}$$

可以看出，A'的偏振方向将随着光波的传播向右旋转，这称为右旋光效应。

磁致旋光效应的旋转方向仅与磁场方向有关，而与光线传播方向的正逆无关，这是磁致旋光现象与晶体的自然旋光现象的不同之处。光束往返通过自然旋光物质时，因旋转角相等、方向相反而相互抵消，但通过磁光介质时，只要磁场方向不变，旋转角都朝一个方向增加。此现象表明磁致旋光效应是一个不可逆的光学过程，因而可利用其来制成光学隔离器或单通光闸等器件。

目前最常用的磁光材料主要是钇铁石榴石(YIG)晶体，它在波长为 1.2～4.5 μm 时的吸收系数很低($a \leqslant 0.03\text{cm}^{-1}$)，而且有较大的法拉第旋转角。这个波长范围包括了光纤传输的最佳范围(1.1～1.5 μm)和某些固体激光器的频率范围，所以 YIG 晶体有可能制成调制器、隔离器、开关、环行器等磁光器件。由于磁光材料的物理性能随温度变化不大，因而不易潮解，调制电压低，这是它相对于电光、声光器件的优越之处。但是，当工作波长超出上述范围时，吸收系数急剧增大，致使器件不能工作。这表明它在可见光区域一般是不透明的，而只能用于近红外区和红外区。因此，它的应用有很大的局限性。

2.9.2 磁光体调制器

磁光调制与电光调制、声光调制一样，也是把欲传递的信息转换成光载波的强度(振幅)等参量，使其随时间变化。所不同的是，磁光调制是将电信号先转换成与之对应的交变磁场，然后由磁光效应改变在介质中传输的光波的偏振态，从而达到改变光强等参量的目的。磁光调制器的组成如图 2-39 所示。

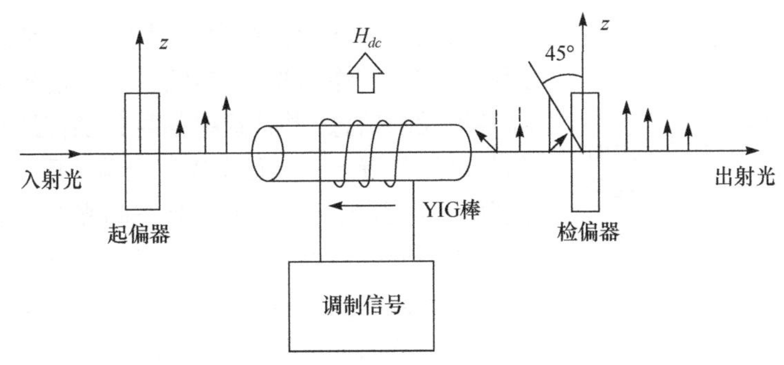

图 2-39　磁光调制示意图

工作物质(YIG 棒或掺 Ga 的 YIG 棒)放在沿轴线方向的光路上，它的两端放置有起偏器、检偏器，高频螺旋形线圈环绕在 YIG 棒上，受驱动电源的控制。为了获得线性调制，在垂直于光传播方向上加一恒定磁场 H_{dc}，其强度足以使晶体饱和磁化。当工作时，高频信号电流通过线圈时就会感生出平行于光传播方向的磁场；入射光通过 YIG 棒时，由于法拉第旋转效应，其偏振面发生旋转，旋转角与磁场强度 H_{dc} 成正比。因此，只要用调制信号控制磁场强度的变化，就会使光的偏振面发生相应的变化。但这里因加有恒定磁场 H_{dc}，且与通光方向垂直，故旋转角与 H_{dc} 成反比，于是

$$\theta=\theta_S=\frac{H_0\sin(\omega_H t)}{H_{dc}}L_0 \tag{2.162}$$

式中，θ_S 是单位长度饱和法拉第旋转角；$H_0\sin(\omega_H t)$ 是调制磁场。如果光再通过检偏器，就可以获得一定强度变化的调制光。

2.10　空间光调制

2.10.1　基本概念

空间光调制器(Spatial Light Modulator，SLM)是指在主动控制下，通过调制光场的某个参量，如通过调制光场的振幅，或通过折射率调制相位，或通过偏振面的旋转调制偏振态，或是实现非相干-相干光的转换，从而将一定的信息写入光波中，达到光波调制的目的。空间光调制器是对光束横截面内各点的光场空间分布实施调制，或者说是进行图像调制。它可以方便地将信息加载到一维或二维的光场中，利用光的宽带宽、多通道并行处理等优点对加载的信息进行快速处理。或者定义空间光调制器含有许多独立单元(又称为像素)，其在空间排列成一维或二维列阵，每个像素都可以独立地接受光信号或电信号的控制，并按照此信号改变自身的光学性质，如透射率、反射率、折射率，从而对通过它的光波进行调制。它是构成实时光学信息处理、光互联、光计算等系统的核心器件。

这类器件可在随时间变化的电驱动信号或其他信号的控制下，改变空间上光分布的振幅或强度、相位、偏振态以及波长，或者把非相干光转化成相干光。控制这些单元光学性质的信号称为“写入信号”，写入信号可以是光信号，也可以是电信号；入射到器件

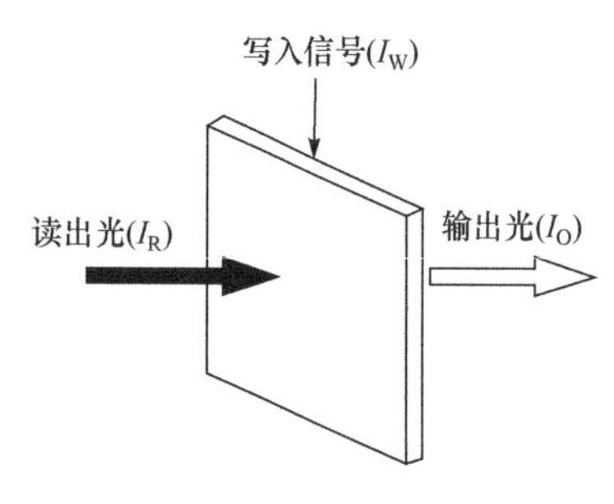

图 2-40　空间光调制器示意图

上且受到调制的光波称为"读出光"，经过空间调制的读出光称为"输出光"。显然，写入信号包含控制调制器各单元的信息，并把这些信息分别传送到调制器相应的各单元位置上，从而改变其光学性质；当读出光通过调制器时，其光学参量就受到空间光调制器各单元的调制，结果变成一束具有新光学参量空间分布的输出光。实时的写入和读出将发挥光学并行处理的优异功能，空间光调制器的示意图如图 2-40 所示。

由于空间光调制器的这种性质，其可作为实时光学信息处理、光计算和光学神经网络等系统中的构造单元或关键器件。空间光调制器一般按照读出光的读出方式不同，可以分为反射式和透射式；而按照输入控制信号的方式不同又可分为光寻址 SLM(OA-SLM)和电寻址 SLM(EA-SLM)。

2.10.2　空间光调制器的功能

空间光调制器是实时或准实时的一维或二维光学传感器件和运算器件。各种不同类型的空间光调制器有各自的特点，但它们具有一些共同的或相似的性能和功能，概括起来主要有以下几种。

1. 变换功能

(1) 电-光转换和串行-并行转换。在电光混合处理器中，可以把写入的串行电信号转变成输出光信号，而且这种输出可以是按所需格式排列的一维或二维的数据组，也可以是二维的图像。例如，待处理的信息来自摄像机或计算机的模拟信号，它往往是一个随时间变化的电信号。为了把该信号输入到光学处理系统中，就要用空间光调制器，一方面把按时间先后串行的电信号，转换成一个在空间以一维或二维阵列形式排列的控制信号，另一方面把阵列中每个像素上的控制信号转换成能调制读出光的光学性质的变化。

(2) 非相干光-相干光转换。在实时处理系统中，可以把写入的非相干光信号转换成输出的相干光信号。因为实时处理系统的处理对象往往是一个实际的物体，一般的光学系统只能使它形成一个非相干的图像，但是处理系统却要求一个相干图像，以便进行频域处理或者进行基于光干涉的处理等。例如，在图 2-41 中，写入信号 I_W 是一个由非相干光组成的二维图像，读出光 I_R 是一束振幅均匀的相干光，则当空间光调制器采用光寻址方式，把写入信号的照度分布转换成各像素的光强透射系数时，其输出光 I_O 便是一束携带有写入图像信息的相干光，可以输入给实时光学处理系统。

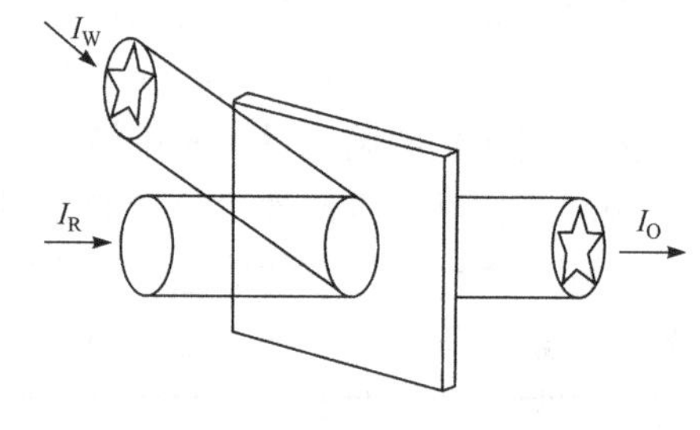

图 2-41　光寻址空间光调制原理

2. 放大功能

当写入光强较弱时，或者在信息处理过程中图像信号变弱时，可以采用空间均匀分布的、强度大的读出光的空间光调制器予以增强，即可得到放大了的输出相干光信号。这时空间光调制器可以看作光放大器或图像增强器。

3. 运算功能

对大多数空间光调制器来说，信号倍乘是其固有的性能。如图 2-40 所示，读出光 I_R 携带有一幅二维图像信息，用写入信号 I_W 去控制空间光调制器各像素的透过率，则输出光 I_O 在空间光调制器表面上的光强分布便等于 I_R 和 I_W 的乘积。如果写入信号代表一个矩阵，读出光代表另一个矩阵，则利用空间光调制器可以实现数字的矩阵与矩阵之间的乘法。另外，还可以进行一些与基本相乘功能有关的操作，例如，可编程匹配滤波，用计算机控制的可重建的光学互联，等等。

4. 阈值操作功能

利用器件的阈值特性，可以把连续变化的写入信号变换成若干分立的“值”输出，最简单的操作是把写入信号分为 0 和 1 两种输出。给定一个阈值，当写入信号超过此阈值时，输出为“1”，当写入信号小于此阈值时，输出为“0”(即无输出光)，这种操作称为阈值操作。利用这种特性，可以实现二进制逻辑运算及模/数转换。呈现阈值特性的空间光调制器可以看作非线性光开关的二维阵列。它在数字计算、数字图像处理中特别重要，可使处理后的信号减小失真。

空间光调制器除具有以上功能外，还有短时存储(记忆)、光学限幅、波面恢复等功能，不再一一介绍。

2.10.3　典型的空间光调制器

1. 泡克耳斯读出光调制器

泡克耳斯读出光调制器(Pockels Readout Optical Modulator，PROM)是一种利用电光效应制成的光学寻址空间光调制器，其性能比较好，目前已得到实际的应用。

1) 泡克耳斯读出光调制器的结构

为了满足实时处理的要求，陆续出现了多种结构原理的器件，有的是把光敏薄膜与铁电晶体结合起来，有的则利用本身具有光敏性能的光致导电晶体制成。其中，用硅酸铋($Bi_{12}SiO_{20}$，简写为 BSO)晶体材料制成的空间光调制器得到了较快的发展。BSO 是一种非中心对称的立方晶体(23 点群)，它不但具有光电导效应，而且具有线性电光效应。它的半波电压比较低，对 $\lambda = 400 \sim 450$nm 的蓝光比较灵敏(因为蓝光的光子能量很高)，而对 600nm 的红光(红光的光子能量弱)的光电导效应是微弱的。由于光敏特性随波长的不同剧烈变化，材料对蓝光敏感，对红光不敏感，所以可用蓝光作为写入信号，用红光作为读出光，从而可减少写入信号和读出光之间的互相干扰。

BSO-PROM 的结构示意图如图 2-42 所示。在 BSO 晶体的两侧涂 3μm 厚的绝缘层(聚

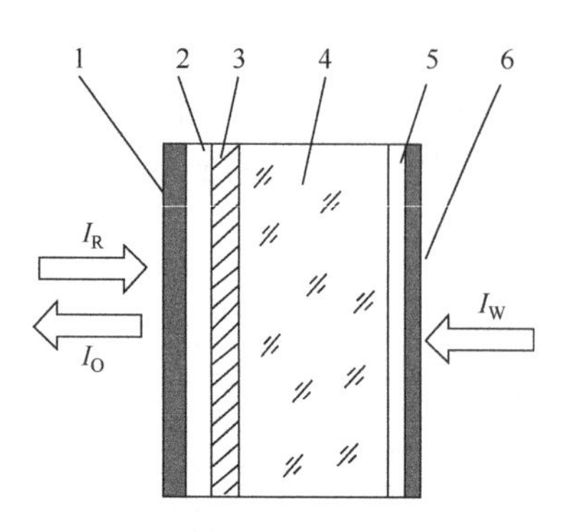

图 2-42　BSO-PROM 结构示意图
1, 6-透明电极；2, 5-绝缘层；3-双色反射层；4-硅酸铋晶体

氯代对苯二甲酸)、最外层镀上透明电极就成为透射式的器件；如果在写入侧镀上双色反射层用以反射红光而透射蓝光，则构成反射式的器件。反射式结构不但降低了半波电压，而且消除了晶体本身旋光性的影响。

2) BSO-PROM 的工作原理

BSO-PROM 是把图像的光强分布转化为加在 BSO 晶体上的电压的空间分布，从而把图像传递到读出光束上。光-电转化是利用晶体的光电导性质，电-光传递是利用晶体的泡克耳斯电光效应。具体的工作过程是：当在透明电极上加上工作电压而无光照时，晶体的光学性质并不发生变化，因为此时光敏层电阻的阻值很大，大部分电压降到光敏层上。如果用较强的蓝光照射光敏层，光子被激发，使电子获得足够的能量越过禁带而跃入导带，就会有大量自由电子和空穴参与导电，于是光敏层的电阻就减少到很小(称为光电导效应)，绝大部分电压就加到了 BSO 晶体上。由于光敏层的电阻值是随外界入射光的强弱发生变化的，故晶体的电光效应也随入射光的强弱做相对应的变化。例如，用一束激光携带图像信息作为写入信号 I_W 从图 2-42 的右方射向器件，通过透镜照射到 BSO 晶体上，由于光电效应在晶体内激发电子-空穴对，电子被拉向正极，而空穴按写入信号的图像形状分布发生电位的空间变化，这样，写入信号的照度分布通过光电效应转化成 BSO 晶体内的电场分布，将图像存储下来。在读取图像时，用长波光，如 633nm 的红光作为读出光 I_R，通过起偏器(x 方向)从图 2-42 的左方照射器件，由于电光效应写入光而变成椭圆偏振光，其椭圆率取决于晶体中电压的空间变化，因此从检偏器(图 2-42 的左方，与起偏器正交放置)输出的光 I_O 的光强分布将正比于图像的明暗分布，即实现了光的空间调制。

上述 BSO-PROM 的工作程序如图 2-43 所示。图 2-43(a)～(c)为写入前的准备阶段。图 2-43(a)为在晶体的两个电极间加电压 V_0，图 2-43(b)为用脉冲氙灯均匀照射光敏层，使之产生电子-空穴对，并在外电场作用下向晶体的电极界面漂移，使晶体中形成一个均匀的内电场，即清除了原来存储的图像(因为 BSO 的暗电阻很大，存储的图像可以保持很长时间)。图 2-43(c)为将外接电压反转，使晶体上的电压升高为 $2V_0$。图 2-43(d)为写入阶段的情况，用较短波长的蓝光携带图像信息作为写入信号 I_W 成像在 BSO 晶片的表面上，通过光电效应转变成 BSO 晶体内的电场分布，再通过电光效应进而转变成双折射率分布。图 2-43(e)为读出时的情况，用长波长的线偏振红光作为读出光 I_R。选择长波长红光作为读出光是因为它基本不能对 BSO 晶体产生光电效应，不会破坏蓝光写入的电场图像。红光入射晶体后，由于 BSO 晶体的双折射而分解成两个互相垂直的偏振分量，两者之间有一个相位差，故其合成光的偏振态随之发生变化，即 I_O 波面各处的偏振态受到按写入图像形成的电场分布的调制，因此从检偏器输出的光 I_O 就是强度受到调制的光。记录屏上的亮区因为是 BSO 晶体未曝光区，故晶体的双折射效应很弱，光束在这个区域的偏振态几乎没有改变，故无图像显示。

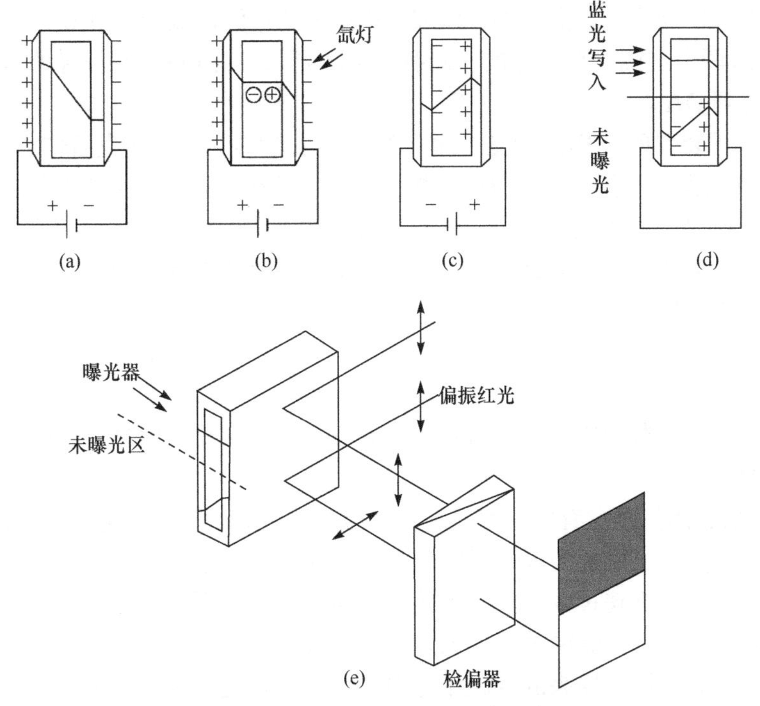

图 2-43 BSO-PROM 的工作程序

2. 声光空间光调制器

声光空间光调制器是利用声光效应来进行光调制的器件。在声光调制器中(其结构见本章 2.6 节)，把电学写入信号通过电声换能器转换成载有写入信息的超声波，这个超声波作用于声光介质，产生内应力场分布，通过光弹效应，又转化成介质折射率的变化分布，构成一种“相位光栅”，读出光通过时因受到这种“相位光栅”的作用而被调制。由前面声光互作用原理得知，其衍射光强度可以由超声波的功率，或者说由电声换能器的电驱动功率来控制，因而通过改变超声功率就可以获得光强调制。利用声光器件的频率调制功能又可以实现对读出光的相位调制，这是因为光波相位随时间变化的速率与角频率 ω 成正比，因此不同频率的光波在传播了相同的时间之后，其相位改变量是不一样的。

但声光空间光调制器与前面所介绍的空间光调制器相比有两个不同点：其一，写入信息的空间分布不是固定的，而是以声速在缓慢地运动；其二，写入信息只沿一维空间(平行于声波的传播方向)分布，因此声光空间光调制器最适宜用来进行一维图像(或信息)的光学并行处理。

例如，利用声光空间光调制器进行宽频带射频信号的实时频谱分析。

在射电天文学中，通过对星体所辐射的射频电磁波进行频谱分析，可以了解星体的组成情况，利用声光空间光调制器实现频谱分析的装置由两部分组成，第一部分是输入电路，包括接收天线 A 、本地振荡器 LO 、混频器 M 和功率放大器 AMP 。射频信号 RF 与本地振荡信号预混后，其频率从射频区降到超声区，放大后的超声信号用来驱动电声换能器 T 。第二部分是一个集成光学器件 D ，在 $LiNbO_3$ 基底表面上进行 Ti 扩散，形成一个波导和电声换能器T，换能器在该波导中激发的声波形成声光栅G。在波导层中还制作有L_1和L_2两个透镜，在波导的一侧有一个激光二极管LD，在波导的另一侧有一个光电探测器阵列DA。

该频谱分析装置的工作原理是，由LD发出的光束经过L_1准直后作为入射光(读出光)，这个光束在含有多种频率成分的光栅上发生布拉格衍射，同时产生了多个方向的衍射光束。各个衍射光束的强度取决于各频率成分的平均功率，当光电探测器阵列DA测出这些衍射光束的位置和强度之后，便能求出被测信号的频率成分和它们的相对强度，完成信号的频谱分析。

3. 磁光空间光调制器

磁光空间光调制器利用对铁磁材料的诱导磁化来记录写入信息，利用磁光效应来实现对读出光的调制。

(1) 写入信息的记录。有些磁性材料在外磁场的诱导下即被磁化。当撤去外磁场后，材料的磁感应强度并不恢复为零，而仍有一个“剩磁强度”。这时，即使有一个反方向的外磁场，只要其强度不超过临界值，上述剩磁强度方向仍不会改变。只有当反向外磁场的强度超过临界值之后，剩磁强度方向才会随之改变。因此，可以利用磁性材料稳定的剩磁强度的方向“记忆”原来的外磁场方向；若要使它发生变化，则必须施加足够大的反向磁场才行。由于稳定的剩磁强度方向有两个，所以记录的信息是二元的，如果把磁性材料做成薄膜形状，并分成大量互相独立的像素(被刻蚀成矩形像素阵列)，在各像素之间制作正交的寻址电极，那么便可以记录一个以二进制数字表示的二维数据阵列。

具体进行数据记录的方法是一种矩阵寻址方法，通过在行、列电极上施加电流，在某个需要改变剩磁强度方向的像素处产生较强的局部反向磁场，达到使指定像素发生剩磁强度方向反转的效果。当电流通过两正交方向的寻址电极时，电极交叉处的像素即被寻址(究竟是交叉点周围的四个像素中哪个像素被寻址，由磁光薄膜的设计及电极中电流的方向决定)，薄膜的磁化状态随寻址磁场而发生变化。这样，利用逐行写入的方式，便能把二元的电子写入信号转变成按二维阵列排列的以剩磁强度方向表征的信息阵列。

(2) 信息的读出。在磁光空间光调制器中，对读出光的调制是通过磁光效应来实现的。即当一束线偏振光通过磁光介质时，如果存在着沿光传播方向的磁场，则由于法拉第旋转效应，入射光的偏振方向将随着光的传播而发生旋转，旋转的方向取决于磁场的方向，这样就可以把记录在上述磁性薄膜中剩磁强度方向分布的信息转换成输出光的偏振态的不同分布。若再通过检偏器，便可完成二元的振幅调制或相位调制。

磁光空间光调制器的具体调制过程可由图2-44来说明。调制器的两个像素“1”和“2”已被写入信号调制成具有相反方向的剩磁强度(图中箭头方向“1”表示薄膜磁化方向与光束方向相同，“2”表示相反)，由于法拉第效应，沿y轴方向偏振的线偏振光P通过这两个像素后，其偏振方向将分别旋转θ和$-\theta$，得到P_1和P_2两个出射光(一个顺时针旋转θ，一个逆时针旋转θ)；在器件后面设置一个检偏器A，其透光方向与y轴成φ角，则P_1通过A之后，光强正比于$\cos^2(\varphi-\theta)$，而P_2通过A之后，光强正比于$\cos^2(\varphi+\theta)$，实现了二元的振幅调制。适当选取φ角，使$\varphi-\theta=\pm 90°$，便能得到全对比输出，即一个像素处于“关态”，无光通过，而另一像素的光则可部分或全部透过，即处于“开态”。磁光空间光调制器可以达到很高的画幅速率，具有稳定的存储特性，调制对比度也很高，可制作成大阵列器件(如 512×512 像素的器件)。这种磁光空间光调制器已广泛应用于光学模式识别、光学信息处理、图像编码、光学互联等方面。以上介绍的是基于电光、声光和磁光效应的空间光调制器。此外，近几年还出现了铁电陶瓷(PLZT)调制器、微通道板空间光调制器(MSLM)和多量子阱调制器等多种空间光调制器，在此就不一一介绍了。

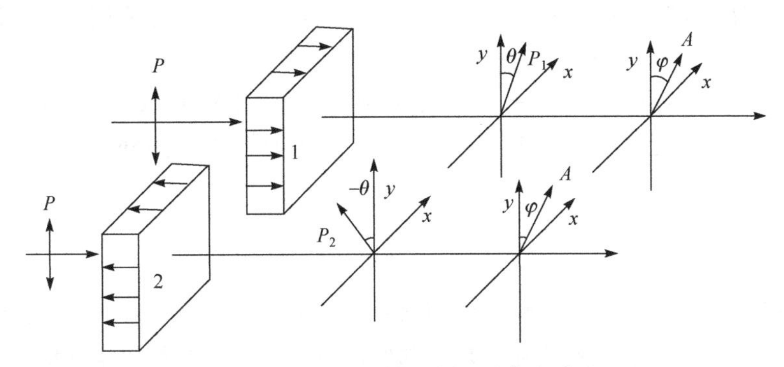

图 2-44　磁光空间光调制器的信息读出

2.11　半导体激光调制

半导体激光器又称激光二极管(LD)，是用半导体材料作为工作物质的激光器。由于物质结构上的差异，不同种类物质产生激光的具体过程比较特殊。常用工作物质有砷化镓(GaAs)、硫化镉(CdS)、磷化铟(InP)、硫化锌(ZnS)等。半导体激光器可分为同质结、单异质结、双异质结等几种。同质结激光器和单异质结激光器在室温时多为脉冲器件，而双异质结激光器在室温时可实现连续工作。半导体激光器是最实用、最重要的一类激光器。它体积小、寿命长，并可采用简单的注入电流的方式来泵浦，其工作电压和电流可与集成电路兼容。另外，可以用高达吉赫兹的频率直接进行电流调制，以获得高速调制，的激光输出。由于这些优点，半导体激光器在激光通信、光存储、光陀螺、激光打印、测距以及雷达等方面获得了广泛的应用。

半导体激光器的工作原理是：通过一定的激励方式，在半导体物质的能带(导带与价带)之间，或者半导体物质的能带与杂质(受主或施主)能级之间，实现非平衡载流子的粒子数反转，当处于粒子数反转状态的大量电子与空穴复合时，便产生受激发射作用。半导体激光器的激励方式主要有三种，即电注入式、光泵式和高能电子束激励式。电注入式半导体激光器一般是由砷化镓(GaAs)、硫化镉(CdS)、磷化铟(InP)、硫化锌(ZnS)等材料制成的半导体面结型二极管，沿正向偏压注入电流进行激励，在结平面区域产生受激发射。光泵式半导体激光器一般用 N 型或 P 型半导体单晶(如 GaAs、InAs、InSb 等)作为工作物质，以其他激光器发出的激光作为光泵激励。高能电子束激励式半导体激光器一般也是用 N 型或者 P 型半导体单晶(如 PbS、CdS、ZnO 等)作为工作物质，通过由外部注入高能电子束进行激励。在半导体激光器件中，性能较好、应用较广的是具有双异质结构的电注入式 GaAs 半导体激光器。

根据固体的能带理论，半导体材料中电子的能级形成能带。高能量的为导带，低能量的为价带，两带被禁带分开。引入半导体的非平衡电子-空穴对复合时，把释放的能量以发光形式辐射出去，这就是载流子的复合发光。一般所用的半导体材料有两大类：直接带隙半导体材料和间接带隙半导体材料，其中直接带隙半导体材料(如砷化镓(GaAs))比间接带隙半导体材料(如 Si)有高得多的辐射跃迁概率，发光效率也高得多。半导体复合发光受激发射(即产生激光)的必要条件是：分别从 P 型侧和 N 型侧注入有源区的载流子密度十分高时，占据导带电子态的电子数超过占据价带电子态的电子数，就形成了粒子数反转分布。在半导体激光器中，光的谐振腔由其两端的镜面组成，称为法布里-珀罗腔。高增益用以补偿光损耗。谐振腔的光损耗主要是从反射面向外发射的损耗和介质的光吸收损耗。

2.11.1 原理

半导体激光器是电子与光子相互作用并进行能最直接转换的器件。图 2-45 为砷镓铝双异质结注入式半导体激光器的输出功率与驱动电流的关系曲线。半导体激光器有一个阈值电流 I_t，当驱动电流小于 I_t 时，激光器基本上不发光或只发很弱的、谱线宽度很宽、方向性较差的荧光；当驱动电流大于 I_t 时，激光器开始发射激光，此时谱线宽度、辐射方向显著变窄，强度大幅度增加，而且随驱动电流的增加，呈线性增长，如图 2-45 和图 2-46 所示。由图 2-45 可以看出，发射激光的强弱直接与驱动电流的大小有关。若把调制信号加到激光器(电源)上，就可以直接改变(调制)激光器输出光信号的强度。由于这种调制方式简单，且能在高频下工作，并能保证有良好的线性工作区和带宽，所以在光纤通信、光盘和光复印等方面得到了广泛的应用。

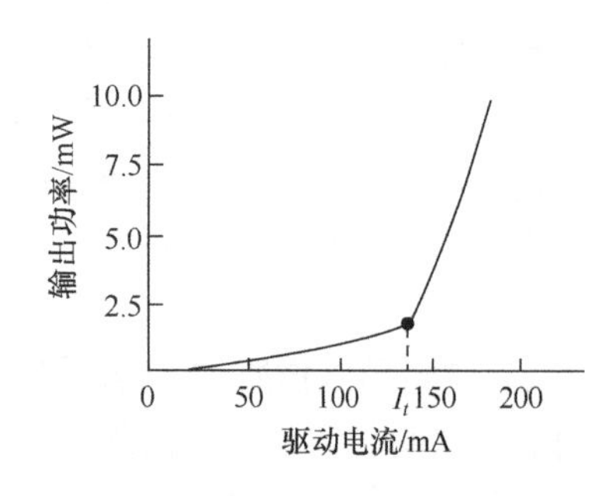

图 2-45 半导体激光器的输出特性

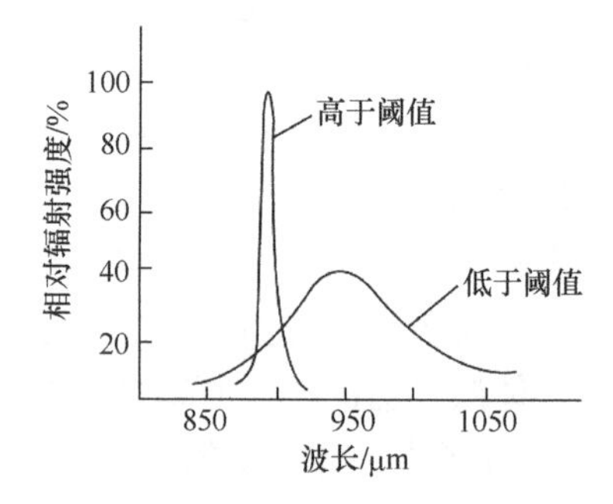

图 2-46 半导体激光器的光谱特性

图 2-47 为半导体激光器调制原理的示意图，其中图 2-47(a)为电原理示意图，图 2-47(b)为输出功率与调制信号的关系曲线。为了获得线性调制，使工作点处于输出特性曲线的直线部分，必须在加调制信号电流的同时加一适当的偏置直流 I_b，这样就可以使输出的光信号不失真。但是必须注意，把调制信号源与直流偏置相隔离，避免直流偏置源对调制信号源产生影响。当频率较低时，可用电容和电感线圈串接来实现，当频率很高(>50MHz)

时，必须采用高通滤波电路。另外，偏置直流直接影响 LD 的调制性能。通常 I_b 应选择在阈值电流附近而且略低于 I_t，以使 LD 获得较高的调制速率。因为在这种情况下，LD 连续发射光信号不需要准备时间(即延迟时间很小)，其调制速率不受激光器中载流子平均寿命的限制，同时，弛豫振荡也会得到一定的抑制。但 I_b 选得太大，又会使激光器的消光比变差，所以在选择偏置直流时，要综合考虑其影响。

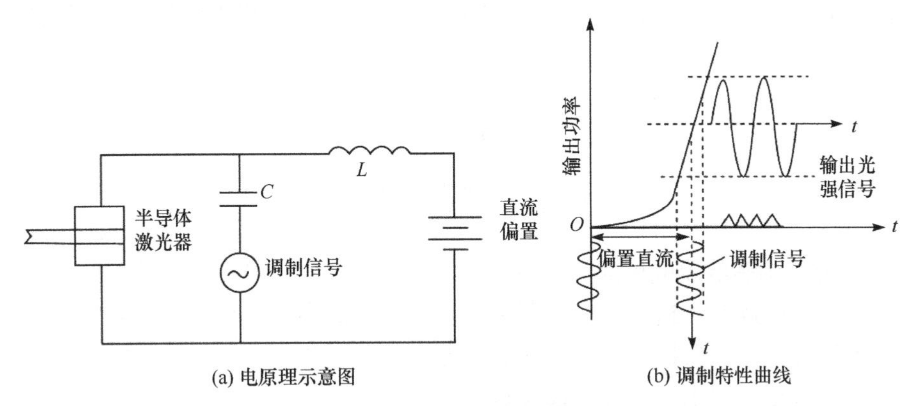

(a) 电原理示意图　　(b) 调制特性曲线

图 2-47　半导体激光器调制原理示意图

半导体激光器处于连续调制工作状态时，无论有无调制信号，由于有直流偏置，所以功耗较大，从而引起温升，会影响或破坏器件的正常工作。现在，双异质结半导体激光器的出现，使激光器的阈值电流密度比同质结半导体激光器大大降低。可以在室温下以连续调制方式工作。

要使半导体激光器在高频调制下不产生调制畸变，最基本的要求是输出功率要与阈值以上的电流呈良好的线性关系；另外，为了尽量不出现弛豫振荡，应采用条宽较窄的激光器结构。直接调制会使激光器主模的强度下降，而次模的强度相对增加，从而使激光器谱线加宽，而调制所产生的脉冲宽度 Δt 与谱线宽度 $\Delta\nu$ 之间相互制约，构成傅里叶变换的带宽限制，所以直接调制的半导体激光器的能力受到 $\Delta t \cdot \Delta\nu$ 的限制。因此，在高频调制下宜采用量子阱结构调制器或其他外调制器。

2.11.2　发光二极管的调制特性

发光二极管(LED)由于不是阈值器件，它的输出功率不像半导体激光器那样，会随着注入电流的变化而发生突变，因此，LED 的 P_{out}-I 特性曲线的线性比较好。图 2-48 为 LED 与 LD 的 P_{out}-I 特性曲线的比较。其中，LED_1 和 LED_2 是正面发光型发光二极管的 P_{out}-I 特性曲线，LED_3 和 LED_4 是端面发光型发光二极管的 P_{out}-I 特性曲线。由图 2-48 可见，发光二极管的 P_{out}-I 特性曲线明显优于半导

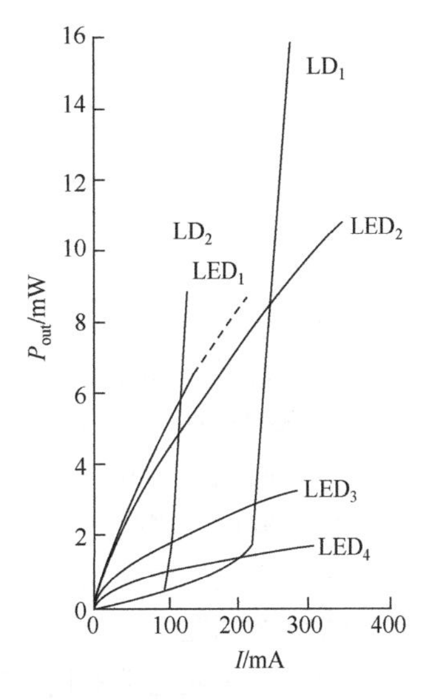

图 2-48　LED 与 LD 的 P_{out}-I 特性曲线比较

体激光器，所以它在模拟光纤通信系统中得到了广泛应用，但在数字光纤通信系统中，因为它不可能获得很高的调制速率(最高只能达到 100Mbit/s)，所以应用受到限制。

2.11.3 半导体光源的模拟和数字调制

无论使用LD还是LED作为光源，都要施加偏置直流 I_b ，使其工作点处于LD或LED的 P_{out}-I 特性曲线的直线段，如图 2-49(a)和(b)所示。其调制线性好坏与调制深度 m 有关：

$$\text{LD}: m = \frac{\text{调制电流幅度}}{\text{偏置直流}-\text{阈值电流}}$$

$$\text{LED}: m = \frac{\text{调制电流幅度}}{\text{偏置直流}}$$

当 m 大时，调制电流幅度大，则线性较差，当 m 小时，虽然线性较好，但调制电流幅度小。因此，应选择合适的 m 值。另外，在模拟调制中，光源器件本身的线性特性是决定模拟调制好坏的主要因素，所以在线性度要求较高的应用中，需要进行非线性补偿，即用电子技术校正光源引起的非线性失真。

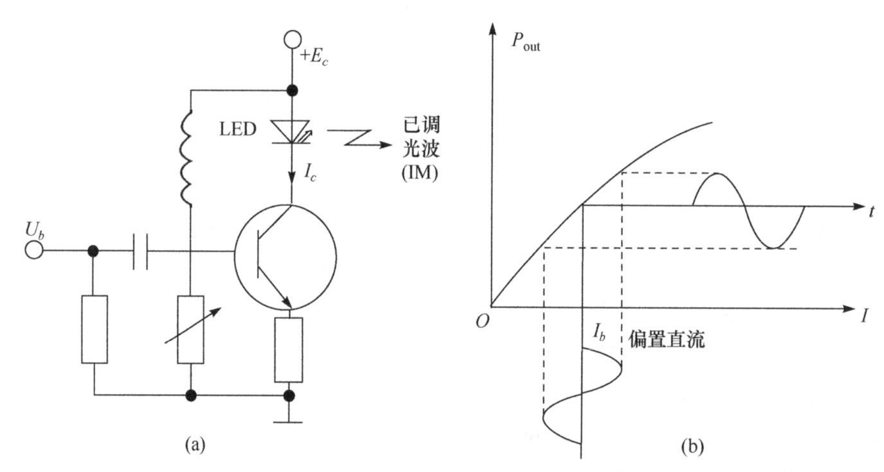

图 2-49 模拟信号驱动电路及光强度调制

数字调制是用二进制数字信号“1”码和“0”码对光源发出的光载波进行调制。数字信号大都采用脉冲编码调制(PCM)，即先将连续的模拟信号通过“抽样”变换成一组调幅的脉冲序列，再通过“量化”和“编码”过程，形成一组等幅度、等宽度的矩形脉冲作为“码元”，如用“有脉冲”和“无脉冲”的不同组合(有一定位数的脉冲码元)代表抽样值的幅度。将连续的模拟信号变成 PCM 数字信号，称为模/数(或 A/D)变换(具体过程可参考有关光纤通信的书籍)。然后，应用 PCM 数字信号对光源进行强度调制，其调制特性曲线如图 2-50 所示。

由于数字光通信的优点突出，所以其应用有很好的前景。首先，对于数字光信号在信道传输过程中引进的噪声和失真，可采用间接中继器的方式去掉，故抗干扰能力强；其次，对数字光纤通信系统的线性要求不高，可充分利用光源(LD)的发光功率；最后，数字光通信设备便于和 PCM 电话终端、PCM 数字彩色电视终端和电子计算机终端相连接，从而组成既能传输电话、彩色电视数据，又能传输计算机数据的综合性通信系统。

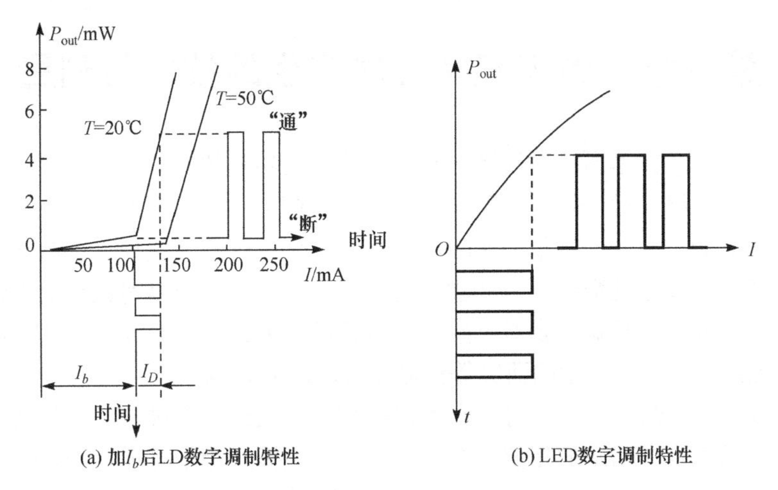

(a) 加I_b后LD数字调制特性　　(b) LED数字调制特性

图 2-50　数字调制特性

思考题与习题

1. 电光调制的物理基础是什么？什么是泡克耳斯效应？什么是克尔效应？

2. 什么是纵向电光调制？什么是横向电光调制？纵向电光调制和横向电光调制各有何优缺点？

3. 一纵向运用的 KDP 电光调制器，长 2cm，折射率 $n = 1.5$。若工作频率为 1MHz (1000kHz)，试求此时光在晶体中的渡越时间及引起的衰减因子。

4. 在电光调制器中为了得到线性调制，在调制器中插入一个 1/4 波片，它的轴向如何放置为佳？若旋转 1/4 波片，它所提供的直流偏置有何变化？

5. 为了降低电光调制器的半波电压，采用 4 块 45 -z 切割的 KDP 晶体连接(光路串联、电路并联)成纵向串联式结构。试问：①为了使 4 块晶体的电光效应逐块叠加，各晶体的 x 和 y 轴取向应如何？②若波长为 628nm，n_o=1.51，γ_{63} =23.6×10^{-12}m/V，计算其半波电压，并与单块晶体调制器进行比较。

6. 试设计一种实验装置，以检验出入射光的偏振态(线偏振光、椭圆偏振光、自然光)，并指出是根据什么现象区分的？如果一个纵向电光调制器没有起偏器，入射的自然光能否得到光强调制？为什么？

7. 用一种钼酸铅($PbMoO_4$)声光调制器对 He-Ne 激光进行调制。已知声功率 $P_s = 1W$，声光互作用长度 L=1.8m，换能器宽度 H=0.8mm，M_2=36.3×10^{-15}s^3/kg，试求钼酸铅声光调制器的布拉格衍射效率。

第 3 章　激光超短脉冲产生的技术与测量

上面讨论了调 Q 技术压缩激光脉冲宽度以获得高功率脉冲的方法。调 Q 脉冲宽度的下限约为 L/c 数量级，对一般激光器，其值约为 10^{-9}s(纳秒级)。如果再压缩脉宽，Q 开关激光器已经无能为力，但有很多实际应用需要更窄的脉冲。例如：①激光测距，为了提高测距的精度，脉宽越窄越好。②激光高速摄影，为了拍照高速运动的物体，提高照片的清晰度，也要压缩脉宽。③对一些超快过程的研究，如对激光核聚变、激光光谱、荧光寿命的测定、非线性光学的研究等都需要窄的激光脉宽。

为了得到更窄的激光脉冲，可以利用锁模技术对激光光束进行特殊的调制，使光束中不同的振荡纵模具有确定的相位关系，从而使各个模式相干叠加得到超短脉冲。锁模激光器脉冲激光宽度可达 10^{-14}～10^{-11}s，相应地具有很高的峰值功率和超短脉冲。超短脉冲技术是物理学、化学、生物学、光电子学，以及激光光谱学等学科对微观世界进行研究和揭示新的超快过程的重要手段。超短脉冲技术的发展经历了主动锁模、被动锁模、同步泵浦锁模、碰撞锁模(CPM)，以及 20 世纪 90 年代出现的加成脉冲锁模(APM)或耦合腔锁模(CCM)、自锁模等阶段。自 60 年代实现激光锁模以来，锁模光脉冲宽度为皮秒(10^{-12}s)量；70 年代，脉冲宽度达到亚皮秒(10^{-13}s)量级；到 80 年代则出现了一次飞跃，即在理论和实践上都取得了一定的突破。1981 年，美国贝尔实验室的 R. L. Fork 等提出碰撞锁模理论，并在六镜环形腔中实现了碰撞锁模，得到稳定的 90fs 的光脉冲序列。采用光脉冲压缩技术后，获得了 6fs 的光脉冲。90 年代自锁模技术出现，在钛宝石(掺钛蓝宝石)自锁模激光器中得到了小于 5fs 的超短脉冲序列。

本章将讨论超短脉冲激光器的原理、特点、实现的方法，以及几种典型的锁模激光器和有关的超短脉冲技术。

3.1　锁 模 原 理

激光器的模式分为纵模和横模。锁模也分为锁纵模、锁横模、锁纵横模三种。本节介绍纵模锁定。

3.1.1　自由运转激光器的输出特征

如果在激光谐振腔内不加入任何选模装置，那么激光器的输出谱线是由许多分立的且纵横模确定的频谱组成的。呈现多个纵模同时振荡，各个模式的振幅、初始相位无确定关系且互不相关。瞬时输出功率是这些模式无规则的叠加，输出功率随时间无规则起伏。通常用带宽、纵模数量以及相干长度等术语来描述激光的谱线特性。对于一般的非均匀加宽激光器，如果不采用特殊的选模措施，总是得到多纵模的输出，这类激光器称

为自由运转多纵模激光器。未经锁模的自由运转多纵模激光器的输出特性如下：腔长为 L 的激光器的纵模的频率间隔为

$$\Delta\nu_q = \nu_{q+1} - \nu_q = \frac{c}{2L} \tag{3.1}$$

自由运转多纵模激光器的输出一般包含若干个超过阈值的纵模，这些纵模的振幅及相位都不固定，激光输出随时间的变化是它们无规则叠加的结果，是一种时间平均的统计值。在一般谐振腔内，处于激光介质的增益大于谐振腔损耗频率范围内的纵模有几百个。在频域范畴内，激光辐射由许多纵模频率间隔为 $\dfrac{c}{2L}$ 的谱线组成，如图 3-1 所示。这些纵模彼此互不相关地进行振荡，其相位随机地分布在 $-\pi \sim +\pi$，其时域输出特征类似热噪声。

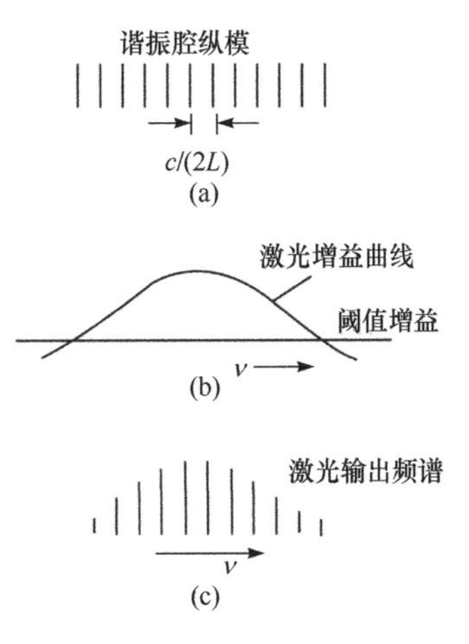

图 3-1　激光增益曲线与谐振腔纵模的相互作用

3.1.2　锁模基础理论

若使各纵模在时间上同步，频率间隔也保持一定，则激光器将输出脉宽极窄、峰值功率很高的超短脉冲的技术称为锁模技术。当激光器启动后，输出的光含有多个频率成分，在光谱上称为谱线宽度。这些频率成分不连续地分布在谱线宽度内，以频率间隔为 $\Delta\nu_q = c/(2L)$ 等间距分布，其中 c 为真空中的光速。振荡的频率称为激光器的纵模。通常，这些纵模独立振荡，它们的相位没有任何关系，所以激光器输出的是峰值功率不高的光。但是，若在这些纵模之间用某种手段实现固定的相位差，则激光器输出的光不再是连续光，而表现为光脉冲的形式。如果迫使振荡模彼此之间的相位关系保持固定，那么激光输出将以完全确定的形式变化。此时激光是锁模或锁相的。锁模激光器的输出为高斯分布(频率对振幅)，并且相位完全一样。在时域内，激光输出为高斯脉冲串，因此锁模相当于使谱线的振幅与相位相关。这种使激光器振荡的纵模相位差恒定的过程称为锁模。锁模之后的激光器输出时间间隔相等的、高峰值功率的脉冲。

对于一般非均匀加宽激光器，如果不采取特殊选模措施，总是得到多纵模输出。并且由于空间烧孔效应，均匀加宽激光器的输出也往往具有多个纵模。每个纵模输出的电场分量可表示为

$$E_q(z,t) = E_q \exp\left\{ \mathrm{i}\left[\omega_q \left(t - \frac{z}{v} \right) + \varphi_q \right] \right\} \tag{3.2}$$

式中，E_q、ω_q、φ_q 为第 q 个模式的振幅、角频率及初相位。各个模式的初相位 φ_q 无确定关系，各个模式互不相干，因而激光输出是它们无规则叠加的结果，输出强度随时间无规则起伏。但如果使各振荡模的频率间隔保持一定，并具有确定的相位关系，则激光器将输出一系列时间间隔一定的超短脉冲，这种激光器称为锁模激光器。图 3-2 为非锁

模激光器和理想锁模激光器的输出。

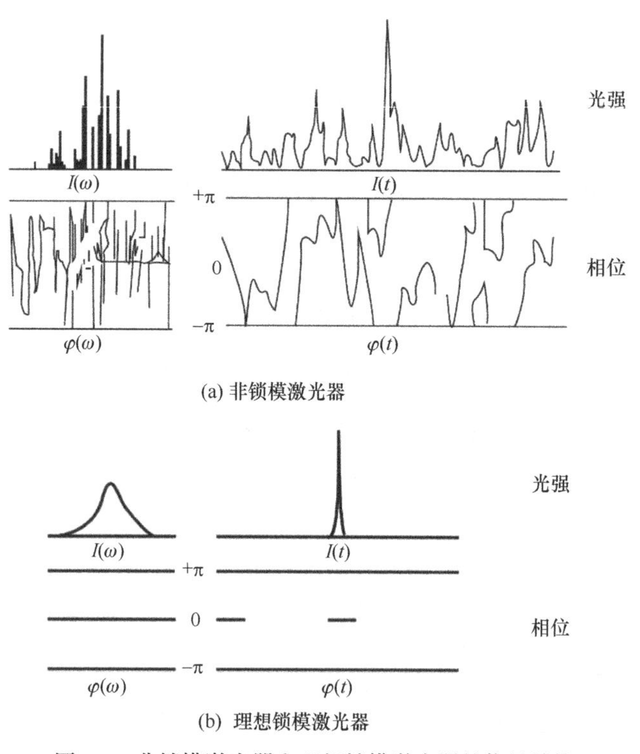

图 3-2　非锁模激光器和理想锁模激光器的信号结构

下面首先分析一种特殊情况。假设只有相邻两纵模振荡，它们的角频率差为

$$\omega_q - \omega_{q-1} = \frac{\pi c}{L'} = \Omega \tag{3.3}$$

它们的初相位始终相等，并有 $\varphi_q = \varphi_{q-1} = 0$， L' 代表光程，因为 $n = 1$，也可代表腔长。为分析简单起见，假设两个纵模的振幅相等，则行波光强为

$$I_q = I_{q-1} = I \tag{3.4}$$

讨论在激光束的某一位置(设为 $z = 0$)处激光场随时间的变化规律。不难看出，在 $t = 0$ 时，两个纵模的电场均为最大值，合成行波光强是两个纵模振幅和的平方。由于两个纵模的初相位固定不变，所以每经过一定的时间 T_0 后，相邻纵模的相位差便增加了 2π，即

$$\omega_q T_0 - \omega_{q-1} T_0 = 2\pi \tag{3.5}$$

因此当 $t = mT_0$ 时(m 为正整数)时，两个纵模的电场又一次同时达到最大值，再一次发生两个纵模间的干涉增强。于是产生了具有一定时间间隔的一列脉冲，脉冲峰值光强为 $4I$，由式(3.3)和式(3.5)可求出脉冲周期为

$$T_0 = \frac{2\pi}{\Omega} = \frac{2L'}{c} \tag{3.6}$$

如果两个纵模初相位随机变化，则在 $z=0$ 处，合成行波光强在 $2I$ 附近无规则涨落。

下面我们对一般情况进行分析。设腔内有 $q=-N, -(N-1), \cdots, 0, \cdots, (N-1), N$ 等 $2N+1$ 个振荡。如果相邻模式的初相位之差保持一定(称为相位锁定)，即在忽略频率牵引和频率排斥时，相邻模式角频率之差为 $\Omega = \pi c / L'$，$\omega_q = \omega_0 + q\Omega$。在 $z=0$ 处，第 q 个模式的电场强度为

$$E_q(t) = E_q \mathrm{e}^{\mathrm{i}[(\omega_0+q\Omega)t+\varphi_0+q\beta]} \tag{3.7}$$

$2N+1$ 个模式合成的电场强度为

$$E(t) = \sum_{q=-N}^{N} E_q \mathrm{e}^{\mathrm{i}[(\omega_0+q\Omega)t+\varphi_0+q\beta]} \tag{3.8}$$

设各模式的振幅相等，$E_q = E_0$，则

$$E(t) = E_0 \mathrm{e}^{\mathrm{i}(\omega_0 t+\varphi_0)} \sum_{q=-N}^{N} \mathrm{e}^{\mathrm{i}(q\Omega+q\beta)} = E_0 \mathrm{e}^{\mathrm{i}(\omega_0 t+\varphi_0)} \sum_{q=-N}^{N} \cos q(\Omega t+\beta) \tag{3.9}$$

利用三角级数求和公式，可得

$$E(t) = A(t)\mathrm{e}^{\mathrm{i}(\omega_0 t+\varphi_0)} \tag{3.10}$$

$$A(t) = \frac{E_0 \sin\frac{1}{2}(2N+1)(\Omega t+\beta)}{\sin\frac{1}{2}(\Omega t+\beta)} \tag{3.11}$$

式(3.10)和式(3.11)表明 $2N+1$ 个模式的合成电场的频率为 ω_0，振幅 $A(t)$ 随时间而变化。输出光强 I 为

$$I(t) \propto A^2(t) = \frac{E_0^2 \sin^2\frac{1}{2}(2N+1)(\Omega T+\beta)}{\sin^2\frac{1}{2}(\Omega t+\beta)} \tag{3.12}$$

当 $\Omega t+\beta = 2m\pi$ 时(m=0, 1, 2, ⋯)，光强最大。最大光强(脉冲峰值光强)为

$$I_m \propto E_0^2 \lim_{(\Omega t+\beta\to 2mx)} \frac{\sin^2\frac{1}{2}(2N+1)(\Omega t+\beta)}{\sin^2\frac{1}{2}(\Omega t+\beta)} = (2N+1)^2 E_0^2 \tag{3.13}$$

如果各模式相位未被锁定，各模式是不相干的，输出功率为各模式功率之和，即 $I \propto (2N+1)E_0^2$。由此可见，锁模后脉冲峰值功率比未锁模时提高了 $2N+1$ 倍。腔长越长，荧光线宽越大，则腔内振荡的纵模数目越多，锁模脉冲的峰值功率就越大。

相邻脉冲峰值间的时间间隔为 T_0，由式(3.10)可求出

$$T_0 = \frac{2nL}{c} \tag{3.14}$$

可见锁模脉冲的周期 T_0 等于光腔内来回一次所需的时间。因此，我们可以把锁模激光器的工作过程形象地看作有一个脉冲在腔内往返运动，每当此脉冲行进到输出反射镜

时，便有一个锁模脉冲输出。由式(3.11)可以看出，脉冲峰值与第一个光强为零的谷值间的时间间隔为

$$\tau = \frac{2\pi}{(2N+1)\Omega} = \frac{1}{\Delta\nu} \tag{3.15}$$

脉冲的半功率点的时间间隔近似等于τ，因而可以认为脉冲宽度等于τ。式(3.15)中$\Delta\nu$为锁模激光器的带宽，它显然不可能超过工作物质的增益带宽，这就给锁模激光脉冲带来一定的限制。气体激光器谱线宽度较小，其锁模脉冲宽度为纳米量级。固体激光器谱线宽度较大，在适当的条件下可得到脉冲宽度为10^{-12}s 量级的皮秒脉冲。

综上所述，由于各纵模的相位锁定，锁模激光器可以输出周期为$T_0 = 2L'/c$的光脉冲序列。峰值功率较未锁模时大 2N+1 倍，一般峰值功率达到几吉瓦是不困难的。光脉冲的宽度$\tau = 1/\Delta\nu$远远小于调Q脉冲所能达到的宽度。

3.1.3 锁模的方法

通过锁模，激光器可以产生高峰值功率的光脉冲。从锁模方法上看，锁模技术主要分为主动锁模技术、被动锁模技术和混合锁模技术。主动锁模技术是用外部的调制器件实现模式锁定。通过外部调制器件调节激光器中的光波的强度或相位。主要有两种手段：一种是用外部脉冲注入；另一种是直接在谐振腔中插入主动电光晶体或声光晶体。这种锁模技术的优点是系统稳定，但比较复杂，而且不能得到高重复频率脉冲。被动锁模技术是用无源器件实现激光器的模式锁定，输出超短脉冲。从本质上讲，各种被动锁模器件或技术都要在谐振腔内产生一种与光强有关的损耗(增益)。实际就是对光强大的光损耗小、对光强小的光损耗大。这种锁模技术的优点是系统结构简单、可以得到高重复频率脉冲，但是系统性能不稳定。混合锁模技术是将主动和被动锁模技术结合使用的一种锁模方式。这种方式主要是为了综合利用前两种锁模技术的优点。这种技术的特点是系统稳定，可以得到高重复频率脉冲，但是系统很复杂，难于分析内部的机制。在常规光纤激光器中，实现被动锁模的常用方式有利用可饱和吸收体和光纤非线性效应。

在一般激光器中，各纵模振荡互不相干，各纵模相位没有确定的关系。并且，由于频率牵引和频率排斥效应，相邻纵模的频率间隔并不严格相等，因此为了得到锁模超短脉冲，须采取措施强制各纵模初相位保持确定关系，并使相邻纵模频率间隔相等。目前采用的锁模方法可分为主动锁模、被动锁模与自锁模等。

3.2 主动锁模

主动锁模由于加入了主动调制元件，具有自启动、重复频率可调等优点，因此受到了人们广泛的研究。但是主动锁模也有几个明显的限制因素：首先，主动锁模需要主动调制元件，结构复杂，价格昂贵；其次，由于调制器具有光谱选择特性，主动锁模的光谱比较窄，一般在几微米，同时受制于调制器的调制频率，主动锁模的脉冲宽度较宽，一般在纳秒到皮秒级，很难做到皮秒级以下；最后，主动锁模的脉冲稳定性较好，需要

加入一些稳频措施。这些因素都制约了主动锁模光纤激光器的应用，也促使人们不断寻求新的锁模方式。

图 3-3 为主动锁模的原理图。主动锁模采用周期性调制谐振腔参量的方法，调制器的调制特性是人为主动可控的，即在激光器谐振腔内插入一个受外部信号控制的调制器，用一定的调制频率周期性地改变谐振腔内振荡模的振幅或相位。主动锁模是指在谐振腔内加入信号发生器(电光调制器、声光调制器等)，以主动干预振荡光的形成，当选择的调制频率与纵模间隔相等时，对各个纵模的调制会产生边频，其频率与两个相邻纵模的频率一致，各纵模之间的相互作用使得所有的纵模在足够强的调制下达到同步，形成锁模序列脉冲。

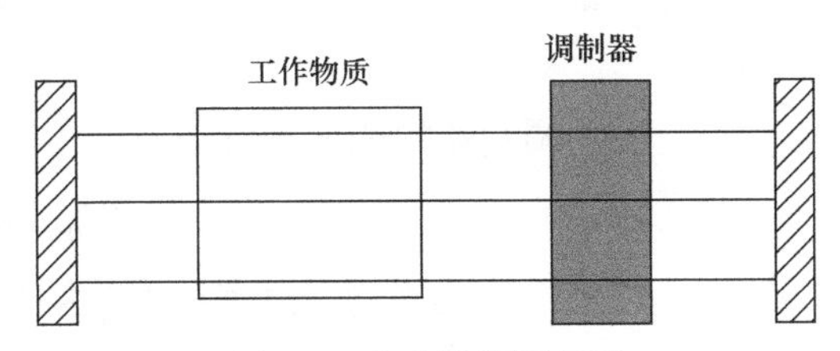

图 3-3　主动锁模原理图

外加激励电场或超声场的频率为 f 时，调制晶体的折射率也会呈现周期性变化，且变化频率为 f 时，在激光增益线宽内，增益峰值频率 ν 。附近频率为 ν 的纵模最容易发生起振，该纵模在经过调制器时会在两侧激发出频率为 $\nu-f$ 和 $\nu+f$ 的两个邻边带，若驱动频率 f 等于腔内相邻纵模的频率间隔，则频率为 ν 的纵模会与它周围的邻边带 $\nu-f$ 和 $\nu+f$ 发生耦合，从而在三个相邻纵模之间建立起一定的相位关系，同理，频率为 $\nu-f$ 和 $\nu+f$ 的纵模经过调制器时，在纵模两侧也会各激发出间隔为 f 的边带频率，即在频率 ν 两侧又增加了两个频率分别为 $\nu+2f$ 和 $\nu-2f$ 的新边带，它们又和频率为 ν 的纵模耦合并建立确定的相位关系，腔内振荡模多次往返经过调制器后，便会激发出更多的边带纵模，从而使增益线宽内所有的纵模都实现耦合，即实现振荡激光的纵锁定，进入锁模状态。

主动锁模光纤激光器的优点在于可以实现高重复频率的锁模脉冲激光输出，但是由于调制器的响应时间为皮秒量级，因此，主动锁模激光的脉冲宽度通常为皮秒量级。此外，主动锁模光纤激光器的稳定性较差，容易受到环境因素的影响。同时，由于引入了调制器件，不利于实现全光纤集成结构。

3.2.1　振幅调制锁模

调制激光工作物质的增益或腔内损耗均可使激光振幅得到调制，调制频率 $f=c/2L'$ (角频率 $\Omega=\pi c/L'$)可实现锁模。在激光器腔内插入损耗调制器则可调制谐振腔的损耗，下面以损耗调制为例，说明振幅调制锁模的原理。

设在某时刻 t_1 通过调制器的光信号受到的损耗为 $a(t_1)$ ，则在脉冲往返一周时，这个光信号将受到同样的损耗，如果 $a(t_1)\neq 0$ ，则这部分信号就会消失。而在损耗 $a(t_1)=0$ 时刻通过调制器的光将形成脉宽很窄、周期为 $2L'/c$ 的脉冲序列输出。以最简单的正弦调制为例，从频率特性出发讨论振幅调制的基本原理。

假设调制信号为

$$b(t)+A_m\sin\left(\frac{1}{2}\omega_m t\right) \tag{3.16}$$

式中，A_m、$\frac{1}{2}\omega_m$ 分别为调制信号的振幅和角频率。调制信号为零时腔内的损耗最小，而在调制信号为正负最大时腔内的损耗最大，所以损耗变化的频率为调制信号频率的两倍，损耗为

$$a(t)=a_0-\Delta a_0\cos(\omega_m t) \tag{3.17}$$

式中，a_0 为调制器的平均损耗；Δa_0 为损耗变化的幅度；ω_m 为腔内损耗变化的角频率，其频率等于纵模频率间隔 $\Delta\nu_q$。

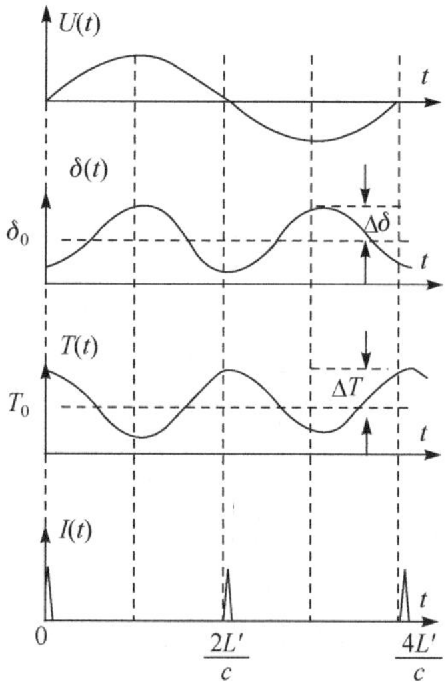

调制器的透过率为

$$T(t)=T_0+\Delta T_0\cos(\omega_m t) \tag{3.18}$$

式中，T_0 为平均透过率；ΔT_0 为透过率变化的幅度。

调制前光场为

$$E(t)=E_c\sin(\omega_c t+\varphi_c) \tag{3.19}$$

经过调制后，腔内光场为

$$E(t)=A_c[1+m\cos(\omega_c t)]\sin(\omega_c t+\varphi_c) \tag{3.20}$$

振幅调制锁模原理如图 3-4 所示。$U(t)$ 为驱动声光器件的外加调制电信号；$\delta(t)$ 为腔损耗率，$T(t)$ 为调制器透过率；$I(t)$ 为锁模激光输出波形。

图 3-4 振幅调制锁模原理图

假设激光器中增益曲线中心频率处的纵模首先振荡，加入调制后，其电场强度为

$$E(t)=A_c[1+m\cos(\omega_m t)]\sin(\omega_c t+\varphi_c) \tag{3.21}$$

展开式(3.21)得

$$E(t)=A_c\sin(\omega_c t+\varphi_c)+\frac{1}{2}mA_c\sin[(\omega_c+\omega_m)t+\varphi_c]+\frac{1}{2}mA_c\sin[(\omega_c-\omega_m)t+\varphi_c] \tag{3.22}$$

式(3.22)说明：一个频率为 ω_c 的光波，经过外加频率为 1/2 ω_m 的调制信号调制后，其频谱包括了三个频率，即 ω_c、上边频 $\omega_c+\omega_m$、下边频 $\omega_c-\omega_m$，而且这三个频率的光波的相位均相同。由此可见，损耗是以频率 $f_m=\omega_m/2\pi=\Delta\nu_q$ (频率间隔)变化的，因此，第 q 个振荡纵模里会出现其他纵模的振荡。损耗调制的结果把各个纵模联系起来了。

初始相位保持不变，频率等于无源谐振腔中的相邻两个纵模的频率。

腔损耗正弦调制的结果，是使频率为 ω_0 的纵模又产生了频率分别为 $\omega_0-\frac{c}{2L}$ 和 $\omega_0+\frac{c}{2L}$ 且初始相位不变化的两个边带，如图 3-5 所示。振幅调制锁模时各纵模有相同的初始相位，保持恒定的频率差，各纵模的振幅关系通过选择可控制。它们相干叠加的结果是使

激光器得到锁模序列光脉冲输出。由 $\omega_0 \frac{c}{2L}$ 可见，调制的结果是使中心纵模振荡不仅包含原有角频率 ω_0 的成分，还包含角频率为(ω_0, Ω)、初相位不变的两个边带，边带的频率正好等于无源腔中的相邻纵模频率。这就是说，在激光器中，一旦在增益曲线的某个角频率 ω_0 形成振荡，将同时激起两个相邻纵模的振荡。并且，这两个相邻纵模振幅调制的结果又将产生新的边频，因而激起角频率为(ω_0, Ω)模式的振荡，如此继续下去，直至线宽范围内的纵模均被耦合而产生振荡。

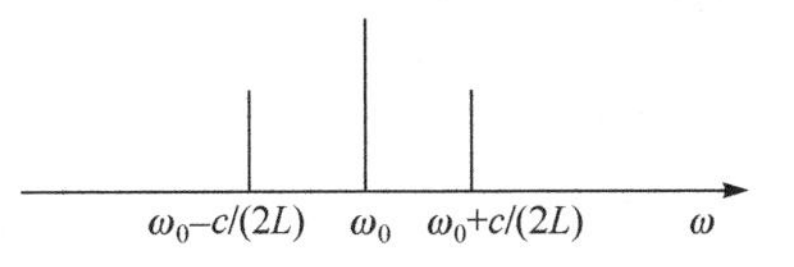

图 3-5　两个纵模的频率示意图

由于实际激光器为有源腔，有源腔中存在着频率牵引和频率排斥效应，所以自由振荡的各纵模频率和调制后产生的诸边带频率有微小的差别，自由振荡的相邻纵模间隔不完全相等，诸模式的初相位也没有确定的关系。但当二者的频率差别十分微小、边带振幅足够强时，发生注入锁定效应，自由振荡模被抑制，或者说自由振荡模被中心纵模的诸边带所俘获。

由以上分析可知，由调幅导致的相邻纵模间的能量耦合使所有纵模都具有相同的初相位，即各纵模的相位被锁定，且相邻纵模角频率间隔均等于 Ω，于是各纵模相干叠加的结果是产生超短脉冲。

在非均匀加宽激光器中，如果腔长足够长，一般总是多纵模工作的，但各个纵模间没有确定的相位关系，锁模的作用只是使各纵模具有确定的相位关系。而在均匀加宽激光器中，如果不存在空间烧孔效应，通常只有一个纵模振荡，但是实验证明，这类激光器也可同样产生超短脉冲。产生这种现象的原因是，当施加各种锁模手段后，ω_0 模将产生一系列的边频，高增益模的能量不断传递给低增益模，因而可产生多个模式。振幅调制一方面促使多个模式振荡，同时使其相位锁定，从而产生超短脉冲。

3.2.2　相位调制锁模

相位调制是在激光腔内插入一个电光调制器。当调制器介质折射率按外加调制信号发生周期性改变时，光波在不同时刻通过介质，便有不同的相位延迟，这就是相位调制原理。相位调制器会产生一种频移，使光波的频率向大(或小)的方向移动。脉冲每经过调制器一次，就发生一次频移，最后移动到增益曲线之外，这部分光从腔内消失。只有那些与相位变化的极值点(极大或极小)相对应的时刻，通过调制器的光信号的频率才不发生移动，才能在腔内保存下来，不断在腔内得到放大，从而得到周期为 $2L/c$ 的脉冲序列。

相位调制前光场表示为

$$E_c(t) = A_c \cos(\omega_c t) \tag{3.23}$$

经过调制后，腔内光场变为

$$E_c(t) = A_c \cos[\omega_c t + m_\phi \cos(\omega_c t)] \tag{3.24}$$

图 3-6 为相位调制锁模原理图。

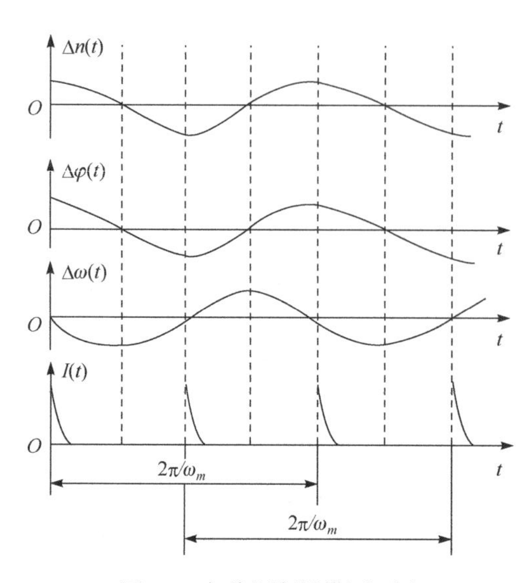

图 3-6 相位调制锁模原理图

相位调制的特点如下。

(1) 调制信号的频率和相邻纵模频率的间隔相同。

(2) 相位调制的结果是使各纵模相位固定，$\varphi_{q+1}-\varphi_q=0$ 满足锁模条件。

(3) 输出的光波是频率间隔为 $\Delta\nu_q$ 的脉冲序列，具有锁模激光器特性。

(4) 脉冲位置不稳定。

除在相位调制函数产生极值时，通过调制器的那部分光信号不产生频移外，其他时刻通过调制器的光信号均经受不同程度的频移。如果调制相位的周期与光在腔内运行的周期一致，则经受频移的光信号每经过调制器一次都要再次经受频移，最后因移出增益曲线以外而淬灭。只有那些在相位调制函数产生极值时通过调制器的光信号才能形成振荡，从而产生超短脉冲序列。相位调制光波和振幅调制光波类似，也存在一系列边带，相位调制时诸纵模锁定的物理机制与振幅调制时相似。

3.2.3 主动锁模激光器结构设计和原理

(1) 主动锁模激光器中所有光学元件的要求应比一般调 Q 器件更加严格，后端面的反射必须控制在最小，否则会由于标准具效应减少纵横个数，破坏锁模的效果。由此可见，各元件的反射端面应切割成布儒斯特角，倾斜放置或镀增透膜，反射镜制成楔形，如图 3-7 所示。

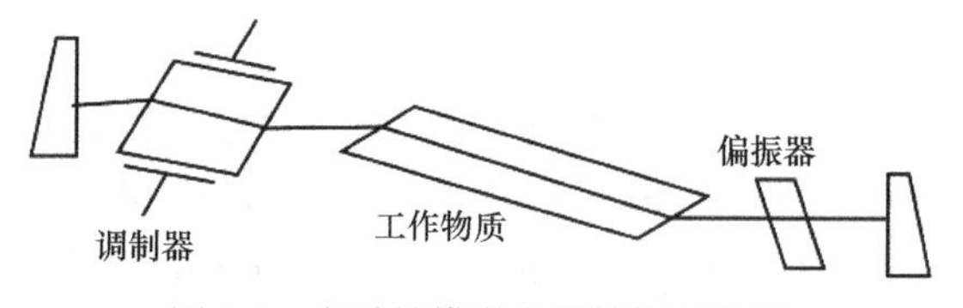

图 3-7 主动锁模激光器结构示意图

(2) 调制器应放在腔内尽量靠近反射镜处，以便得到最大纵模之间的耦合效果。调制器在通光方向上的尺寸应尽量小。假设调制器放在腔的中间，则光束两次通过调制器的时间间隔是 L/c，如图 3-8 所示。如果腔内损耗变化的频率 $\nu_m=\dfrac{c}{2L}$，当光束第一次通过调制器时假设损耗最小，第二次通过调制器时损耗最大，那么通过调制器后相邻纵模间的相位差不能保证具有 0 或 π 的条件，从而导致得不到锁模脉冲的输出。

(3) 锁模调制器的频率必须严格调谐到 $f_m=\Delta\nu_q=c/(2L)$ (相位调制)，或 $f_m=\dfrac{1}{2}\nu_q$ (振幅调制)，否则会使激光器工作越出锁模区，而进入猝灭区或调频区，从而破坏锁模。

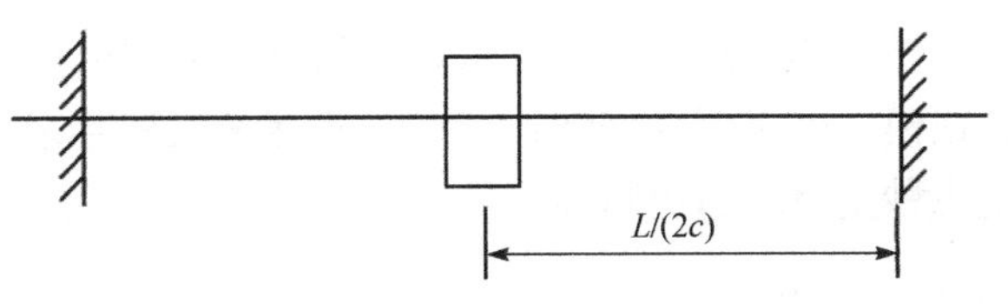

图 3-8　调制器的位置示意图

3.2.4　主动锁模脉宽和稳定性

主动锁模稳定性措施主要用于提高泵浦源的稳定度，消除冷却液的非匀速流动和温度波动。最好采用半导体泵浦和精密的半导体制冷及风冷散热方式。采用热不灵敏腔型，用热膨胀系数小的殷钢或大理石作为光学导航，与外界绝热、隔振。

主动锁模稳定性措施主要采用电子反馈、实时跟踪、闭环控制、伺服装置，利用激光输出信号变化产生误差信号来校正驱动振荡频率或校正腔长。

3.3　被 动 锁 模

在激光器谐振腔内插入可饱和吸收染料来调节腔内的损耗，当满足锁模条件时，就可获得一系列的锁模脉冲。被动锁模过程非人为可以控制的，而是依靠传统的染料、半导体可饱和吸收镜(Semiconductor Saturable Absorber Mirror，SESAM)以及新型材料(如高纯单壁碳纳米管(SWCNT)、石墨烯等可饱和吸收体)，对振荡光场进行被动调制。被动锁模光纤激光器是在腔内不用调制器等任何有源器件的情况下，利用光纤或其他元件中的非线性光学效应实现锁模工作，在一定条件下，激光器可以实现自启动锁模工作，获得超短脉冲输出。其原理是利用非线性器件对输入脉冲的强度依赖性，得到与输入脉冲相比更窄的脉冲。被动锁模光纤激光器不但结构简单，可实现全光纤集成，而且可以得到更窄的激光脉冲输出，脉冲宽度通常可以达到飞秒量级。

被动锁模是通过在激光谐振腔内加入具有可饱和吸收特性的材料，利用材料本身独特的非线性光学特性来产生锁模脉冲的方法。在自发辐射基础上产生的光脉冲的强度不尽相同。当产生的信号光经过可饱和吸收体时，较弱的信号光会被可饱和吸收体大量地吸收，遭受到较大的损耗；而强的尖峰信号光在通过可饱和吸收体后，尖峰信号的衰减却很小。这样，激光腔内运转的信号光反复经过可饱和吸收体后，其结果就是：强的尖峰信号光脉冲可以形成稳定振荡，而弱的光脉冲衰减殆尽，最后形成具有一定时间周期的超短激光脉冲序列。由以上分析可知，在被动锁模光纤激光器中，锁模过程可以自发地完成，不需要任何外加的调制信号。

在谐振腔中插入可饱和吸收体(如染料盒)可构成被动锁模激光器。可饱和吸收体的透过率与光强有关。在自发辐射基础上发展起来的光脉冲不可避免地存在强度起伏。经过可饱和吸收体时，弱信号遭受较大的损耗，而强的尖峰信号却衰减很小。经过可饱和吸收体的吸收高能级寿命，则在强尖峰光脉冲通过后，透过率很快下降，后继通过的弱光仍经受很大的损耗。同时，在强尖峰光脉冲多次经过可饱和吸收体时，其前后沿又因经受较大损耗而不断削弱，所以形成了周期为 $T_0 = 2L / c$ 的超短光脉冲序列。

由以上分析可知，被动锁模过程自发完成，无须外加调制信号，这种锁模方法虽然简单，但却不稳定，锁模发生率仅为 60%～70%。近年来发展起来的碰撞被动锁模却相当稳定，它可以产生飞秒量级的超短脉冲。

3.3.1 染料激光器的被动锁模

染料激光器的增益介质是液体，需要采用喷流方式，结构复杂，难以调试，不便于使用和携带，难以小型化和实用化。另外，有机染料是最早的可饱和吸收材料，它的缺点是稳定性差、寿命短、易老化、阈值低、产生热量大，因此在激光连续泵浦时需加循环冷却系统。染料激光器可以产生连续可调的激光波长，但是大多数染料是有毒的，且性能不稳定，易变质，使得染料激光器在实际应用中不方便，利用率较低。

染料锁模激光器产生超短脉冲的机理如下：首先通过染料吸收体的非线性吸收和激光介质的放大作用，从涨落的噪声背景中选择出强涨落峰值，然后通过可饱和吸收体和激光介质饱和状态的联合作用,形成超短脉冲。激光染料的上能级弛豫时间短(纳秒量级)，使增益衰减在脉冲产生中起到重要作用。通常染料吸收体的吸收截面大于增益介质的吸收截面，使吸收体达到饱和的能量小于使增益介质饱和的能量，从而使脉冲峰值得到的有效增益大于脉冲前沿得到的有效增益，这些都有利于脉冲的形成。由于染料的谱线宽，激光上能级的寿命短，所以染料锁模激光器可以输出比固体锁模激光器更窄的脉冲。

3.3.2 固体激光器的被动锁模

固体激光器要实现被动锁模需要可饱和吸收镜的调制深度相对于光纤激光器比较低，一般只要 1%～2%即可，但是考虑到镀膜之后调制深度会减小，为得到高重复频率、高质量的锁模脉冲序列，对燃料浓度、泵浦强度和谐振腔的设计及调整等都要有严格的要求，否则，激光输出将极不稳定。固体激光器被动锁模原理如图 3-9 所示。

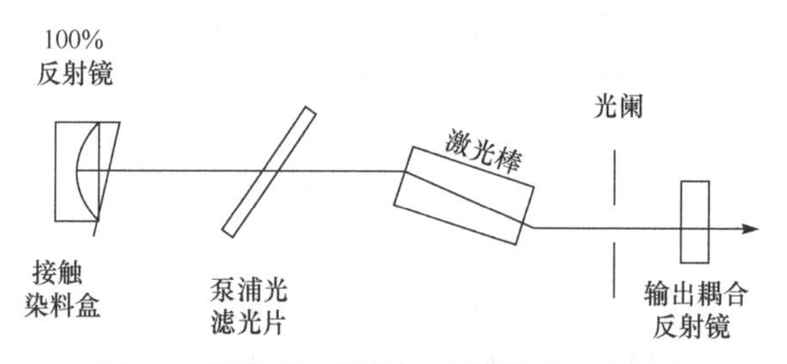

图 3-9 固体激光器的被动锁模原理示意图

在没有发生锁模以前，假设腔内光子的分布基本上是均匀的，但还是有一些起伏。由于染料具有可饱和吸收的特性，弱的信号透过率小，受到的损耗大，而强的信号则透过率大，损耗小，且其损耗可通过工作物质的放大得到补偿，如图 3-10 所示，所以光脉冲每经过染料和工作物质一次，其强弱信号的强度相对值就改变一次，在腔内多次循环后，极大值与极小值之差会越来越大。脉冲的前沿不断被削陡，而尖峰部分能有效地通过，使脉冲变窄。

从频率域分析，开始时，自发辐射的荧光以及达到阈值所产生的激光涨落脉冲经过可饱和吸收染料在噪声脉冲中的选择作用，只剩下高增益的中心波长及其边频，随后经过几次染料的吸收和工作物质的放大，边频信号又激发新的边频，如此继续下去，使得增益线宽内所有的模式参与振荡，于是便得到一系列周期为 $2L/c$ 的脉冲序列输出。

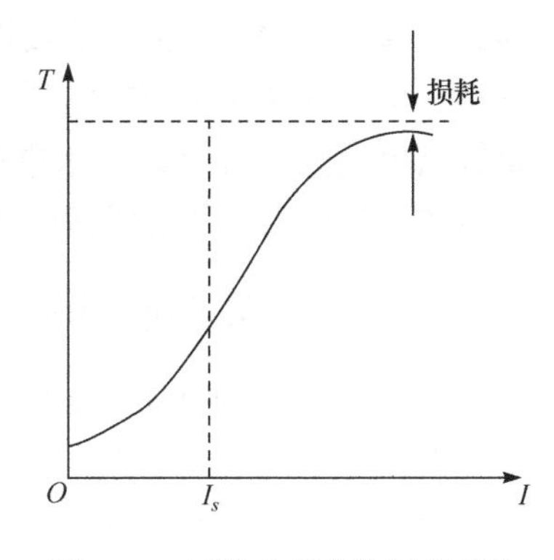

图 3-10　可饱和吸收染料的吸收特性

在被动锁模激光器中，由不规则的脉冲演变到锁模脉冲的物理过程大致分为三个阶段，如图 3-11 所示。其过程的实质是最强的脉冲得到有选择的加强，背景脉冲逐渐被抑制，三个阶段可简述如下。

1) 线性放大阶段

如图 3-11(a)～(c)所示，起初自发辐射荧光产生，当超过激光阈值时，初始的激光脉冲具有荧光带宽的光谱含量，并且具有随机相位关系的激光纵模之间发生干涉，因而导致光强度的起伏，脉冲总量很大。在一个周期 $2L/c$ 的时间内，光脉冲通过有机染料和激光介质各一次，在可饱和吸收染料中，对强脉冲吸收得少而对弱脉冲吸收得多。在激光介质中，产生线性放大，其结果就发生自然选模作用。

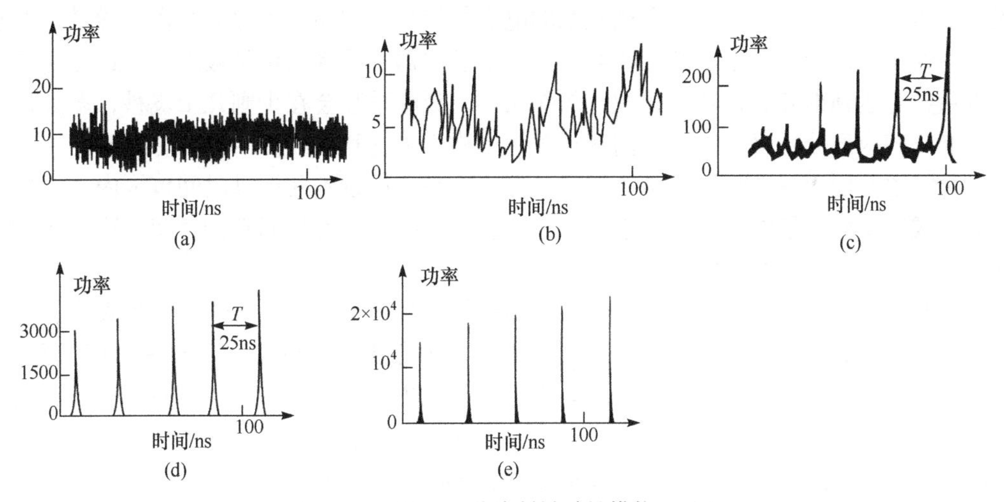

图 3-11　可饱和吸收染料被动锁模物理过程

2) 非线性吸收阶段

工作物质的增益虽是线性的，但由于此时腔内光强已超过可饱和吸收体的饱和光强，故可饱和吸收体的吸收变成了非线性。其结果是较强的脉冲使可饱和吸收体漂白，脉冲强度得到很快的增长；而大量的弱脉冲受到可饱和吸收体较大的吸收而被有效地抑制。这样就使发射脉冲变窄，同时频谱得到加宽，如图 3-11(d)所示。

3) 非线性放大阶段

由于选择出的强脉冲不但能使染料吸收饱和，而且使激光工作物质的增益达到饱和，所以工作物质的放大进入非线性阶段。当强脉冲经过激活介质时，前沿及中心部位放大得多，由于反转粒子数的消耗，增益下降，致使脉冲后沿放大得少，甚至得不到放大，最终结果是前后沿变陡，脉冲变窄，小脉冲几乎被完全抑制，最后输出一个高强度、窄脉宽的脉冲序列。此阶段使脉冲压缩，频谱增宽，如图 3-11(e)所示。

3.3.3 SESAM 被动锁模激光器

SESAM 主要由底部反射镜(一般由布拉格层对组成)、位于中间的可饱和吸收体和空气界面三部分构成。其基本工作原理是：当光脉冲光强较低的部分通过可饱和吸收体时，由于可饱和吸收体的非线性吸收作用而几乎都被吸收；当脉冲光强较高的部分通过可饱和吸收体时，只要达到阈值，可饱和吸收体就会进入饱和状态，此时光脉冲通过可饱和吸收体时几乎无损，我们也称达到吸收饱和的吸收体处于漂白状态。但是由于吸收体的时间特性，即在可饱和吸收体的恢复时间内，光脉冲的后续部分仍然可以无损地通过吸收体，当达到恢复时间后，吸收体又可以发挥非线性吸收作用。这样，可饱和吸收体就可以周期性地使脉冲高强度的部分通过、低强度的部分被损耗，起到使脉冲不断窄化的作用。

SESAM 的非线性强度响应是指半导体可饱和吸收体吸收一个光子后，这个光子转移的能量被载流子电子吸收，载流子电子会从价带跃迁至导带。在开始阶段，光强弱导致吸收不能达到饱和，导致聚积在激发态的电子数较少，进而不能够完全占据导带。随着光强逐渐增强，导带上也不断在积累电子，电子占据了导带而价带被耗尽，最终会减小吸收系数。达到饱和后，在热化效应的作用下，吸收系数会在少则几十飞秒，多则几百飞秒的时间内部分恢复，这个带内跃迁时间也称为可饱和吸收体的一个特征时间。这个特征时间主要用于脉冲整形及脉宽窄化。接下来在几皮秒到几纳秒时间范围内，材料中的缺陷或杂质载流子将被俘获而消失，称这段较长的时间为带间跃迁时间。这个带间跃迁时间主要用于锁模的自启动过程。

针对不同的工作波长，需要采用不同的半导体材料来制备半导体可饱和吸收层，实现对特定波长的可饱和吸收。SESAM 性能稳定，对偏振不敏感，基于 SESAM 的锁模技术已逐渐发展成为激光器实现被动锁模的主要途径之一。但是，其缺点为制备工艺复杂、成本较高，而且材料的吸收带宽较窄，需要根据半导体能带来设计其工作波长，目前主要应用于近红外波段，限制了锁模激光器的工作波段和调谐范围。

3.4 自锁模

3.4.1 自锁模原理

自锁模是利用激光器中增益工作物质自身的非线性克尔效应实现的锁模。某些增益工作物质的折射率可表示为

$$n = n_0 + n_2 I(t) \tag{3.25}$$

式中，n_0 为与光强无关的折射率；n_2 为非线性折射率；$I(t)$ 为工作物质中的光强。

当在横截面内光强呈高斯分布的激光束通过工作物质时，由上述效应造成的折射率的横向分布将产生自聚焦效应，自聚焦的焦距和轴线上的光强 $I_m(t)$ 成反比。来自外界的扰动会引起偶然的光脉冲振荡，由于光脉冲中部的光强大于前后沿，光脉冲中部经工作物质时形成的自聚焦焦距小于前后沿，因此当光脉冲每次经过在束腰处设置的光阑或增益介质自身形成的光阑时，前后沿被不断削弱，形成锁模光脉冲，其作用与可饱和吸收体类似。钛宝石自锁模激光器是典型的自锁模器件。由于噪声脉冲达不到自锁模的启动阈值，往往需采用附加措施(如振动镜)启动。

自锁模是在激光腔内不需插入任何调制元件，而是利用增益介质本身的非线性效应就可以产生短脉冲的锁模方式。1991 年，人们首次在掺钛蓝宝石连续激光器中成功获得自锁模运转。目前自锁模脉冲宽度可达 6fs。自锁模脉冲的能量比展宽-压缩型光纤激光器产生的脉冲能量要更高。自锁模的产生因素比较复杂，但最主要的还是受系统非线性效应的影响。在非线性光学领域中部分自相似现象已经被报道，例如，在受激拉曼散射和光纤放大器中已经产生了自相似现象。最相关的研究是 1993 年 D. Anderson 等从理论上证实了光纤可以传输抛物线型自相似脉冲。最近，这个概念已经被应用到利用光纤实现的放大器中。从产生短脉冲的自锁模光纤激光器中来分析这种自相似脉冲的产生机理，一般认为，自锁模现象是利用增益介质的自聚焦效应形成的克尔透镜和光阑等价于构成一个与强度相关的透镜来产生短脉冲。

如果在束腰附近加上光阑，其与自聚焦的结合就相当于一个可饱和吸收体。由于脉冲中央光强较大，透镜对脉冲中央有更强的聚焦，使其几乎无损耗地通过光阑。而前后沿的强度较小，透镜对脉冲前后有较小的自聚焦，使其损耗大于脉冲中央。脉冲在腔内循环时，将不断地被抑制而消失，而中间部分不断被放大，使得脉冲不断被压缩，形成稳定的锁模，如图 3-12 所示。

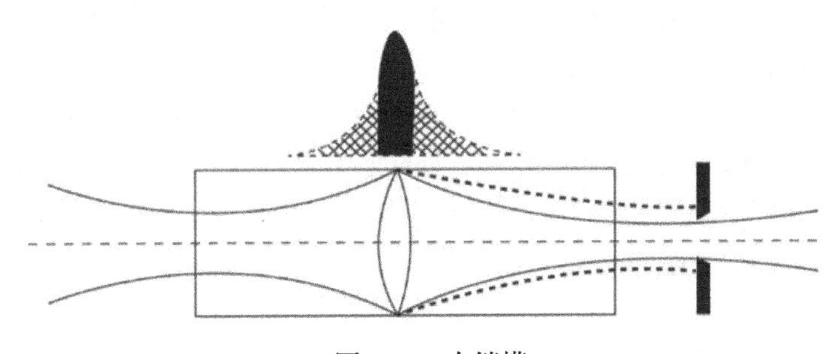

图 3-12　自锁模

常用来启动激光器自锁模的方法如下。

(1) 在原自锁模激光器内加入一个声光调制器，此时激光器处于主动锁模状态。调整谐振腔，使激光器进入自锁模。

(2) 在 Ti：S 激光腔内插入一个可饱和吸收体，改变染料浓度，直至去掉染料装置也能产生自锁模。

(3) 采用量子阱反射器的耦合腔启动自锁模。

(4)使用振动镜启动，频率为 25Hz，振幅小于 0.5mm。

自锁模脉冲的形成分为以下两个阶段。

(1) 初始脉冲的形成：自锁模不能自行启动，所以在腔内引入一个瞬间扰动，造成高损耗，当腔镜复位时，腔中的光强产生强烈涨落。当它们通过增益介质时，经过自振幅调制(SAM)和增益介质的线性放大，对脉冲进行选择、放大、初步压缩，形成初始脉冲。

(2) 稳定锁模脉冲的形成：腔内初始锁模脉冲形成以后，因光信号峰值功率大，不仅产生了自相位调制，还引入了很大的正色散，不利于进一步压缩脉宽，因而要用合适的负色散去补偿，才能得到最窄的脉冲宽度。

锁模光纤激光器中的脉冲形状主要由光纤色散和非线性效应来决定的。孤子类型的飞秒光纤激光器的脉冲能量较低(最大一般为 100pJ)，这是由于在高能量下，非线性的作用会使孤子产生分裂，于是导致激光腔中会存在多个脉冲。产生的多个脉冲只有在一个较小的相位偏移范围内才能保持稳定，但是实际上这种对相位的控制是很难实现的，所以一般孤子光纤激光器产生的脉冲能量都比较小。展宽-压缩型锁模光纤激光器是由正色散和负色散两部分互相补偿来产生色散可控制的孤子传输的。它通过控制色散而产生的孤子可以忍受非线性相位漂移的范围比一般的孤子要大，在相同条件下，脉冲能量也大大超过了一般的孤子。在展宽-压缩型锁模光纤激光器的基础上，如果我们对其色散和非线性进行很好的控制，使其运转在适当的正色散条件下，就可以得到自相似脉冲。实验上已经证明自锁模运转产生了比同等条件下展宽-压缩型锁模光纤激光器高出三倍的脉冲能量。

从波动方程传输的理论上来说，孤子符合非线性波动方程的静态解，色散控制的孤子是非线性波动方程的瞬态解，而自相似脉冲则是非线性波动方程渐近形式的解。自相似脉冲的各个参量变化都是单调的。在激光腔中，产生自相似脉冲传输的另外一个条件是激发的脉冲一般具有有效增益带宽的频谱分量，而当脉冲受到它本身光谱宽度的限制时，也会终止这种自相似脉冲的产生和传输。自相似概念应用到激光器锁模领域中还是一个全新的理论。在控制好腔内正色散和非线性效应的条件下，锁模光纤激光器就可以产生高能量的自相似脉冲传输。这种具有抛物线型结构的自相似脉冲比一般孤子锁模光纤激光器和展宽-压缩型锁模光纤激光器产生的脉冲能量高出三倍，并且估计在适当条件下有可能取得更高能量的脉冲输出。脉冲在时域内呈现出近似于线性结构的啁啾，在腔外可以通过进一步的负色散补偿而降低啁啾。我们选择在锁模光纤激光器中证实这种自相似脉冲可以产生及传输是因为光纤为自相似脉冲提供了较好的环境。同样，也可以预期在半导体激光器和固体激光器中寻找到这种锁模领域，从而产生更高能量的脉冲输出，将是研究者提高锁模激光器性能的一个新的研究领域。

3.4.2 超短脉冲压窄技术

当超短脉冲在介质中传输时，表现出多种非线性效应，如图 3-13 所示。而在这些非线性效应中，折射率的非线性效应是最基本的，由光场引起的附加折射率的变化表示为

$$\Delta n(t) = n - n_0 = n_2 I(t)$$

(1) 当n_2的弛豫时间$T_r \ll \tau_\text{p}$时，τ_p是脉冲宽度，脉冲前后沿具有负啁啾，脉冲中间

部分只有正啁啾，谱带加宽，而且是向原载波频率 ω_0 的高端和低端同时扩展。

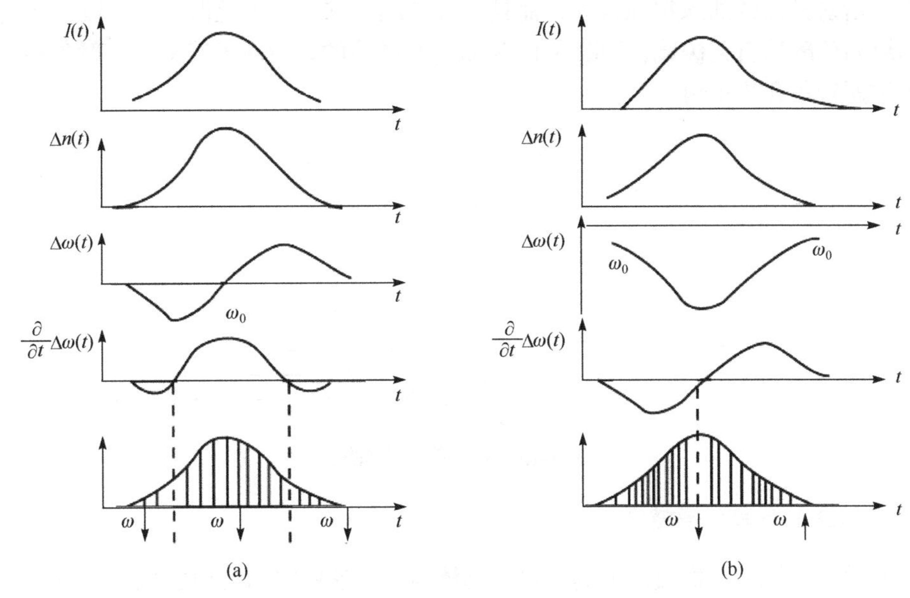

图 3-13　超短脉冲在介质传输中的自相位调制效应

(2) 当 $T_r \gg \tau_{\mathrm{p}}$ 时，脉冲频谱的扩展只是向 $\omega < \omega_0$ 端扩展，即频率向低端扩展。

如果考虑介质的色散，当啁啾和色散同号时脉冲被展宽，异号时变窄。当介质具有正色散时，以负啁啾为特征的脉冲前沿和后沿被压缩，而以正啁啾为特征的脉冲中间被展宽，脉冲波形变成方波。当介质具有负色散时，具有负啁啾的脉冲前沿和后沿被展宽，而脉冲的中间部分被压缩，从而导致整个脉冲波形变窄。只要选择具有负色散的介质就可以使超短脉冲进一步地压缩。目前压缩超短脉冲的方法有以下两种。

1) 光纤-光栅对法

光纤-光栅对法是在腔外进行的，利用光纤提供的正色散将脉冲展宽成啁啾脉冲，再利用光栅提供的负色散对光脉冲进行压缩。利用这种技术已经得到 6fs 的超短脉冲，如图 3-14 所示。

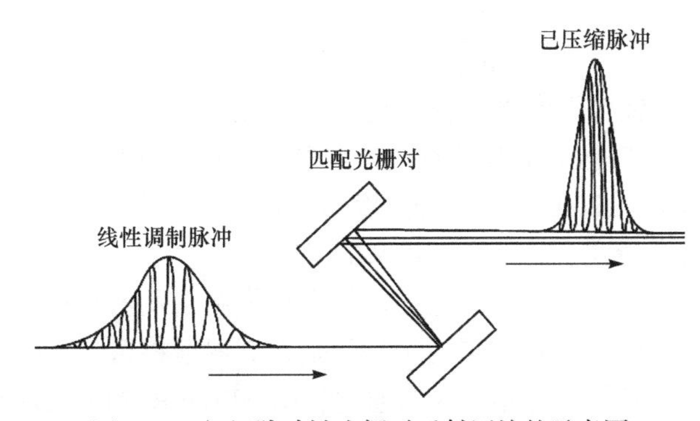

图 3-14　超短脉冲被光栅对反射压缩的示意图

2) 激光腔内插入负色散元件

由于衍射光栅的插入损耗很大，而且不容易调节它的正负色散量，可以在激光腔内插入两块高色散的石英棱镜，如图 3-15 所示。光脉冲的光线对于棱镜的入射角和出射角都为布儒斯特角和最小角。

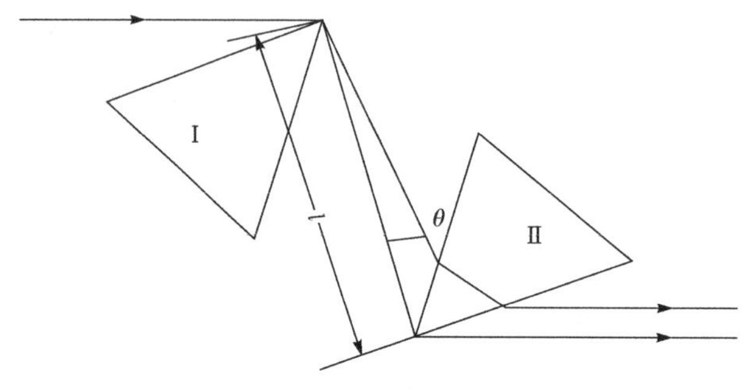

图 3-15 双石英棱镜系统

3.4.3 掺钛蓝宝石自锁模激光器

固体激光器的工作物质以玻璃材料、晶体为主，这些材料可以实现反转粒子数在上能级的积累，同时产生光受激辐射放大的效果。其中玻璃材料的优点是价格低廉，制作的成品大小均匀，而且可以用在高能量和高功率的激光器中。它的缺点是导热性不太好，荧光谱线比较宽，因此很多固体激光器采用的是掺杂离子的晶体。晶体作为激光器的工作物质，其优点是玻璃材料无法相比的，它物理化学性质稳定，有良好的导热性，还具有窄的荧光谱线。常见的有红宝石、钕玻璃、掺钕离子的 YAG(钇铝石榴石)等多种。其中掺杂的离子是它们产生激光波长的决定因素。

掺钛蓝宝石介质折射率的非线性效应为

$$n = n_0 + n_2 I(t) \tag{3.26}$$

式中，n_0 为与光强无关的折射率；n_2 为非线性折射率，由克尔效应决定；$I(t)$ 为脉冲的光强。

自聚焦效应的焦距为

$$f_m = \frac{\alpha\omega_m^2}{4\Delta n_m \Delta L} \propto c\frac{1}{I(t)} \Delta nm = n_2 I_m(t) \tag{3.27}$$

2001 年，Ell 等在钛宝石激光器腔内利用 BK_7 玻璃产生自相位调制效应，将光谱进一步展宽，并且利用 CaF_2 棱镜对和特别设计的啁啾镜对进行腔内色散补偿，获得了光谱宽度为一个倍频程(600～1200nm)、脉冲宽度为 5fs 的超短脉冲，这是迄今为止直接从钛宝石激光器输出的光谱最宽、脉冲宽度最窄的光脉冲。

人们逐渐意识到光靠钛宝石激光器腔内的自相位调制及色散补偿获得的飞秒脉冲宽度已经到了极致，很难将脉冲压缩得更窄。于是人们逐渐将目光转回到腔外压缩，但是其获得的脉冲重复频率较低。近年来人们通过利用 SPIDER 测量技术和液晶空间相位调制器(SLM)相结合来补偿相位，使得脉冲压缩又有了进一步的突破。Yamane 等利用填充氢气的中空光纤展宽光谱改进的 M-SPIDER 测量相位，结合 SLM 进行相位补偿，经过两次相位反馈，将 1kHz 钛宝石放大器输出的光脉冲压缩。2004 年 Yamane 等在原有实验的基础上继续改进，最终获得了接近单周期的 2.8fs 的超短脉冲，这是迄今为止在近红外光区获得的脉冲宽度最窄的光脉冲。

以掺钛的蓝宝石晶体(Al_2O_3)为工作物质的激光器具有结构简单和工作稳定的特点。由于工作物质的荧光光谱很宽，如果激光器的纵模全部被锁定，那么理论上可以直接产生几飞秒宽的脉冲输出，而不需要采取另外的脉宽压缩技术。晶体长 20mm，端面切成布儒斯特角，置于四镜折叠腔的中心，腔长 1.5～2m。泵浦源为连续 TEM_{00} 模 Ar^{3+}激光器，用双波长滤波片(B.R.F)进行波长调谐。自锁模状态一般由外界的微扰引入。在锁模情况下，波长可为 845～950nm。目前输出最窄脉冲为 10.9fs，当采用控制色散的啁啾介质镜而去掉腔内色散补偿棱镜时，可获得 8fs 的超短脉冲，如图 3-16 所示。

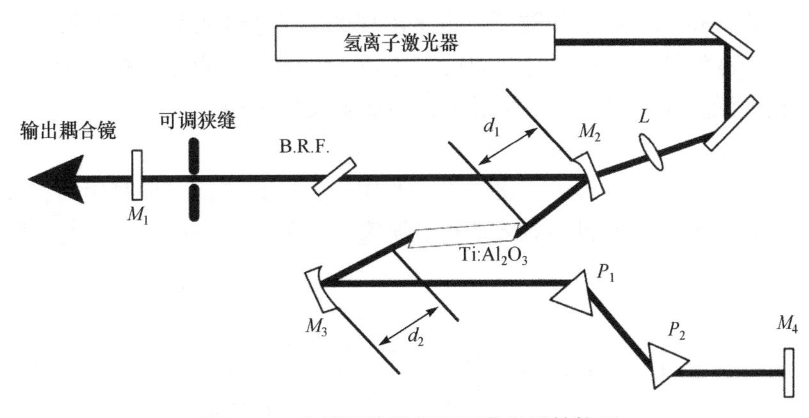

图 3-16　自锁模掺钛蓝宝石激光器结构图

3.5　超短脉冲测量

3.5.1　单一脉冲的选取

飞秒脉冲激光具有两个显著的特点：一是脉冲宽度极窄，达到飞秒量级；二是峰值功率极高。因为飞秒脉冲激光的能量集中在飞秒量级的时间内，即使平均功率不高，却可以形成超强的瞬时峰值功率。尤其是经过放大后的飞秒脉冲激光，峰值功率可达 10^9W，甚至可达 10^{12}W 以上。人类凭借飞秒脉冲激光这些优异的特性可以创造许多极限条件，用来揭示和探索物理、化学、生物、化学控制反应等自然科学的奥秘，以及开发和研究与人类密切相关的应用，在医学、超精细微加工、高密度信息储存、光通信和记录方面都有着很好的发展前景。

飞秒脉冲激光最直接的用途就是时间分辨光谱学。利用飞秒脉冲激光来观测物理、化学和生物等超快过程，使人们看到了用传统方法无法观测到的大量物理和生物领域的超快现象和超快过程。利用飞秒脉冲激光可以产生波长极短的光脉冲，使高能量的飞秒脉冲激光与等离子体相互作用产生高次谐波及 X 射线，可用于受控核聚变，实现快速点火。为达到输出光的平均功率可调谐又不改变放大器系统输出脉宽的目的，且由于脉冲压缩器对于不同偏振态的衍射效率不同，压缩器可近似地看作一个偏振装置，因而可在放大器的输出端和压缩器的输入端之间插入一个半波片，通过旋转半波片改变光的偏振方向，利用光栅对不同偏振方向的光的衍射效率不同而改变光的脉冲能量。

3.5.2 超短脉冲的测量技术

由于锁模激光器输出的脉宽一般为几皮秒和飞秒量级，而光电接收装置，如一般光电二极管和光电倍增管的响应时间一般在 10^{-11}～10^{-10}s，响应时间大于 10^{-12}s，因此无法测量 10^{-15}～10^{-12}s 脉冲。目前主要的测量方法有两种：直接观察法和相关测量法。

1) 直接观察法

条纹照相机主要由结构复杂的条纹管构成。它可把光脉冲直接记录在照相底片上，通过光密度分析获得脉冲形状和宽度。近来出现的新型条纹管利用了光纤，可以直接给出光脉冲强度 $I(t)$ 的数字记录，分辨力可以达到 1～2ps。缺点是结构复杂，价格昂贵，不适用连续锁模激光器，需取出一个脉冲，不能测飞秒脉冲。

2) 相关测量法

相关测量法应用较广，属于间接测量。利用相关函数测试，但测出的相关函数曲线不是脉冲的实际宽度，要通过换算才能得到脉宽的近似值。强度为 $I(t)$ 的二阶强度相关函数为

$$G^{(2)}(\tau)=\frac{<I(t)\cdot I(t+\tau)>}{<I^2(t)>}=\frac{\int_{-\infty}^{\infty}I(t)\cdot I(t+\tau)\mathrm{d}t}{\int_{-\infty}^{\infty}I^2(t)\mathrm{d}t} \tag{3.28}$$

二阶相关函数测得的脉冲波形对称。如果实际波形不对称，此法测不出。用 n 阶单延迟相关函数(只能给出脉冲宽度的上限)：

$$G^{(n)}(\tau)=<I^{n-1}(t)\cdot I(t+\tau)>/<I^n(t)> \tag{3.29}$$

高阶函数大大减少了对于测试仪器和接收元件时间响应的要求。目前比较成熟的二阶相关函数测量法是双光子荧光法和二次谐波法。

(1) 双光子荧光法。在入射光为高功率的情况下，基态的粒子吸收两光子跃迁到高能态，然后无辐射跃迁到能级②，最后由能级②自发辐射跃迁到能级①发出荧光，$h\nu_{f_2}<2h\nu_{\text{in}}$。在如图 3-17 所示的能级系统中，把一束激光分成两束光，沿相反方向进入染料中。光重合得少，荧光弱，光全重合，荧光最强。双光子吸收是一种与光强平方成

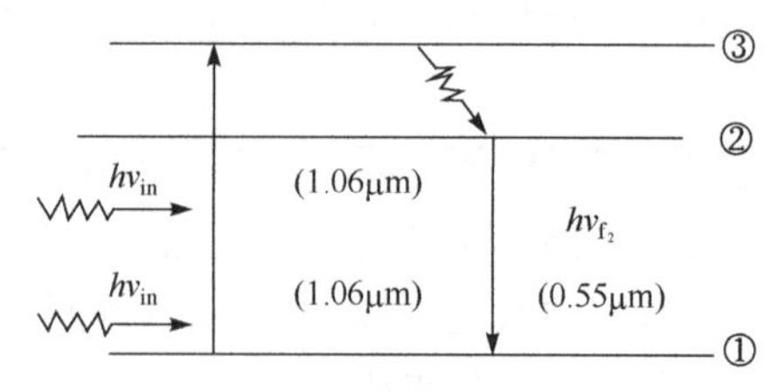

图 3-17 双光子荧光能级模型

正比的非线性现象，通过观测双光子吸收产生的荧光，测定两个光脉冲的相互关系，再由相关函数获得脉宽数据。其特点是：结构简单，适合脉冲激光器；底片感光度的非线性给测量带来误差，分辨力低；存在背景光，测量的波形不能反映实际的波形；要求实际调整精度高，分析周期长，灵敏度低。

(2) 二次谐波法。根据非线性光学原理，当两束光频率为 ω 的光通过非线性晶体时，如果满足一定的相位匹配条件，则能产生频率为 2ω 的倍频光(二次谐波)，产生的倍频光的强度与入射光的强度的平方成正比。因此通过一定的装置(迈克耳孙干涉仪)把光分成相等的两束光，改变两束光在非线性晶体中的重合程度，从而接收到不同强度的倍频光，如图 3-18 所示。其特点是：测量的精度高，分辨力高，处理数据方便，结构复杂并需逐点测量。

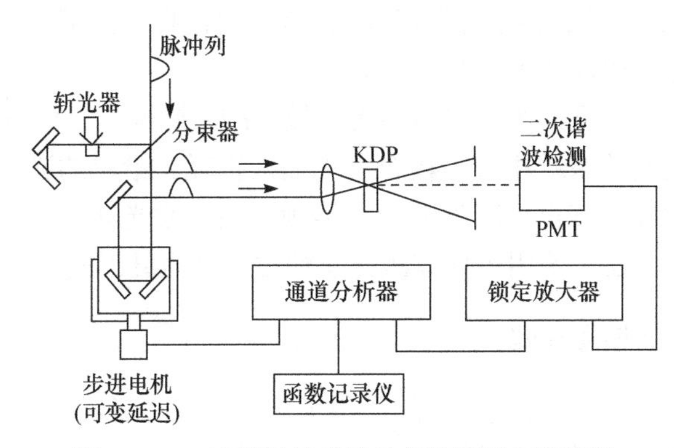

图 3-18　二次谐波法非线性相关测量实验装置

3.6　新型的锁模激光器

3.6.1　半导体锁模激光器

半导体激光超短脉冲在信息光电子学领域具有广泛的应用。在最近发展起来的光电取样系统、超高速数字通信时分复用系统和光孤子通信系统等方面，半导体激光超短脉冲具有无可比拟的优点。

半导体可饱和吸收反射镜的基本结构是把反射镜与可饱和吸收体结合在一起，即半导体可饱和吸收体用外延法直接制备在半导体布拉格反射镜上。在衬底上制备的半导体布拉格层可以提供高的反射层，减少腔内损耗；可饱和吸收体层(InGaAs 等)用来对光进行选择吸收，启动锁模。可饱和吸收体的原理为：当可饱和吸收体被一束光激发后，载流子从基态被泵浦到激发态，在强激发状态下，基态离子被耗尽，激发态被部分占据，所以吸收达到饱和。激发态通过热稳定以及复合过程，重新回到基态，于是就能够吸收光子。半导体可饱和吸收体可启动锁模，是由其高速时间特性决定的。通常半导体的吸收有两个特征弛豫时间，带内热平衡弛豫时间和带间跃迁弛豫时间。锁模启动机制取决于带内热平衡响应时间短，同时也要求带间跃迁弛豫时间远远小于谐振腔往复时间。带内热平衡弛豫时间很短，在 100～200fs，而带间跃迁弛豫时间则相对较长，从几皮秒到几百皮秒。带内热平衡弛豫时间基本上无法控制，而带间跃迁弛豫时间主要取决于半导体制备时衬底的温度，制备时的温度越低，带间跃迁弛豫时间越短，但是低温制备会产生缺陷。在半导体可饱和吸收体锁模过程中，响应时间较长的带间跃迁(如载流子重组)提供了锁模的自启动机制，而响应时间很短的带内热平衡可以有效压缩脉宽、维持锁模。

3.6.2 掺铒光纤锁模激光器

铒是一种稀土元素，属于镧系。铒离子包含 5s、5p、6s 及 4f 层，其中 4f 层电子处于未填满状态。由于掺铒光纤所产生的激光运转波段(1.56 μm)是石英光纤的最低损耗窗口，正好位于光通信波段而备受瞩目。光通信作为现代通信的主要手段，有着通信容量大、传输损耗小等优点，在现代通信网中起着重要的作用。利用铒光纤放大器可以实现光通信中的长中继距离、低损耗光信号传输，具有增益高、频带宽、噪声低、效率高等优点，其是实现高速光通信的重要组成部分。

掺铒光纤锁模激光器可以产生皮秒和飞秒量级的光脉冲，工作波长位于 1.5 μm 波长的通信窗口，易与光通信系统相容与耦合，无插入损耗，给出的激光脉冲是满足傅里叶变换关系的高斯光脉冲，其没有附加啁啾、信噪比高、激光转换效率高、阈值低、运转稳定、整机小巧灵活、易于使用半导体激光泵浦做成全光纤形式等。

3.6.3 SESAM 皮秒锁模激光器

LD 泵浦的皮秒连续锁模激光器一般采用半导体可饱和吸收镜作为锁模器件。半导体可饱和吸收镜又叫做可饱和半导体布拉格反射镜(Saturable Semiconductor Bragg Reflector，SBR)，SESAM 是一种将半导体可饱和吸收材料和反射镜结合在一起的新型器件，当激光入射到可饱和吸收体表面时，下能级的粒子受到激发跃迁到上能级，当上能级的粒子数饱和后，吸收体便被漂白。

思考题与习题

1. 什么是主动锁模？主动锁模可以分为哪两类？主动锁模激光器的设计要点有哪些？

2. 什么是被动锁模？根据锁模形成过程的机理和特点可将被动锁模分为哪些类型？固体激光器的被动锁模主要可以分为哪几个阶段？

3. 半导体锁模激光器的基本特性是什么？简述半导体发光原理。

4. 一台锁模激光器的腔长 L=1m，假设超过阈值的所有纵模被锁定。①若工作物质是红宝石，棒长 l=10cm，n=1.76, $\Delta\lambda_g$=0.5nm，λ=694.3nm。②若工作物质是钕玻璃，棒长 l=10cm，n=1.83，$\Delta\lambda_g$=28nm，λ=1.06μm。③若工作物质是 He-Ne，棒长 l=100cm，$\Delta\lambda_g$=2pm，λ=632.8nm。分别求出输出的脉冲宽度、脉冲间隔和模式数。从计算的结果可以得出什么结论？

5. 在谐振腔中部 $L/2$ 处放置一个损耗调制器，要获得锁模光脉冲，调制器的损耗周期 T 应为多大？每个脉冲的能量与调制器放在紧靠端面镜子处的情况有何差别？

6. 有一个多纵模激光器的纵模数是 1000 个，激光器的腔长为 1.5m，输出的平均功率为 1W，认为各纵模振幅相等。

(1) 试问在锁模情况下，光脉冲的周期、宽度和峰值功率各是多少?

(2) 采用声光损耗调制元件锁模时，调制器上加电压 $V(t)=V_m\cos(\omega_m t)$，试问电压的频率是多大?

7. 激光工作物质是钕玻璃，其荧光线宽 $\Delta\nu_F = 24.0\text{nm}$，折射率 $n = 1.50$，能用短腔选单纵模吗?

8. 一振幅调制锁模 He-Ne 减光器输出谱线形状近似于高斯函数，已知锁模脉冲谱宽为 600MHz，试计算其相应的脉冲宽度。

第 4 章　激光放大技术

4.1　概念和问题提出

在激光切割、激光焊接等领域，要求激光光束具有很高的能量或者功率。为了增大激光的能量或功率，往往需要加大激光工作物质体积，但是大体积的固体激光工作物质的光学均匀性较差，并且高功率或者高能量激光振荡器难以产生发散角、单色性、脉宽等性能优良的激光光束。此外，高功率或者高能量的激光光束在往返传输中容易损坏激光工作物质和光学元件。

因此，为了获得高功率或者高能量激光光束，激光放大技术应运而生。激光放大技术是利用光的受激辐射进行光的能量(功率)放大的一种技术。激光放大技术的目的是不改变激光的性能(发散角、单色性、脉宽等)而增加激光输出的能量或功率。处于粒子数反转状态的工作物质就是激光放大器。

按照工作方式，激光放大器分为再生放大器和行波放大器。采用行波放大技术的优点如下：一是在相同的输出功率密度下，放大器的工作物质不易被破坏。二是当需要高功率、高能量的激光时，可以根据需要采用多级行波放大，放大器逐级加大激光束的孔径，而且每一级的激光工作物质的长度可以缩短，有利于防止超辐射和自聚焦的破坏。三是对于振荡器-放大器组合系统，可由振荡器决定激光脉冲宽度、谱线宽度和光束发散角等，而由放大器决定其脉冲的能量和功率，所以可以得到优良的激光输出参数特性，同时提高了激光输出的功率、能量或亮度。

图 4-1 给出了激光放大器工作的原理图。当第一级输出的激光进入激光放大器时，激光放大器的激活介质恰好被激励而处于最大粒子数反转状态，此时产生共振跃迁而得到放大。为了更好地实现振荡级和放大级的同步运转，在激光器件的技术处理上，在两级的触发电路间安装同步电路进行控制，其延迟时间对不同的激光器具有不同的值，由实验来确定最佳的延迟时间。

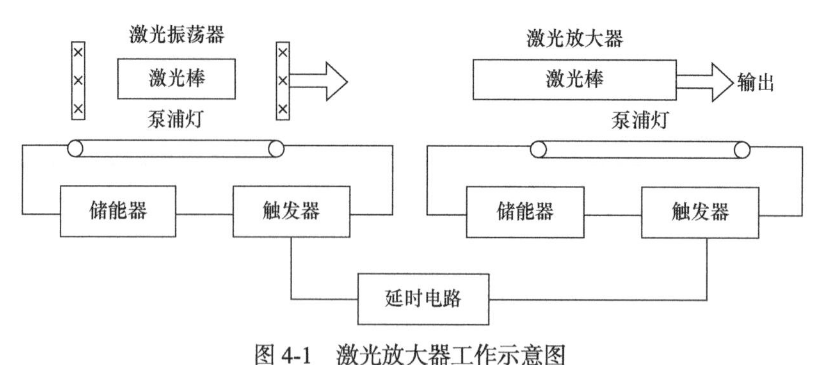

图 4-1　激光放大器工作示意图

激光放大器按照放大后的脉冲宽度的不同可以分为：连续激光放大器(又称长脉冲激光放大器)、脉冲激光放大器、超短脉冲激光放大器。

激光放大器按照时间分类如下：①当 τ_0 (脉宽) > T_1 (纵向弛豫时间)时，光信号与工作物质相互作用时间长，受激辐射消耗的反转粒子数来得及由泵浦抽运补充，反转粒子数及腔内光子数可以达到稳定而不随时间变化的连续激光放大器，此类激光放大器采用稳态方法研究放大过程。②当 T_2 (横向弛豫时间) $\ll \tau_0 < T_1$ 时，受激辐射消耗的反转粒子数来不及由泵浦抽运补充的脉冲激光放大器，此类激光放大器采用速率方程理论进行讨论和研究。③当输入信号为调 Q 脉冲(10～50ns)时，属于脉冲激光放大器。④当输入信号为锁模激光器产生的脉宽 τ_0 为 10^{-14}～10^{-11}s 的超短脉冲时，T_2 与 τ_0 可比拟，为超短脉冲激光放大器，此类激光放大器必须采用半经典理论进行分析和研究。

4.2　脉冲激光放大器的理论

4.2.1　速率方程及其解

1. 速率方程

设激光放大器工作物质的长度为 L 。光信号脉冲沿着 x 方向入射到激光工作物质上，如图 4-2 所示。由于光信号在行进过程中不断被放大，而反转粒子数不断被消耗，所以单位体积中的光子数和反转粒子数都是时间 t 和空间 x 的函数，分别以 $\phi(x,t)$ 和 $\Delta n(x,t)$ 表示。

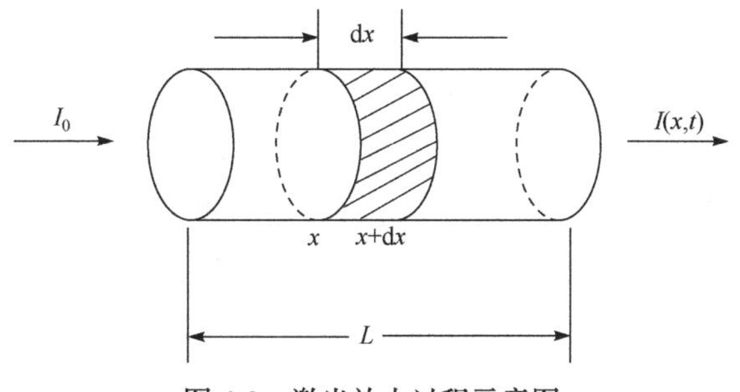

图 4-2　激光放大过程示意图

为了使问题简化，假设放大器工作物质的横截面中反转粒子数是均匀分布的，并且忽略谱线宽度和线型分布，以及光泵和自发辐射对反转粒子数的影响，则三能级和四能级系统的反转粒子数速率方程分别为

三能级：
$$\frac{\partial \Delta n(x,t)}{\partial t} = -2\sigma \Delta n(x,t) I(x,t) \tag{4.1}$$

四能级：
$$\frac{\partial \Delta n(x,t)}{\partial t} = -\sigma \Delta n(x,t) I(x,t) \tag{4.2}$$

式中，σ 为发射截面。

讨论工作物质在 $x \to x + \mathrm{d}x$ 体积元中光子数的变化情况。引起光子数变化的因素有两个：一是由于受激辐射，在 $\mathrm{d}t$ 时间内，$\mathrm{d}x$ 中产生的光子数为 $\sigma c\phi(x,t)\Delta n(x,t)\mathrm{d}x\mathrm{d}t$ 。二是在 $\mathrm{d}t$ 时间内，在 x 处进入体积元的光子数为 $\phi(x,t)c\mathrm{d}t$ (认为是单位截面)，而在 $x + \mathrm{d}x$ 处流出的光子数为 $\phi(x + \mathrm{d}x,t)c\mathrm{d}t$ ；故在 $\mathrm{d}t$ 时间内进入体积元的净光子数为 $[\phi(x,t) - \phi(x + \mathrm{d}x)]c\mathrm{d}t$ 。

假设放大器中其他各种损耗可以忽略，则在 $\mathrm{d}t$ 时间内体积元中光子数的变化率为受激辐射产生的光子数和净进入体积元光子数的代数和，即

$$\frac{\partial \phi(x,t)}{\partial t}\mathrm{d}x\mathrm{d}t = [\phi(x,t) - \phi(x + \mathrm{d}x,t)]c\mathrm{d}t + \sigma c\phi(x,t)\Delta n(x,t)\mathrm{d}x\mathrm{d}t \tag{4.3}$$

所以，光子数变化率可用偏微分方程表示为

$$\frac{\partial \phi(x,t)}{\partial t} + \frac{\partial \phi(x,t)}{\partial x} = \sigma c\phi(x,t)\Delta n(x,t) \tag{4.4}$$

在单位时间内流过单位横截面的光子数称为光子流，记为 $I(x,t)$ ，即 $I(x,t) = c\phi(x,t)$ ，因此描述光子流强度的变化率方程为

$$\frac{1}{c}\frac{\partial I(x,t)}{\partial t} + \frac{\partial I(x,t)}{\partial x} = \sigma\Delta n(x,t)I(x,t) \tag{4.5}$$

三能级系统和四能级系统的光子流强度的变化速率方程相同。式(4.1)和式(4.5)是有关脉冲放大器的基本方程式。

假设将要放大的输入信号的初始光子流强度为 $I_0(t)$ ，在 $x = 0$ 处进入工作物质；又设信号进入放大器之前，工作物质中的初始反转粒子数为 $\Delta n_0(x)$ ，则速率方程的边界条件为

$$\begin{aligned} &I(x,t) = I_0(t) \quad (x = 0) \\ &\Delta n(x,t < 0) = \Delta n_0(x) \quad (0 < x < L) \end{aligned} \tag{4.6}$$

根据上述的边界条件，联立求解速率方程(4.1)和式(4.5)，即可求出入射脉冲信号进入放大器中任意位置 x 、任何时间 t 的光子流强度、反转粒子数的变化、输出脉冲能量和放大器的增益。

2. 速率方程的求解

式(4.1)和式(4.5)是一组非线性偏微分方程。在此采用变量分离法，在不计及放大介质损耗的情况下对这两个方程求解。将式(4.5)变为

$$\Delta n = \frac{1}{c\sigma}\left(\frac{1}{I}\frac{\partial I}{\partial t} + \frac{c}{I}\frac{\partial I}{\partial x}\right) \tag{4.7}$$

将式(4.7)代入式(4.1)，得式(4.8)：

$$\frac{\partial}{\partial t}\left(\frac{1}{I}\frac{\partial I}{\partial t} + \frac{c}{I}\frac{\partial I}{\partial x}\right) = -2\sigma I\left(\frac{1}{I}\frac{\partial I}{\partial t} + \frac{c}{I}\frac{\partial I}{\partial x}\right) \tag{4.8}$$

下面做参量变换以简化$\frac{1}{I}\frac{\partial I}{\partial t}+\frac{c}{I}\frac{\partial I}{\partial x}$因子。令$\varphi = x/c, p = t - x/c$，则$I(x,t)$变为复合函数$I\left[\varphi(x), p(x,t)\right]$。根据复合函数的微分有

$$\frac{1}{I}\frac{\partial I}{\partial t}=\frac{1}{I}\frac{\partial I}{\partial p}$$

可见

$$\frac{c}{I}\frac{\partial I}{\partial x}=\frac{1}{I}\left(\frac{\partial I}{\partial \varphi}+\frac{c}{I}\frac{\partial I}{\partial p}\right) \tag{4.9}$$

将式(4.8)和式(4.9)代入式(4.7)，并化简得

$$\frac{\partial}{\partial p}=\frac{1}{I}\frac{\partial I}{\partial \varphi}=-2\sigma\frac{\partial I}{\partial p} \tag{4.10}$$

交换微分的次序，有

$$\frac{\partial}{\partial \varphi}=\frac{1}{I}\frac{\partial I}{\partial p}+2\sigma I=0 \tag{4.11}$$

将式(4.11)进行积分，其积分常数仅是p的函数，因此得

$$\frac{1}{I}\frac{\partial I}{\partial p}+2\sigma I=c_1(p) \tag{4.12}$$

进一步代换，可使这个方程能直接积分，令$p=1/I$，于是式(4.12)变换成此线性微分方程的通解：

$$p=\frac{2\sigma g(p)+c_2(\varphi)}{g'(p)} \tag{4.13}$$

式中，积分常数$c_2(\varphi)$是φ的函数，再令

$$g'(p)=\frac{\mathrm{d}g(p)}{\mathrm{d}p}=\exp\left[\int c_1(p)\mathrm{d}p\right] \tag{4.14}$$

代入式(4.13)，所以，光子流强度为

$$\begin{aligned}I(x,t)=\frac{1}{p}&=\frac{\frac{\mathrm{d}}{\mathrm{d}t}\left[g\left(t-\frac{x}{c}\right)\right]}{2\sigma g\left(t-\frac{x}{c}\right)+c_2\left(\frac{x}{c}\right)}\\&=\frac{1}{2\sigma}\frac{\mathrm{d}}{\mathrm{d}t}\left\{\ln\left[2\sigma g\left(t-\frac{x}{c}\right)+c_2\left(\frac{x}{c}\right)\right]\right\}\end{aligned} \tag{4.15}$$

利用边界条件：$I(0,t)=I_0(t)$，求得

$$I_0(t)=\frac{1}{2\sigma}\frac{\mathrm{d}}{\mathrm{d}t}\{\ln[2\sigma g(t)+c_2(0)]\} \tag{4.16}$$

因为初始光子流强度$I_0(t)$是已知量，所以对式(4.16)求积分，得

$$g(t)=\left[-\frac{c_2(0)}{2\sigma}\right]+c_3\exp\left[2\sigma\int_{-\infty}^{0}I_0(t')\mathrm{d}t'\right] \tag{4.17}$$

式中，c_3为任意积分常数；t'是积分的虚设变量。将式(4.17)代入式(4.15)，得

$$I(x,t)=\frac{I_0(t)}{1+\eta(x)\exp\left[-2\sigma\int_{-\infty}^{l-x/c}I_0(t')\mathrm{d}t'\right]}$$
$$\eta(x)=\frac{c_2\left(\dfrac{x}{c}\right)-c_2(0)}{2\sigma c_3} \tag{4.18}$$

现在把光子流强度方程(4.18)代入式(4.7)得

$$\Delta n(x,t)=-\frac{1}{\sigma}\frac{\partial\eta(x)/\partial x}{\eta(x)\exp\left[2\sigma\int_{-\infty}^{l-x/c}I_0(t')\mathrm{d}t'\right]} \tag{4.19}$$

利用边界条件$\Delta n(x,-\infty)=\Delta n_0(x)$来决定$\eta(x)$，并考虑$\int_{-\infty}^{l-x/c}I_0(t')\mathrm{d}t'=0$，则式(4.19)可简化为

$$\Delta n_0(x)=-\frac{1}{\sigma}\frac{\partial\eta(x)/\partial x}{\eta(x)+1}=-\frac{1}{\sigma}\frac{\partial}{\partial x}\{\ln[\eta(x)+1]\}$$

求积分得到

$$\eta(x)=c_4\exp\left[-\sigma\int_0^x\Delta n_0(x')\mathrm{d}x'\right]-1\quad(0<x<L) \tag{4.20}$$

当$x=0$时，$\eta(x)=0$，则积分常数$c_4=1$。将式(4.20)的$\eta(x)$代入式(4.18)、式(4.19)，即求得速率方程(4.1)和式(4.5)的通解为

$$I(x,t)=\frac{I_0(t-x/c)}{1-\left\{1-\exp\left[-\sigma\int_0^x\Delta n_0(x')\mathrm{d}x'\right]\right\}\exp\left[-2\sigma\int_{-\infty}^{l-x/c}I_0(t')\mathrm{d}t'\right]} \tag{4.21}$$

$$\Delta n(x,t)=\frac{\Delta n_0(x)\exp\left[-\sigma\int_0^x\Delta n_0(x')\mathrm{d}x'\right]}{\exp\left[2\sigma\int_{-\infty}^{t-x/c}I_0(t')\mathrm{d}t'\right]+\exp\left[-\sigma\int_0^x\Delta n_0(x')\mathrm{d}x'\right]-1} \tag{4.22}$$

式(4.21)和式(4.22)为无损耗三能级系统速率方程的非稳态解，但是不适用四能级系统。

4.2.2 高斯型脉冲放大

图 4-3 为高斯型脉冲非线性放大后的波形。高斯型的函数$\exp(-t^2/T_2)$前沿比指数增加快(波形陡峭)，则脉冲经过放大以后得到压缩，因为放大得到的增益最大是指数关系，增长速度比脉冲前后沿变化快。

4.2.3　矩形脉冲放大

对于任意形状的入射脉冲信号和任意初始反转粒子数的行波放大问题，不但要考虑放大器的增益随入射信号强度的变化关系，而且要考虑入射信号的强度和波形在放大过程中所经历的变化，所以比较复杂。为讨论简便，首先考察一种理想化的矩形脉冲的放大。

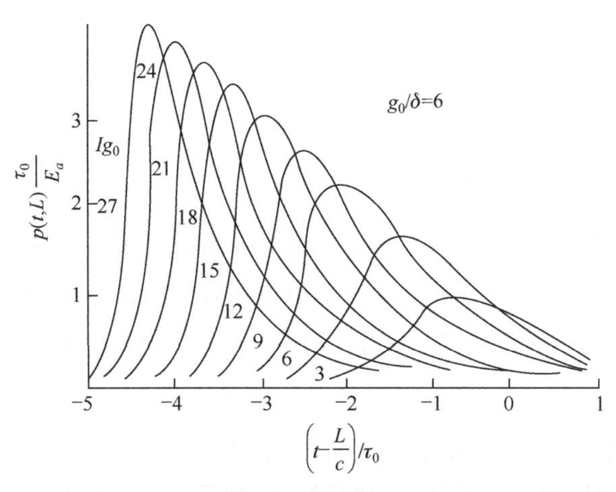

图 4-3　高斯型脉冲非线性放大后的波形

强信号的情况下，脉冲前沿的增益与 x 是指数关系，脉冲后沿的增益减少，即脉冲不同处的增益不同，放大的光强不同，脉冲波形发生畸变，同时脉宽也发生变化。

$$
\begin{aligned}
&\text{当}0<t<\tau\text{时，}I=I_0\\
&\text{当}t<0\text{和}t>\tau\text{时，}I=0
\end{aligned}
\tag{4.23}
$$

入射信号强度为 I_0、宽度为 τ 的矩形脉冲如图 4-4 所示。

另外，假设整个放大介质中的掺杂密度是均匀的，且光泵激励也是均匀的，则放大介质中的初始反转粒子数 Δn_0 可视为常数，因此

$$\int_0^x \Delta n_0(x')\mathrm{d}x' = \Delta n_0 x \tag{4.24}$$

将式(4.23)和式(4.24)代入式(4.21)，可得出 $0<t-\dfrac{x}{c}<\tau$ 区间的光子流强度：

$$I(x,t)=\frac{I_0}{1-\left[1-\exp(-\sigma\Delta n_0 x)\right]\exp\left[-2\sigma I_0(t-x/c)\right]} \tag{4.25}$$

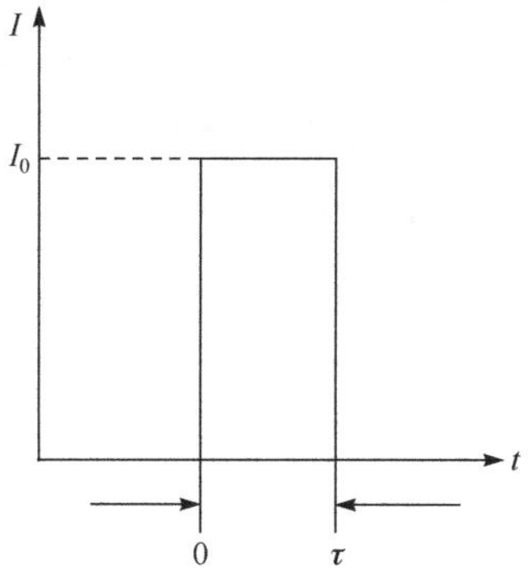

图 4-4　入射放大器的矩形脉冲

那么放大器的单程功率增益可以由计算 $I(x,t)$ 在 $x=L$ 时的强度并取其与 I_0 的比值得到，即

$$G_p=\frac{I(L,t)}{I_0}=\frac{1}{1-\left[1-\exp(-\sigma\Delta n_0 L)\right]\exp\left[-2\sigma I_0(t-L/c)\right]} \tag{4.26}$$

式中，G_p称为功率放大系数，它与时间和输入信号强度I_0有关。下面分析矩形脉冲前沿和后沿的功率放大情况。

对于脉冲前沿，即$t = x/c$时(到达x处所用时间)，将其代入式(4.26)，得

$$G_p = I(x, x/c)/I_0 = \exp(\sigma\Delta n_0 x) \tag{4.27}$$

即脉冲前沿随激光工作物质长度增加而呈指数增长，且功率放大系数与输入信号脉冲的强度无关。

对于脉冲后沿，即$t = \dfrac{x}{c} + \tau$时，将其代入式(4.26)，得

$$G_p = \frac{I\left(x, \dfrac{x}{c} + \tau\right)}{I_0} = \frac{1}{1 - [1 - \exp(-\sigma\Delta n_0 L)]\exp(-2\sigma I_0 \tau)} \tag{4.28}$$

由式(4.28)得知，要得到指数增益的必要条件是$2\sigma I_0 \tau < 1$，则$\exp(-2\sigma I_0 \tau) = 1$；且$2\sigma I_0 \tau \ll \exp(-\sigma\Delta n_0 L)$，此时，式(4.28)的分子分母同乘$\exp(\sigma\Delta n_0 L)$得到

$$G_p \approx \exp(\sigma\Delta n_0 L) \tag{4.29}$$

也就是说，只有在小信号(即I_0很小)或者脉宽极窄时(即τ很小)才能获得指数的增益。反之，当入射信号很强或者脉宽较宽时，脉冲后沿得不到放大。

总之，矩形脉冲通过放大器时，脉冲各部位获得的增益不同，脉冲的前沿具有最大的增益，而脉冲后面一些部位的增益则随着$t - \dfrac{L}{c}$的增加而减小，在$t - \dfrac{L}{c} = \tau$处的增益最小。

图 4-5 为矩形脉冲不同部位功率增益与放大器长度的关系曲线。A为脉冲的前沿部位，B为脉冲的10%部位，C为脉冲的22%部位，D为脉冲的70%部位，E为脉冲的后沿部位。由图 4-5 可见，在前沿部位，功率增益按指数规律增加，而在后沿，功率增益趋向饱和。这是很显然的，因为当脉冲前沿进入放大激活介质时，反转粒子数最大，可以得到很高的增益。但当脉冲的后面部位进入介质时，上能级的粒子数几乎已被抽空，只能得到很小的增益。其结果是引起脉冲形状变尖、宽度变窄。

图 4-6 为矩形脉冲放大后的变化曲线。曲线 1 为矩形脉冲进入放大介质之前的形状；

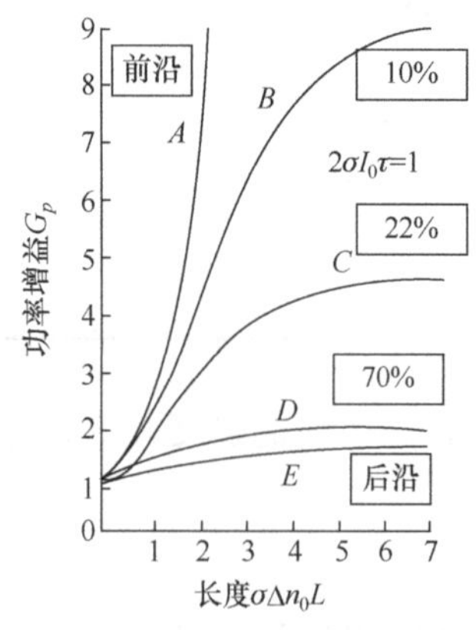

图 4-5 矩形脉冲不同部位的功率增益与$\sigma\Delta n_0 L$关系

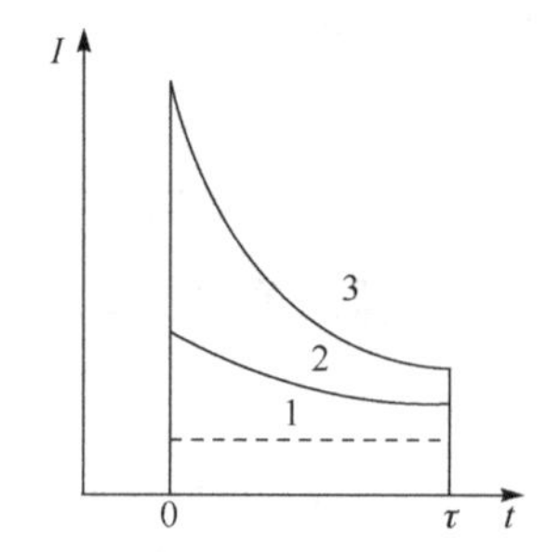

图 4-6 矩形脉冲放大后的变化曲线

曲线 2 为矩形脉冲进入放大介质后 $\sigma\Delta n_0 L = 1$ 时的形状；曲线 3 对应于 $\sigma\Delta n_0 L = 2$ 时的形状。除功率增益之外，另一重要参量是脉冲通过放大介质后脉冲能量的增益。这可由在时间上对强度进行积分并取放大器的输出对输入之比得到，即

$$G_E = \frac{\int_{-\infty}^{+\infty} I(L,t)\mathrm{d}t}{\int_{-\infty}^{+\infty} I(0,t)\mathrm{d}t} \tag{4.30}$$

对于矩形脉冲，由于当 $t<0$ 和 $t>\tau$ 时，$I(0,\ t)=0$，同样，当 $t<\frac{L}{c}$ 和 $t>\frac{L}{c}$ 时，$I=(L,t)=0$，于是增益方程(4.30)可写成

$$G_E = \frac{\int_{\frac{L}{c}}^{\tau+\frac{L}{c}} I(L,t)\mathrm{d}t}{\int_0^{\tau} I(0,t)\mathrm{d}t} \tag{4.31}$$

因为 $\int_0^{\tau} I(0,t)\mathrm{d}t = I_0\tau$，式(4.25)代入式(4.31)并积分得到

$$G_E = \frac{1}{2\sigma I_0\tau}\ln\{1+[\exp(2\sigma I_0\tau)]-1\}\exp(\sigma\Delta n_0 L) \tag{4.32}$$

式中，G_E 称为能量放大系数。由式(4.32)可以看出，放大器的能量增益与初始反转粒子数、放大介质长度、入射脉冲信号的幅度和脉冲宽度等因素有关。下面从三种情况来讨论能量增益与有关参量的关系。

(1) 入射脉冲信号的能量很小或脉冲很短，满足关系

$$\begin{aligned} &2\sigma I_0\tau \ll 1 \\ &2\sigma I_0\tau\exp(\sigma\Delta n_0 L) \ll 1 \end{aligned} \tag{4.33}$$

时，在式(4.32)中，先将 $\exp(2\sigma I_0\tau)$ 进行级数展开，然后将对数项进行级数展开，并忽略二阶微小量得

$$G_E \approx \exp(\sigma\Delta n_0 L) \tag{4.34}$$

这就是小信号能量增益表达式。可以看出，其主要特点是：增益与入射信号强度无关，但随放大器长度和初始反转粒子数的增加而呈指数增加。另外。小信号放大时，整个脉冲可得到均匀的放大，故脉冲形状不产生畸变。

(2) 入射脉冲信号很强，满足条件

$$2\sigma I_0\tau \gg 1 \tag{4.35}$$

时，通过运算，式(4.27)可近似写为

$$G_E \approx 1+\frac{\Delta n_0 L}{2I_0\tau} \tag{4.36}$$

这表明，当入射信号很强(大信号)时，能量增益将随入射信号的增强而减小，即出现饱和现象。

这是因为当入射信号足够大时，脉冲前沿将反转粒子数抽空，使脉冲后沿的能量增益远小于前沿，因此引起脉冲宽度变窄，输出脉冲形状产生畸变。

(3) 入射的脉冲信号强度不太强(中等的)，但放大器长度足够长，满足条件

$$\sigma\Delta n_0 L \gg I \tag{4.37}$$

时，仍然会出现增益饱和现象。因为光脉冲信号在放大介质中行进时，在开始的部位能量增益将按指数增加；当传播了一定距离后，光脉冲能量达到足够强时，反转粒子数将急剧减少，进入线性增加区域，直至储能被抽空。假定指数增益区域比线性增益区域短，则其能量增益为

$$G_E \approx \frac{\Delta n_0 L}{2I_0\tau} \tag{4.38}$$

从上述分析可知，增加放大器的长度 L 和提高初始反转粒子数 Δn_0 都可以提高放大器的能量增益。但考虑到放大器实际上存在一定的损耗，放大介质长度超过一定限度后就不会使能量再增加，因此最好的办法是提高其初始反转粒子数。图 4-7 和图 4-8 分别为能量增益 G_E 与入射光子密度和放大器长度的关系曲线。

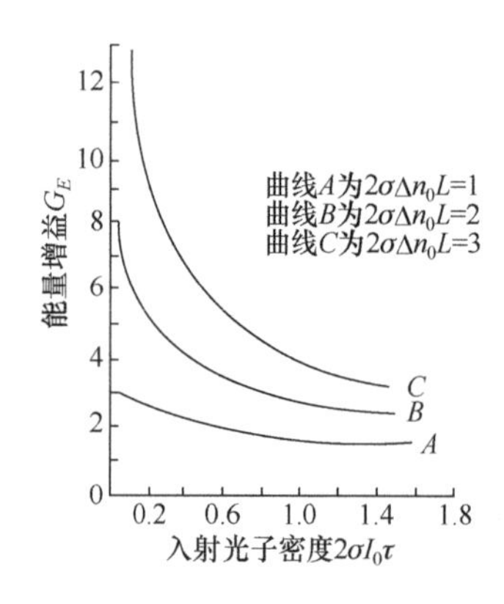

图 4-7　G_E 与入射光子密度的关系

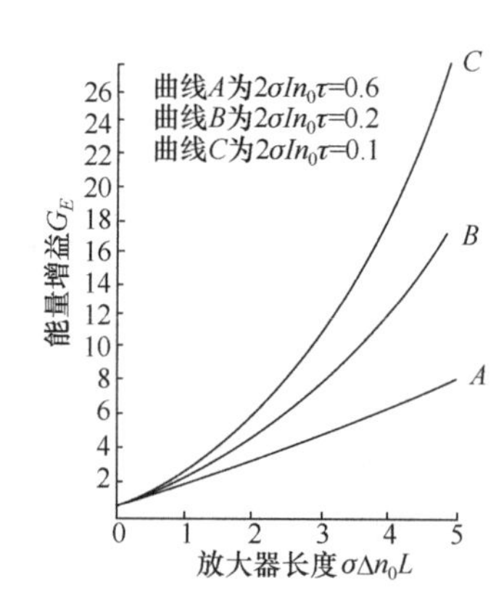

图 4-8　G_E 与放大器长度的关系

4.2.4　洛伦兹型脉冲放大

图 4-9 为洛伦兹型脉冲波形放大后变化。入射脉冲为洛伦兹型时，脉冲前沿上升速度比指数慢，脉冲前沿放大的速率成指数变化，比入射信号的前沿陡，输出的波形脉宽加宽。

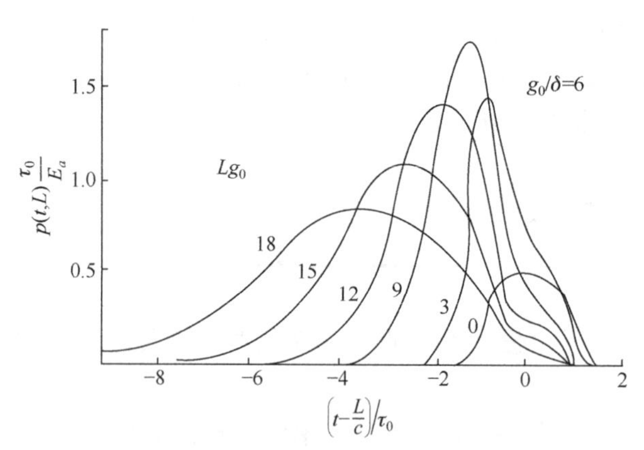

图 4-9　洛伦兹型脉冲波形放大后变化

4.2.5　指数型脉冲放大

图 4-10 为指数型脉冲经放大后波形。入射脉冲为指数型时，脉冲前沿成指数变化，前沿一般放大得多。因此输出波形峰值位置随 L 发生变化，L 增大，峰值前移，脉冲波形不变。

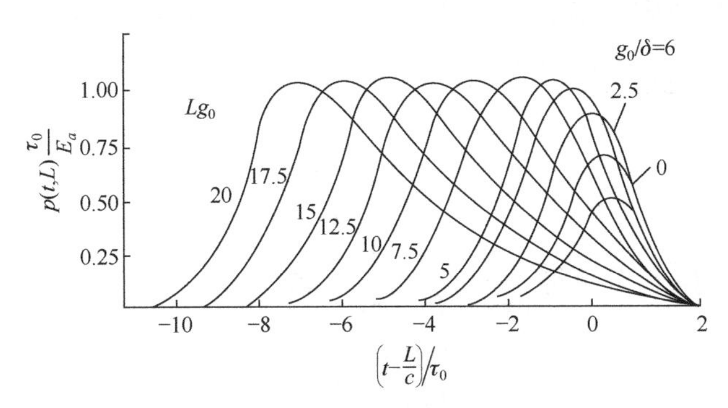

图 4-10　指数型脉冲经放大后波形

一般情况下，为了获得高功率、窄脉宽的激光脉冲，可以在信号进入放大器之前，采用消波技术切除脉冲缓慢上升部分，使其前沿变陡，以便达到压缩脉冲的目的和效果。

4.2.6　再生式放大技术

再生式放大器是一种具有极高增益的前置放大器，在获取窄脉宽、高峰值功率激光过程中具有重要应用。与传统的行波放大器相比，再生式放大器即使在较高的重复频率下也能够提供高达 106 倍以上的小信号增益，并且引入的时间波形畸变和附加噪声都很小。在再生式放大器中为了获取所需频率的激光脉冲输出，一般需要用脉冲单选模块对兆赫兹锁模脉冲序列进行单选。先单选再放大的传统再生式放大技术具有放大脉冲频率稳定、脉冲对比度相对较高、对再生式放大器腔长没有特殊要求等优势。

4.3　长脉冲激光放大器的理论

4.3.1　稳态速率方程及其解

当入射激光放大器为长脉冲信号，即光脉冲的持续时间大于纵向弛豫时间(满足 $\tau \gg T_1$ 条件)时，必须采用稳态理论来分析其放大过程。因为这时受激辐射而消耗的粒子数很快能由光泵抽运得到补充，使反转粒子数维持在稳定的数值附近，即可近似地认为 $\frac{\mathrm{d}\Delta n}{\mathrm{d}t}=0$。因此，在速率方程中应计入光泵抽运和自发辐射对反转粒子数的影响(假定入射信号具有足够宽的谱线，使得整个增益线宽范围内的反转粒子数都对输出有贡献，不发生烧孔效应)。速率方程可表示为(为书写方便起见，把 $I(x,t)$ 写为 I，把 $\Delta n(x,t)$ 写为 Δn)

$$\frac{1}{c}\frac{\partial I}{\partial t}+\frac{\partial I}{\partial x}=\sigma\Delta nI-\delta I \tag{4.39}$$

$$\frac{\partial\Delta n}{\partial t}=-2\sigma\Delta nI-\frac{1}{T_1}(\Delta n-\Delta n_0) \tag{4.40}$$

式中，δ 为放大器的损耗系数；T_1 为纵向弛豫时间，表示激发态原子的寿命。在稳态情况下，式(4.40)等号左边为零$\left(\frac{\partial\Delta n}{\partial t}=0\right)$，于是得

$$\Delta n=\frac{\Delta n_0}{1+2\sigma IT_1} \tag{4.41}$$

对式(4.39)采用全微分算符$\frac{\mathrm{d}}{\mathrm{d}x}=\frac{1}{c}\frac{\partial}{\partial t}+\frac{\partial}{\partial x}$，得

$$\frac{1}{I}\frac{\mathrm{d}I}{\mathrm{d}x}=\sigma\Delta n-\delta \tag{4.42}$$

若将式(4.41)代入式(4.42)，则

$$\frac{1}{I}\frac{\mathrm{d}I}{\mathrm{d}x}=\frac{\sigma\Delta n_0}{1+2\sigma IT_1}-\delta \tag{4.43}$$

式中，$\frac{1}{I}\frac{\mathrm{d}I}{\mathrm{d}x}$表示单位长度上有损耗的增益系数，用 k 表示，则可写成

$$k=\frac{\sigma\Delta n_0}{1+2\sigma IT_1}-\delta \tag{4.44}$$

再引入 $k_0=\sigma\Delta n_0$ 及 $I_0=\frac{1}{2\sigma T_1}$，则式(4.44)变为

$$k=\frac{k_0}{1+\frac{I}{I_0}}-\delta \tag{4.45}$$

当信号强度 I 增加到使 $k=\frac{k_0}{1+I/I_0}-\delta=0$ 时将不再增大，此时的信号强度称为饱和光强 I_s：

$$I_\mathrm{s}=I_0\left(\frac{k_0}{\delta}-1\right) \tag{4.46}$$

此时，放大介质中反转粒子数提供的增益将完全消耗在腔与工作物质的损耗上。

4.3.2 谱线轮廓对增益系数的影响

前面的讨论都未考虑激活离子的谱线轮廓与线宽对增益系数的影响。实际上，不同的谱线加宽机制会导致不同的增益结果，下面讨论这种影响。

谱线轮廓的影响主要从式(4.39)、式(4.40)中的发射截面 σ 表现出来。对于均匀加宽的洛伦兹谱线形状，发射截面表示为

$$\sigma(\nu,\nu_0)=\frac{h\nu}{c}B_{21}g(\nu,\nu_0)=\frac{h\nu}{c}B_{21}\frac{1}{\pi}\frac{\Delta\nu/2}{(\Delta\nu/2)^2+(\nu-\nu_0)^2}=\sigma_0\frac{T_2^{-1}}{T_2^{-2}+(\nu-\nu_0)^2} \tag{4.47}$$

式中，$\sigma_0=\dfrac{h\nu}{c}B_{21}\dfrac{T_2}{\pi}$；$T_2^{-1}=\dfrac{\Delta\nu}{2}$，$T_2$为谱线的相干时间，即横向弛豫时间；$\Delta\nu=\dfrac{2}{T_2}$，为均匀加宽的宽度；$\nu_0$为中心频率；$\nu$为被放大的信号的频率；$\sigma_0$为$\nu=\nu_0$处的最大发射截面。对于非均匀加宽谱线，各个粒子都有不同的中心频率，因此要将总的粒子数n按中心频率进行分类。假设具有中心频率ν_0的反转粒子数为$\Delta n(\nu_0)$，它们对增益的贡献为$\Delta n(\nu_0)\ \sigma(\nu,\nu_0)$，于是各种粒子的总增益为

$$\sum_{\nu_0}\sigma(\nu,\nu_0)\Delta n(\nu_0)=\sum_{\nu_0}\frac{\sigma_0T_2^{-1}\Delta n(\nu_0)}{T_2^{-1}+(\nu-\nu_0)^2} \tag{4.48}$$

反转粒子数$\Delta n(\nu_0)$按ν_0的分布，在没有光信号作用时为高斯型，即

$$\Delta n(\nu_0)=\frac{2}{\Delta\nu_D\sqrt{\pi}}(\ln 2)^{\frac{1}{2}}n\exp\left\{-\left[\frac{2(\nu-\nu_{12})}{\Delta\nu_D}\right]^2\ln 2\right\}\Delta\nu_0 \tag{4.49}$$

式中，ν_{12}是原子跃迁的中心频率；$\Delta\nu_D$为谱线非均匀加宽的宽度。

在一般情况下，谱线加宽对总增益的影响由式(4.39)、式(4.40)得出，表示为

$$\left(\frac{\partial}{\partial t}+c\frac{\partial}{\partial x}\right)I(\nu)=\sum_{\nu_0}\sigma(\nu,\nu_0)\Delta n(\nu_0)I(\nu) \tag{4.50}$$

$$\frac{\partial}{\partial t}\Delta n(\nu_0)+\frac{1}{T_1}[\Delta n(\nu_0)-\Delta n_0(\nu_0)]=2\sigma(\nu,\nu_0)\Delta n(\nu_0)I(\nu) \tag{4.51}$$

对于稳态情形，$\dfrac{\partial\Delta n(\nu_0)}{\partial t}=0$，于是由式(4.50)和式(4.51)得到

$$\frac{1}{I}\frac{\mathrm{d}I}{\mathrm{d}x}=\sum_{\nu_0}\sigma(\nu,\nu_0)\Delta n(\nu_0) \tag{4.52}$$

$$\Delta n(\nu_0)=\frac{\Delta n_0(\nu_0)}{1+2T_1\sigma(\nu,\nu_0)I(\nu)} \tag{4.53}$$

将式(4.53)、式(4.48)和式(4.49)代入式(4.12)，得到总增益为

$$\begin{aligned}k&=\sum_{\nu_0}\sigma(\nu,\nu_0)\Delta n(\nu_0)=\sum_{\nu_0}\frac{\Delta n(\nu_0)}{\dfrac{1}{\sigma(\nu,\nu_0)}+2T_1I(\nu)}\\&=\sum_{\nu_0}\frac{\dfrac{2(\ln 2)^{\frac{1}{2}}}{\Delta\nu_D\sqrt{\pi}}n\exp\left\{-\left[\dfrac{2(\nu-\nu_{12})}{\Delta\nu_D}\right]^2\ln 2\right\}}{\dfrac{1}{\sigma_0}[(\nu,\nu_0)^2T_2^2]+2T_1I(\nu)}\Delta(\nu_0)\\&=k_0\frac{1}{\pi}\int_{-\infty}^{\infty}\frac{T_2\exp\left\{-\left[\dfrac{2(\nu_0-\nu_{12})}{\Delta\nu_D}\right]^2\ln 2\right\}}{1+[(\nu-\nu_0)T_2]^2+2\sigma_0T_1I(\nu)}\mathrm{d}\nu_0\end{aligned} \tag{4.54}$$

式中，$k_0=\sigma_0\dfrac{2\sqrt{\pi}}{\Delta\nu_D T_2}(\ln 2)^{\frac{1}{2}}n$。为简明起见，引入变量

$$x=\nu T_2, x_0=\nu_{12}T_2, x'=\nu_0 T_2, \varepsilon=(\ln 2)^{\frac{1}{2}}\frac{2}{\Delta\nu_D}\frac{1}{T_2}, 2\sigma_0 T_1=\frac{1}{I_0} \tag{4.55}$$

则

$$k_0=\sqrt{\pi}\varepsilon n\sigma_0 \tag{4.56}$$

代入式(4.54)，得到总增益为

$$k=\sum_{\nu_0}\sigma(\nu,\nu_0)\Delta n(\nu_0)=\frac{k_0}{\pi}\int_{-\infty}^{\infty}\frac{\exp[-\varepsilon^2(x'-x_0)^2]}{1+(x-x')^2+\dfrac{I}{I_0}}\mathrm{d}x' \tag{4.57}$$

式(4.57)就是考虑到谱线加宽(包括均匀加宽和非均匀加宽)后的总增益系数。式中，ε 正比于均匀加宽谱线宽度 $\Delta\nu_N=1/T_2$ 与非均匀加宽谱线宽度 $\Delta\nu_D$ 之比，即 $\varepsilon\propto\dfrac{\Delta\nu_N}{\Delta\nu_D}$；$\sigma_0$ 是中心频率 (ν_0) 处的吸收截面，故 $k_0\propto\sigma_0\Delta n_0$ 是中心频率处的增益系数。

当 $\varepsilon\to 0$，即 $\dfrac{\Delta\nu_N}{\Delta\nu_D}\to 0$ 时，表明谱线的非均匀加宽起主要作用，其增益系数表达式便简化为

$$k=\frac{k_0}{\left(1+\dfrac{I}{I_0}\right)^{1/2}} \tag{4.58}$$

在稳态情况下，考虑到损耗时，有

$$k=\frac{1}{I}\frac{\mathrm{d}I}{\mathrm{d}x}=\frac{k_0}{\left(1+\dfrac{I}{I_0}\right)^{1/2}}-\delta \tag{4.59}$$

当 $\varepsilon\to\infty$，即 $\dfrac{\Delta\nu_N}{\Delta\nu_D}\to\infty$ 时，谱线的均匀加宽起主要作用，则式(4.59)积分得到的增益系数为

$$k=\frac{k_0}{\varepsilon\sqrt{\pi}\left(1+\dfrac{I}{I_0}\right)}=\frac{\Delta n_0\sigma_0}{1+\dfrac{I}{I_0}} \tag{4.60}$$

同样，考虑到损耗时，有

$$k=\frac{1}{I}\frac{\mathrm{d}I}{\mathrm{d}x}=\frac{\Delta n_0\sigma_0}{1+\dfrac{I}{I_0}}-\delta \tag{4.61}$$

这就是式(4.45)所表示的单位长度上有损耗的增益系数随入射信号强度变化的关系。当 $I = I_0$ 时，增益系数将下降到小信号最大增益系数的 1/2。

4.3.3　激光放大器的设计要求

对于激光放大器的设计，如果已知某个具体放大器的一个数据，就可以求出放大器在不同工作条件下的性能数据；另外，还有助于研究放大器的设计变化，以及长度、直径或系统的多级放大等对性能的影响。在讨论实际例子之前，应注意在推导过程中的两种假设。

(1) 假设入射脉冲的形状为矩形。应指出，尽管为假设，上述分析对于对称三角形脉冲也是一种很好的近似。但当脉冲前沿的增益较高，使放大脉冲形状与入射脉冲形状存在很大区别时，这种近似无效。

(2) 假设放大器没有损耗。在实际的固体激光放大器中，由于激活介质的缺陷以及杂质吸收和散射，所以不可避免地存在着辐射的线性损耗。线性损耗限制了饱和区的能量增加。放大过程使能量线性增大，而损耗却使能量按照指数规律减少。

4.4　光纤放大器

4.4.1　光纤放大器的种类

光纤放大器是能将光信号进行功率放大的一种光器件。光纤放大器可以分为掺杂光纤放大器、非线性光纤放大器和光纤参量放大器。与半导体激光放大器相比，光纤放大器不需要经过光电转换、电光转换和信号再生等复杂过程，可直接对信号进行放大。

掺杂光纤放大器是泵浦光激励掺杂铒、镨、铷等稀土元素的光纤，光纤中掺杂的离子在受激励后跃迁到亚稳定的高激发态，在信号光诱导下，产生受激辐射，形成对信号光的相干放大。非线性光纤放大器是利用光纤的非线性效应实现对信号光放大的一种激光放大器。当光纤中光功率密度达到一定阈值时，将产生受激拉曼散射或受激布里渊散射，形成对信号光的相干放大。非线性光纤放大器根据产生的散射类型可相应分为拉曼光纤放大器和布里渊光纤放大器。光纤参量放大器是高频率的泵浦光和低频率的泵浦光同时进入非线性光纤，高频率的泵浦光和低频率的泵浦光的差额效应使得光得到放大的一种激光放大器。

4.4.2　光纤放大器的研究

掺杂光纤放大器利用掺杂在石英光纤或氟化物光纤中的稀土离子作为增益介质，在泵浦光的作用下实现光信号的放大。放大器的特性主要由掺杂元素决定，掺杂的元素主要包括铒(Er)、钬(Ho)、钕(Nd)、钐(Sm)、铥(Tm)、镨(Pr)和镱(Yb)等。

1. 掺铒光纤放大器

掺铒光纤放大器(EDFA)主要由掺铒光纤、泵浦光源和波分复用器组成，如图 4-11 所示。

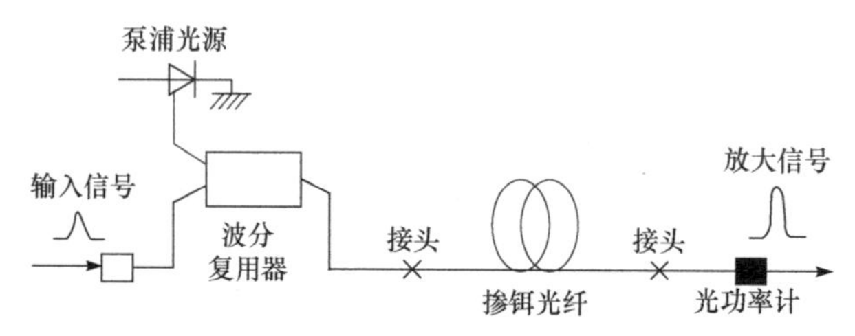

图 4-11 掺铒光纤放大器的结构

泵浦铒离子最有效的泵浦光源波长是 1310 nm 和 1550 nm。信号光与泵浦光在掺铒光纤内可以同向泵浦、反向泵浦或双向泵浦传播。

在同向泵浦的光纤放大器中，信号光与泵浦光通过波分复用(WDM)光纤耦合器同时注入掺铒光纤中。其中光隔离器与掺铒光纤串联避免自激振荡，并减小由逆向传输的自发辐射放大引起的增益饱和。铒离子在泵浦光的作用下激发到高能级上，很快衰变到亚稳态能级上，在入射信号光作用下回到基态并发射对应于信号光的光子，使信号得到放大。其放大的自发发射(ASE)谱带宽为 20～40 nm，两个峰值分别对应于 1530 nm 和 1550 nm。

掺铒光纤放大器具有噪声低、增益曲线好、放大器带宽大、与波分复用系统兼容、泵浦效率高、工作性能稳定、技术成熟等优势。

2. 掺镨光纤放大器

掺镨光纤放大器(PDFA)工作在 1310nm 波段，掺镨光纤基质是氟化物玻璃。与掺铒光纤放大器相比，掺镨光纤放大器需要更高的泵浦功率。其中，半导体激光器和半导体激光器泵浦的 Nd：YLF 激光器作为掺镨光纤放大器的泵浦源，泵浦光源波长为 950～1050nm。掺镨光纤放大器的原理图如图 4-12 所示。

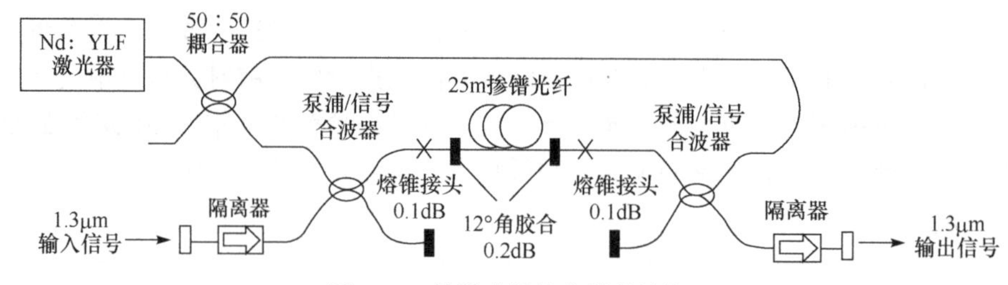

图 4-12 掺镨光纤放大器的结构

掺镨光纤放大器对现有光通信线路的升级和扩容有重要的意义。目前已经研制出低噪声、高增益的掺镨光纤放大器，但是它的泵浦效率不高，工作性能不稳定，增益对温度敏感，目前还不能实际应用。

思考题与习题

1. 激光放大器与振荡器的区别是什么?

2. 激光放大器在压窄激光脉冲宽度时与激光锁模压窄脉冲宽度的区别是什么?

3. 描述小信号和大信号经过激光放大器之后的特点，以及能量增益的物理意义。

4. 采用一个 YAG 激光放大器($\Delta n_0 = 6\times10^{17}\text{cm}^{-3}$，$\sigma_{12} = 5\times10^{-19}\text{cm}^2$)对一矩形光脉冲放大，已知光束截面是 0.5cm^2，光子能量 $h\nu = 1.86\times10^{-19}\text{J}$，脉宽为 10ns，能量为 50mJ，若要求放大到 200mJ，试求放大介质的长度。

5. 有一个红宝石激光放大器，其自发辐射线宽 $\Delta\nu = 3.4\times10^{11}\text{Hz}$，自发辐射寿命 $\tau_0 = 4\times 10^{-3}\text{s}$，放大器长 $L = 10\text{cm}$。入射矩形光脉冲信号的波长是 694.3nm，光束截面为 1cm^2，脉宽 $\tau = 10\text{ns}$，功率 $P_0 = 10\text{MW}$。若放大器的初始反转粒子数 $\Delta n_0 = 4\times10^{18}\text{cm}^{-3}$，试求对上述信号放大的能量增益。

6. 证明在无损脉冲放大器中:

(1) 若入射光脉冲极其微弱，则能量增益为

$$n_1 = n_2 = n_0$$

(2) 若入射光脉冲极强，则能量增益为

$$G_E = 1 + \frac{\Delta n_0 l}{2\text{J}(0)}$$

7. 简述掺铒光纤放大器的工作原理并分析其实验结果。

第 5 章　激光光束质量的完善

从一台激光器发射的激光束，其性能往往不能满足应用的需要，因此不断地发展了旨在控制与改善激光器输出特性的各种单元技术。为了改善激光器输出光的时间相干性和空间相干性，发展了模式选择、稳定频率技术，以及注入锁定技术。为了获得超短脉冲和高峰值功率的激光束，发展了主动锁模技术，如电光调Q、声光调Q、增益开关和腔倒空等技术，以及被动锁模技术、碰撞锁模技术和自锁模技术等。

5.1　模 式 选 择

激光的优点在于它具有好的方向性、单色性和相干性。理想激光器的输出光束应只具有一个基模模式，又称单模，然而若不采取选模措施，多数激光器的工作状态往往是多模的。含有高阶横模的激光束光强分布不均匀，光束发散角较大。含有纵模及多横模的激光束单色性及相干性差，在激光准直、激光加工、非线性光学、远程测距等应用中均需基横模光束，在精密干涉计量、光通信及大面积全息照相等应用中不仅要求激光单横模输出，同时要求光束仅含有一个纵模。因此，如何设计与改进激光器的谐振腔以获得单模输出是一个重要课题。

1. 基本概念

进一步提高激光光束质量的方法是对激光谐振腔的模式进行选择。激光的纵模和横模选择大致可以分为两类：一是横模选择技术，能从振荡模式中选出基横模 TEM_{00}，并同时抑制其他高阶模振荡，基模的衍射损耗达到最小，光输出能量集中在腔轴附近，使得光束的发散角最小，从而改善光束的方向性；二是纵模选择技术，保证了限制多纵模中的振荡频率数目，选出单纵模振荡输出，从而使得激光输出具有单色性。在激光技术的概念中，光学谐振腔的选择不同就可以获得不同的激光输出模式，激光的模式用符号 $TEM_{mn,q}$ 表示，其中 TEM 表示横向电磁场，m、n 为横模的序数，表示谐振腔面上的节线数，而 q 为某一纵模，用正整数表示。

(1) 横模是指在谐振腔内电磁场在垂直于其传播方向 z 的横向 xy 面内存在的稳定场分布。不同的横模对应于不同的横向稳定的光场分布和频率。

(2) 纵模是指沿着谐振腔轴线方向上输出的激光光场或激光频率。

2. 模式选择分类

(1) 横模选择 E_{xy}：指在 xy 面内的不同振荡方式，即体现在激光输出的光斑的横向强度分布上。

(2) 纵模选择 E_z：指在 z 方向的各种可能振荡方式，即体现在激光输出的频率上。

(3) 单横模(基模)TEM_{00}：输出为一个对称分布的亮斑。

(4) 单纵模：输出为单一频率。

(5) 多纵模(高阶模)：输出由两个或两个以上的小亮斑组成，亮区间有暗区。

3. 模式选择问题提出

激光的许多应用领域都需要激光束具有很高的质量，即好的激光方向性和单色性，要提高光束质量，则必须对激光器的谐振腔模式进行选择。

5.2　横 模 选 择

5.2.1　单横模运转条件

谐振腔中不同横模具有不同的损耗，这是横模选择的物理基础。在稳定腔中，基模的衍射损耗最低，随着横模阶次的增高，衍射损耗将迅速增加。

激光器以基模运转的充分条件是：TEM_{00} 模的单程增益至少能够补偿它在腔内的单程损耗，即

$$\sqrt{r_1 r_2}(1-\delta_{00})\exp(GL)>1 \tag{5.1}$$

而损耗高于基模的相邻横模(如 TEM_{10} 模)，却应同时满足

$$\sqrt{r_1 r_2}(1-\delta_{10})\exp(GL)<1 \tag{5.2}$$

式中，谐振腔两端反射镜的反射率分别为 r_1、r_2；单程增益系数为 G；激光工作物质长度为 L；δ_{00} 和 δ_{10} 分别为两个模式的单程衍射损耗。

在各个横模的增益大体相同的条件下，不同横模间衍射损耗的差别就是进行横模选择的根据。因此，必须尽量增大高阶横模与基模的衍射损耗比，δ_{10}/δ_{00} 越大，则横模鉴别力越高。同时应该使衍射损耗在总损耗中占有足够大的比例。

衍射损耗的大小及模式鉴别力的高低与谐振腔的腔型和菲涅耳数有关。在图 5-1 和图 5-2 中，实线是各种对称稳定腔和平凹稳定腔的 δ_{10}/δ_{00} 随菲涅耳数变化的曲线，虚线表示 TEM_{00} 模的损耗线。由图 5-1 可知，衍射损耗随菲涅耳数 N 的增大而减小，模鉴别力却随之增高。共焦腔和半共焦腔的 δ_{10}/δ_{00} 最大，平行平面腔与共心腔的 δ_{10}/δ_{00} 最小。从图 5-2 可知，当 N 不太小时，共焦腔和半共焦腔各横模的衍射损耗都很低，与其他损耗相比，往往可以忽略，因而无法利用它的模鉴别力高的优点实现选模。此外，共焦腔及半共焦腔基模体积甚小，因而其单模振荡功率也低。平行平面腔与共心腔虽然模式鉴别力低，但由于衍射损耗的绝对值较大，反而容易利用模式间的损耗差实现横模选择，而且它们的模体积较大，可获得高功率单模振荡。总之，要有效地选择模式，必须选择合适的腔型结构和合适的菲涅耳数 N 值。

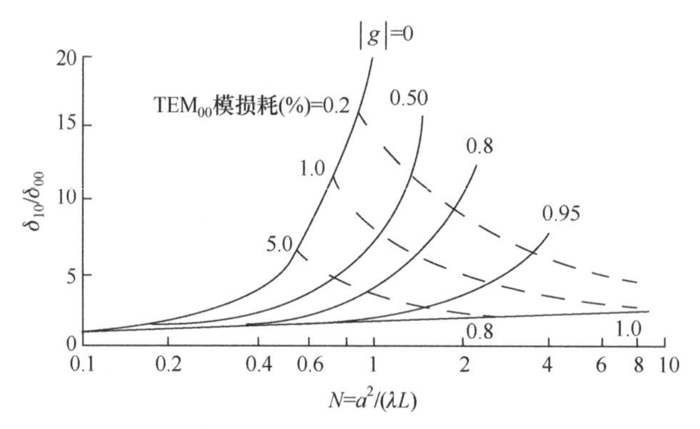

图 5-1 对称稳定腔的两个低次模的单程损耗比

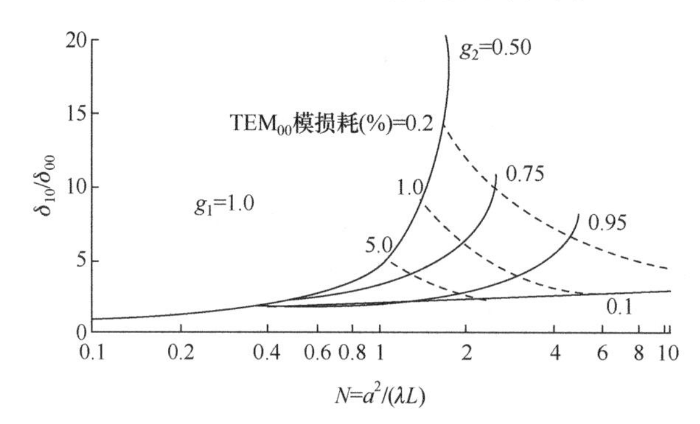

图 5-2 平凹稳定腔的两个低次模 δ_{10}/δ_{00} 与 N 的关系

5.2.2 开腔损耗描述

损耗的大小是评价谐振腔性能的一个重要指标，也是腔模理论的重要研究课题。光学开腔的损耗大致包含如下几个方面。

(1) 几何偏折损耗。光线在腔内往返传播时，可能从腔的侧面偏折出去，我们称这种损耗为几何偏折损耗。其大小首先取决于腔的类型和几何尺寸。例如，稳定腔内傍轴光线的几何偏折损耗应为零，而非稳腔则有较高的几何偏折损耗。以非稳腔而论，不同几何尺寸的非稳腔的损耗大小也各不相同。其次，几何偏折损耗的高低依模式的不同而异，例如，由于同一平行平面腔内的高阶横模的传播方向与轴的夹角较大，因而其几何偏折损耗也比低阶横模大。

(2) 衍射损耗。衍射损耗在模的总损耗中占有重要的地位，达到了能与其他非选择性损耗相比拟的程度。由于腔的反射镜片通常具有有限大小的孔径，因而当光在镜面上发生衍射时，必将造成一部分能量损失。

(3) 材料中的非激活吸收、散射，腔内插入物(如布儒斯特窗、调 Q 元件、调节器等)所引起的损耗，以及光在腔镜反射时出现了不完全引起的损耗。这部分损耗包括镜中的吸收、散射以及镜的透射损耗。通常光腔至少有一个反射镜是部分透射的，有时透射率可能很高(例如，某些固体激光器的输出镜透射率可以 $>50\%$)，另一个反射镜即通常所称的全反射镜，其反射率也不可能做到 100%。

几何偏折损耗和衍射损耗又常称为选择性损耗，不同模式的几何偏折损耗与衍射损耗各不相同。(3)中的损耗称为非选择性损耗，通常情况下它们对各个模式大体一样。

不论损耗的起源如何，都可以引入单程损耗因子δ来定量地加以描述，该因子的定义如下。如果初始光强为I_0，在无源腔内往返一次后，光强衰减为I_1，则

$$I_1 = I_0 e^{-2\delta} \tag{5.3}$$

由此得出

$$\delta = \frac{1}{2}\ln\frac{I_0}{I_1} \tag{5.4}$$

如果损耗是由多种因素引起的，每一种因素引起的损耗以相应的单程损耗因子δ_i描述，则有

$$I_1 = I_0 e^{-2\delta_1} \cdot e^{-2\delta_2} \cdot e^{-2\delta_3} \cdots = I_0 e^{-2\delta} \tag{5.5}$$

式中

$$\delta = \sum_i \delta_i = \delta_1 + \delta_2 + \delta_3 + \cdots \tag{5.6}$$

δ表示由各种因素引起的总单程损耗因子，为腔中各种单程损耗因子的总和。

也可用单程渡越时光强的平均衰减百分数来定义单程损耗因子δ'：

$$2\delta' = \frac{I_0 - I_1}{I_0} \tag{5.7}$$

显然，当损耗很小时，这样定义的单程损耗因子δ'与前面定义的指数单程损耗因子δ是一致的：

$$2\delta' = \frac{I_0 - I_1}{I_0} = \frac{I_0 - I_0 e^{-2\delta}}{I_0} \approx 1-(1-2\delta) = 2\delta \tag{5.8}$$

5.2.3　光子在腔内的平均寿命

由式(5.3)不难求得，初始光强为I_0的光束在腔内往返m次后光强变为

$$I_m = I_0 (e^{-2\delta})^m = I_0 e^{-2\delta m} \tag{5.9}$$

如果取$t=0$时刻的光强为I_0，则到t时刻为止光束在腔内往返的次数m应为

$$m = \frac{t}{\dfrac{2L'}{c}} \tag{5.10}$$

将式(5.10)代入式(5.9)即可得出t时刻的光强为

$$I(t) = I_0 e^{-\frac{t}{\tau_R}} \tag{5.11}$$

式中

$$\tau_R = \frac{L'}{\delta c} \tag{5.12}$$

τ_R 称为腔的时间常数，它是描述光腔性质的一个重要参数。从式(5.11)看出，当 $t=\tau_R$ 时

$$I(t)=\frac{I_0}{\mathrm{e}} \tag{5.13}$$

式(5.13)表明了时间常数 τ_R 的物理意义。经过 τ_R 时间后，腔内光强衰减为初始值的 1/e 。看出，δ 越大，τ_R 越小，说明腔的损耗越大，腔内光强衰减得越快。

可以将 τ_R 解释为"光子在腔内的平均寿命"。设 t 时刻腔内光子数密度为 ϕ，ϕ 与光强 $I(t)$ 的关系为

$$I(t)=\phi h\nu v \tag{5.14}$$

式中，v 为光在谐振腔中的传播速度。将式(5.14)代入式(5.11)中得到

$$N=N_0\mathrm{e}^{-\frac{t}{\tau_R}} \tag{5.15}$$

式中，ϕ_0 表示 $t=0$ 时刻的光子数。式(5.15)表明，由于损耗的存在，腔内光子数将随时间按照指数规律衰减，到 $t=\tau_R$ 时刻衰减为 ϕ_0 的 1/e 。在 $t\sim t+\mathrm{d}t$ 时间内减少的光子数为

$$-\mathrm{d}\phi=\frac{\phi_0}{\tau_R}\mathrm{e}^{-\frac{t}{\tau_R}}\mathrm{d}t \tag{5.16}$$

这 $-\mathrm{d}\phi$ 个光子的寿命均为 t，即在 $0\sim t$ 这段时间内它们存在于腔内，而在经过无限小的时间间隔 $\mathrm{d}t$ 后，它们就不在腔内了。由此可以计算出所有 ϕ_0 个光子的平均寿命为

$$\overline{t}=\frac{1}{\phi_0}\int(-\mathrm{d}\phi)t=\frac{1}{\phi_0}\int_0^{\infty}t\left(\frac{\phi_0}{\tau_R}\right)\mathrm{e}^{-\frac{t}{\tau_R}}\mathrm{d}t=\tau_R \tag{5.17}$$

这就证明了腔内光子的平均寿命为 τ_R。腔的损耗越小，τ_R 越大，腔内光子的平均寿命就越长。

5.2.4 无源谐振腔的 Q 值

无论是 LC 振荡回路、微波谐振腔，还是光频谐振腔，都采用品质因数 Q 标志腔的特性，谐振腔 Q 值的普遍定义为

$$Q=\omega\frac{E}{P}=2\pi\nu\frac{E}{P} \tag{5.18}$$

式中，E 为存储在腔内的总能量；P 为单位时间内损耗的能量(能量损耗率)；ν 为腔内电磁场的振荡频率；$\omega=2\pi\nu$ 为场的角频率。

如果以 V 表示腔内振荡光束的体积，当光子在腔内均匀分布时，腔内总储能为

$$E=\phi h\nu V \tag{5.19}$$

单位时间中的能量损耗率为

$$P=-\frac{\mathrm{d}E}{\mathrm{d}t}=-h\nu V\frac{\mathrm{d}\phi}{\mathrm{d}t} \tag{5.20}$$

将式(5.15)、式(5.18)和式(5.19)简单运算后得出

$$Q = \omega\tau_R = 2\pi\nu\frac{L'}{\delta c} \tag{5.21}$$

式(5.21)就是光频谐振腔Q值的一般表示式。由此式可以看出，腔的损耗越小，Q值越高。

5.2.5　损耗举例

1. 由镜面反射不完全所引起的损耗

假设r_1、r_2分别表示腔的两个镜面的反射率(即功率反射系数)，则初始强度为I_0的光在腔内经过两个镜面反射往返一周后，其强度I_1应为

$$I_1 = I_0 r_1 r_2 \tag{5.22}$$

根据单程损耗因子δ的定义，由镜面反射不完全所引起的单程损耗因子δ_r应为

$$I_1 = I_0 r_1 r_2 = I_0 \mathrm{e}^{-2\delta r} \tag{5.23}$$

由此

$$\delta_r = -\frac{1}{2}\ln r_1 r_2 \tag{5.24}$$

当$r_1 \approx 1, r_2 \approx 1$时有

$$\delta_r \approx \frac{1}{2}[(1-r_1)+(1-r_2)] \tag{5.25}$$

在进行粗略计算时采用

$$\delta_r = \frac{1}{2}(1-r_1 r_2) \tag{5.26}$$

2. 腔镜倾斜时的几何偏折损耗

平行平面腔的两个镜面构成小的角度β，如图 5-3 所示，当光在两个镜面间经有限次往返后必将逸出腔外。设开始时光与一个镜面垂直，则当光在两镜面间来回反射时，入射光与反射光的夹角θ_i将依次为2β、4β、6β、8β、…，每往返一次，沿腔面移动距离$L\theta_i$。设光在腔内往返m次后才逸出腔外，则有

$$L\cdot 2\beta + L\cdot 6\beta + \cdots + L(2m-1)2\beta \approx D \tag{5.27}$$

$$2\beta L[1+3+5+\cdots+(2m-1)] \approx D \tag{5.28}$$

式中，D为平行平面腔的横向尺寸。

利用已知的等差级数求和公式，由式(5.28)得出

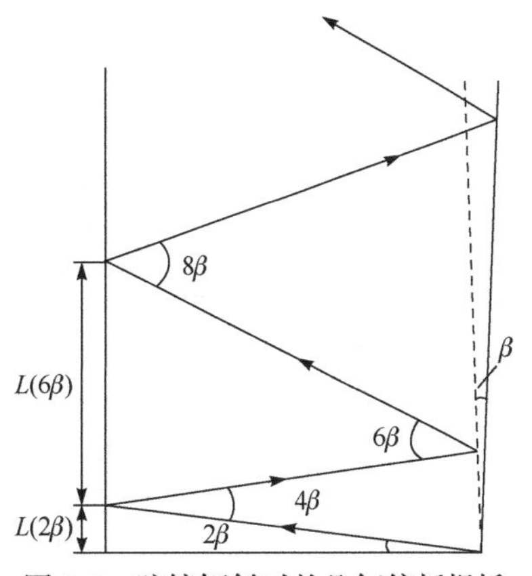

图 5-3　腔镜倾斜时的几何偏折损耗

$$m=\sqrt{\frac{D}{2\beta L'}} \tag{5.29}$$

注意到往返一次所需时间为 $t_0 \approx 2L'/c$，即可求出腔内光子的平均寿命 τ_β 及相应的 δ_β：

$$\tau_\beta = mt_0 = \frac{2L'}{c}\sqrt{\frac{D}{2\beta L}} = \frac{\eta}{c}\sqrt{\frac{2DL}{\beta}}$$

$$\delta_\beta = \sqrt{\frac{\beta L}{2D}} \tag{5.30}$$

在式(5.30)中，已假设光程 $L' = \eta L$，式(5.30)表明，倾斜腔的损耗与 β、L、D 均有关。$\delta_\beta \propto \sqrt{\beta}$，且随 L 的增大及 D 的减小而增加。以 D=1cm，L=1m 计算，为了保持 $\delta_\beta \leqslant 0.1$，必须有

$$\beta = \frac{2D\delta_\beta^2}{L} \leqslant 2\times 10^{-4}\,\text{rad} \approx 41'' \tag{5.31}$$

如果要求损耗 $\leqslant 0.01$，则应有

$$\beta \leqslant 2\times 10^{-6}\,\text{rad} \approx 0.4'' \tag{5.32}$$

式(5.32)给出了平行平面腔所能容许的不平行度，它表明平行平面腔的调整精度要求极高。

3. 衍射损耗

由衍射引起的损耗随腔的类型、具体几何尺寸和振荡模式的不同而不同，是一个很复杂的问题。这里只粗略地估计和讨论平均平面波在孔径上的夫琅禾费(Fraunhofer)衍射对腔的损耗。

考虑如图 5-4 所示的孔阑传输线，它等效于孔径为 $2a$ 的平面开腔。平均平面波入射在半径为 a 的第一个圆形孔径上，穿过孔径时将发生衍射，其第一极小值出现的方向为

$$\theta \approx 1.22\frac{\lambda}{2a} = 0.61\frac{\lambda}{a} \tag{5.33}$$

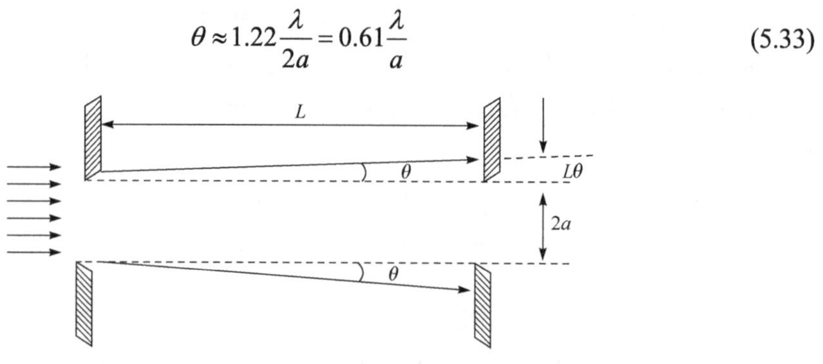

图 5-4　平面波的夫琅禾费衍射损耗

如果忽略第一暗环以外的光，并假设在中央亮斑内光强均匀分布，则射到第二个孔

径外的光能与总光能之比应等于该孔阑被中央亮斑所照亮的孔外面积与总面积之比，即

$$\frac{W_1}{W_1+W_0}=\frac{\Delta S_1}{\Delta S_1+\Delta S_0}=\frac{\pi(a+L\theta)-\pi a^2}{\pi(a+L\theta)^2}\approx\frac{2L\theta}{a}=2L\frac{0.61\lambda}{a^2}=\frac{1.22}{\dfrac{a^2}{L\lambda}}\approx\frac{1}{\dfrac{a^2}{L\lambda}} \tag{5.34}$$

式中，W_0 为射入第二个孔径内的光能；W_1 为射到第二个孔径外的光能；ΔS_0 为第二个孔径的面积；ΔS_1 为第二个孔径外被光所照明的面积。

式(5.34)描述了由衍射所引起的单程能量相对损耗百分数 δ_d' 。当衍射损耗不太大时，δ_d' 应与平均单程指数衍射损耗因子 δ_d 近似相等：

$$\delta_d\approx\delta_d'\approx\frac{1}{\dfrac{a^2}{L\lambda}}=\frac{1}{N} \tag{5.35}$$

式中

$$N=\frac{a^2}{L\lambda} \tag{5.36}$$

N 称为腔的菲涅耳数，即从一个镜面中心看到另一个镜面上可以划分的菲涅耳半周期带的数目(对平面波阵面而言)。N 为衍射现象中的一个特征参数，表征着衍射损耗的大小。式(5.36)表明，N 越大，损耗越小。

应该指出，在上述推导中我们首先假设均匀平面波入射在半径为 a 的孔径上，在计算能量损耗时，又认为在中央亮斑范围内光能是均匀分布的，且略去了各旁瓣的贡献，这些假定是不够精确的。由此计算得出的衍射损耗比实际腔模的衍射损耗高得多。但这种简化分析揭示了 δ_d 与 N 的关系，即衍射损耗随腔的菲涅耳数的减小而增大，这一点对各类开腔都具有普遍的意义。至于 δ_d 与 N 的定量依赖关系，只有借助于严格的波动光学分析才能正确解决。

5.3　纵 模 选 择

5.3.1　纵模选择的思路和条件

激光器的纵模选择依赖于激光器的振荡频率范围，是由激光介质的增益曲线的宽度决定的，而产生的多纵模振荡数是由增益线宽和激光谐振腔两相邻纵模的频率间隔决定的，也就是说在增益线宽内，只要有几个纵模同时达到振荡阈值，一般条件下都可以形成振荡。

以 $\Delta\nu_0$ 表示增益曲线高于振荡阈值部分的宽度，则相邻纵模的频率间隔为 $\Delta\nu_q$，则可能同时振荡的纵模数为 $n=\Delta\nu_0/\Delta\nu_q$。若激光介质具有多条激光谱线，如何实现单纵模运转？首先必须减少工作介质可能产生激光的荧光谱线，使之保留一条荧光谱线，使该荧光谱线的增益大于损耗。要想实现形成唯一的纵模振荡，一是必须采用频率粗选法抑制不需要的荧光谱线；二是用横模选择方法选出 TEM_{00} 模，然后在此基础上进行纵模选择。

实现纵模选择的条件如下：①某一个纵模能否起振和维持振荡取决于这个纵模的增益和损耗值的大小。控制好这两个参数之一，使谐振腔中可能存在的纵模中只有一个满

足振荡的条件，激光器即可以实现单纵模运转。②对于同一个横模的不同纵模，其损耗是相同的，但是不同纵模间却存在着增益差异。因此利用不同纵模间的增益差异，在腔内引入一定的选择性损耗，如插入色散元件(如棱镜、光栅)等，以及干涉元件，如标准具等，使得要选的纵模损耗最小而不需要的纵模损耗大于增益，也就是说增大各纵模间净增益的差异，只要求中心频率附近的极少数增益大的纵模建立起振荡。这样，在激光形成的过程中，通过多纵模间的模式竞争，最终形成并得到放大的单纵模。

5.3.2 纵模选择的方法

在激光工作物质中，往往存在多对激光振荡能级，可以利用窄带介质膜反射镜、光栅或棱镜等组成色散腔以获得特定波长跃迁的振荡。本节讨论在特定跃迁谱线宽度范围内获得单纵模振荡的方法。

一般谐振腔中不同纵模有着相同的损耗，但由于频率的差异而具有不同的小信号增益系数。因此，扩大和充分利用相邻纵模间的增益差，或引入纵模间的损耗差是进行纵模选择的有效途径。纵模选择的具体方法可以分为：①短腔法；②环形行波腔法；③色散腔粗选频率；④F-P 标准具法；⑤复合腔法；⑥其他选纵模法。

1. 短腔法

缩短谐振腔长度，可增大相邻纵模间隔，以致在小信号增益曲线满足振荡阈值条件的有限宽度内，只存在一个纵模，从而实现单纵模振荡。短腔选纵模条件可表达为

$$\Delta\nu_q = \frac{c}{2L'} > \Delta\nu_{\text{osc}} \tag{5.37}$$

式中，$\Delta\nu_{\text{osc}}$ 为由 $g^0(\nu) > \delta / l$ 条件决定的振荡带宽。这一方法适用于荧光谱线较窄的激光器。

2. 环形行波腔法

在由均匀加宽工作物质组成的激光器中，虽然增益饱和过程中的模竞争效应有助于形成单纵模振荡，但由于驻波腔中空间烧孔的存在，当激励足够强时，激光器仍然出现多纵模振荡。若采用环形腔，并在腔内插入一个只允许光单向通过的隔离器，如图 5-5 所示，则可形成无空间烧孔的行波腔，从而实现单纵模振荡。

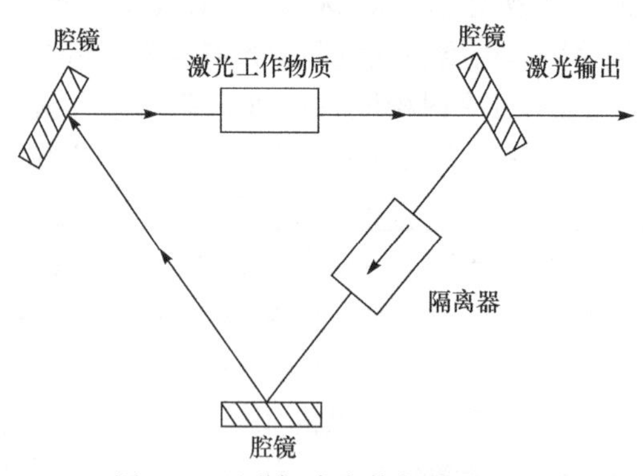

图 5-5　环形行波腔激光器原理图

3. 色散腔粗选频率

如果激光工作物质会发射多条不同波长的激光谱线，例如，He-Ne 激光器可发射 632.8nm、1.15μm 、3.39μm 三条谱线，那么在纵模选择之前，必须对频率进行粗选，将不需要的谱线抑制掉。通常做法是利用腔镜反射膜的光谱特性或在腔内插入棱镜或光栅等色散元件，将工作物质发出的不同波长的光束在空间分离，然后设法只使较窄波长区域内的光束在腔内形成振荡，其他波长的光束因不具有反馈能力而被抑制掉。

图 5-6 为腔内插入色散棱镜的粗选装置图。在这种情况下，谐振腔所能选择振荡的最小波长范围由棱镜的角色散和腔内振荡光束的发散角决定。设光线进入棱镜的入射角 α_1 与光线离开棱镜的出射角 α_2 相等，即 $\alpha_1=\alpha_2=\alpha$ 。

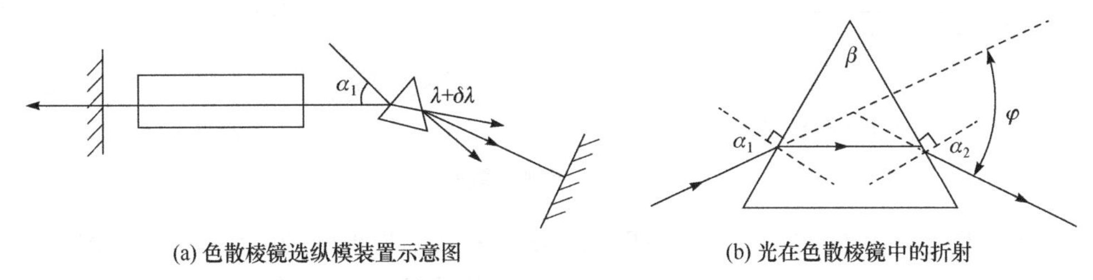

(a) 色散棱镜选纵模装置示意图　　(b) 光在色散棱镜中的折射

图 5-6　色散棱镜粗选原理示意图

根据物理光学分析，有

$$n=\sin\alpha_1/\sin\frac{\beta}{2}=\sin\left(\frac{\varphi+\beta}{2}\right)\bigg/\sin\frac{\beta}{2} \tag{5.38}$$

式中，α_1 为入射角；n 为折射率；β 为棱镜的顶角；φ 为偏向角。定义棱镜的角色散率为 $D_\lambda=\dfrac{\mathrm{d}\varphi}{\mathrm{d}\lambda}$，即波长每变化 0.1nm 时偏向角的变化量，即

$$D_\lambda=\frac{\mathrm{d}\varphi}{\mathrm{d}n}\frac{\mathrm{d}n}{\mathrm{d}\lambda}=\frac{2\sin(\beta/2)}{\sqrt{1-n^2\sin^2(\beta/2)}}\frac{\mathrm{d}n}{\mathrm{d}\lambda} \tag{5.39}$$

式中，$\mathrm{d}n/\mathrm{d}\lambda$ 表示不同材料的折射率对波长变化的导数。设腔内光束允许的发散角为 θ，那么由于色散棱镜的分光作用，腔内激光波长所能允许的最小波长分离范围为

$$\Delta\lambda=\frac{\theta}{D_\lambda}=\frac{\sqrt{1-n^2\sin^2(\beta/2)}}{\sqrt{2\sin(\beta/2)}\dfrac{\mathrm{d}n}{\mathrm{d}\lambda}}\cdot\theta \tag{5.40}$$

对于用玻璃材料制成的棱镜和可见光波段，在 $\theta\approx0.001\text{rad}$ 时，能达到 $\Delta\lambda\approx1\text{nm}$ 。这种棱镜色散法对一些激光器进行选择振荡是十分有效的，例如，氩离子激光器的两条强工作谱线为 488nm 和 514.5nm，可采用这种方法进行选择。

另一种色散腔是用一个反射光栅代替谐振腔的一个反射镜，如图 5-7 所示。设 d 为光栅栅距(光栅常数)，α_1 为光线在光栅上的入射角，α_2 为光线在光栅上的反射角，则形成光栅衍射主极大值的条件为

$$d(\sin\alpha_1+\sin\alpha_2)=m\lambda \tag{5.41}$$

式中，m=0，1，2，…为衍射级次。由式(5.41)可见，当入射角相同时，不同波长的 0 级谱线(m=0)相互重合而没有色散分光作用。对于其他各级谱线，光栅的角色散率可表示为

$$D=\frac{\mathrm{d}\alpha_2}{\mathrm{d}\lambda}=\frac{m}{d\cos\alpha_2}=\frac{\sin\alpha_1+\sin\alpha_2}{\lambda\cos\alpha_2} \tag{5.42}$$

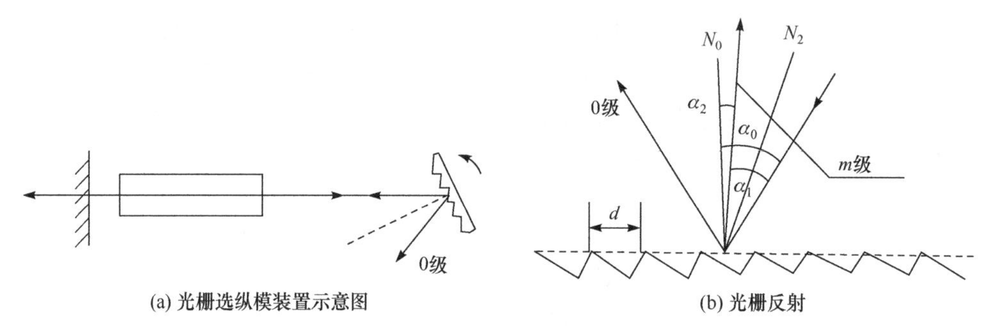

(a) 光栅选纵模装置示意图　　(b) 光栅反射

图 5-7　光栅色散腔

通常光栅工作在自准直状态下，即 $\alpha_1=\alpha_2=\alpha_0$ (α_0 为光栅的闪耀角，即光栅平面的法线 N_0 与每条缝的平面的法线 N_2 之间的夹角)，则光栅的角色散率为

$$D_0=\frac{2\tan\alpha_0}{\lambda} \tag{5.43}$$

设腔内允许的光束发散角为 θ ，则因光栅角色散所能允许的最小分离波长范围为

$$\Delta\lambda=\frac{\theta}{D_0}=\frac{\lambda}{2\tan\alpha_0}\theta$$

对于可见光谱区，设 $\alpha_0=30°$ ， $\theta=0.001\mathrm{rad}$ ，则 $\Delta\lambda$ 不到 1nm 量级。由此可见，光栅法的色散选择能力比棱镜更高。由于光栅法不存在光束的透过损耗，所以可适用于较宽广的光谱区域的激光器；对于光栅色散腔，当适当转动光栅的角度位置时，还可以改变所需要的振荡光谱区。

色散腔粗选频率虽然能从较宽范围的谱线中选出较窄的振荡谱线，实现了单条荧光谱线的振荡；但这还只是较粗略的选择，在该条荧光谱线的荧光线宽范围内，还存在着频率间隔为 $\Delta\nu=c/(2nL)$ 的一系列分立的振荡频率，即多个纵模。要进一步从单条荧光谱线中选出单一的纵模，可以采取如下的一些方法。

4. F-P 标准具法

若在腔内插入标准具或形成组合腔，则由于多光束干涉效应，谐振腔具有与频率有关的选择性损耗，损耗小的纵模形成振荡，损耗大的纵模则被抑制。

图 5-8 为腔内插入法布里-珀罗(Fabry-Perot，F-P)标准具的激光器。由于多光束干涉，只有某些特定频率的光能透过标准具而在腔内往返传播，因而具有较小的损耗。其他频率的光不能透过标准具而具有很大的损耗。由物理光学可知，标准具透射率峰对应的频率为

$$\nu_j = j\frac{c}{2nd\cos\theta} \tag{5.44}$$

式中，j 为正整数；n 为标准具两镜间介质的折射率；d 为标准具长度；θ 为标准具内光线与法线的夹角。图 5-8 给出了相邻透射率峰的频率间隔为

$$\Delta\nu_j = \frac{c}{2nd\cos\theta} \tag{5.45}$$

透射谱线宽度为

$$\delta\nu = \frac{c}{2\pi nd}\frac{1-r}{\sqrt{r}} \tag{5.46}$$

式中，r 为标准具二镜面的反射率。若调整 θ 角，使 $\nu_j = \nu_q$（ν_q 为第 q 个纵模的频率），且有

$$\Delta\nu_j > \Delta\nu_{\text{osc}} \tag{5.47}$$

$$\delta\nu < \Delta\nu_q = \frac{c}{2L'} \tag{5.48}$$

则可获得单纵模输出。由式(5.45)～式(5.48)可求出所需标准具长度 d 及镜面反射率 r，若调整角 θ，使 ν_j 对准靠近增益曲线中心频率的纵模频率，则式(5.47)所示的条件尚可放宽。

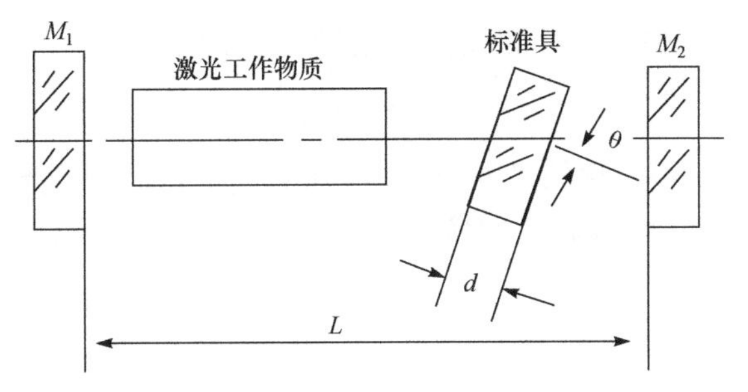

图 5-8　腔内插入法布里-珀罗标准具

5. 复合腔法

复合腔的形式多种多样，如图 5-9 所示。

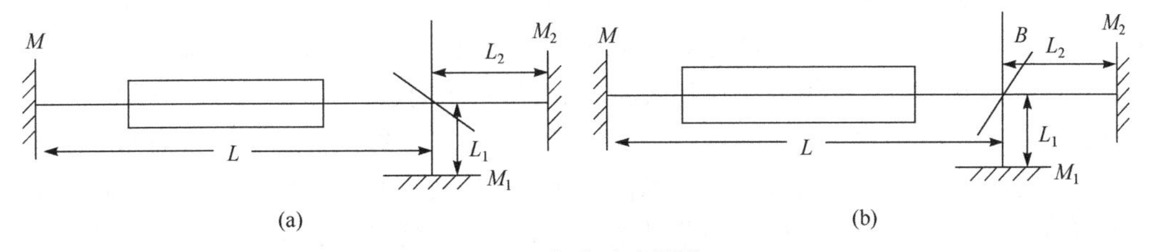

图 5-9　复合腔选纵模

图 5-9(a)是一个迈克耳孙干涉仪式复合腔，它由一个迈克耳孙干涉仪取代谐振腔的一个反射镜构成。该腔可以看成由两个子腔组合而成，全反射镜 M 和 M_1 组成一个子腔，

腔长为$L+L_1$，谐振动频率$\nu_{1i}=\{c/[2(L+L_1)]\}q_i$（$q_i$为任意整数）。另一个子腔由全反射镜$M$和$M_2$组成，其腔长为$L+L_2$，谐振动频率为$\nu_{2j}=\{c/[2(L+L_2)]\}q_j$（$q_j$为任意整数）。因此，激光器的谐振频率必须同时满足上面两个条件，即$\nu=\{c/[2(L+L_1)]\}q_i=\{c/[2(L+L_2)]\}q_j$，而且第一个子腔的光束经过$N$个频率间隔后的频率正好和第二个子腔的光束经过$N$+1个频率间隔后的频率再次相等。由此可以得到复合腔的频率间隔为

$$\Delta\nu=c/[2(L_1-L_2)] \tag{5.49}$$

由式(5.49)可以看出，适当选择L_1及L_2，可以使复合腔的频率间隔足够大，即两相邻纵模的间隔足够大，与增益线宽相比拟时，即可实现单纵模运转。

图5-9(b)为福克斯-史密斯(Fox-Smith)干涉仪式复合腔。谐振腔也由两个子腔组成，其中一个由反射镜M和M_2组成，腔长为$L+L_2$。另一个由反射镜M和M_1组成，但这个子腔的光束传播过程是光透过B镜到达M_2镜，再由M_2和B镜的反射到达M_1镜；返回时的传播过程也是先由B镜反射到达M_2镜，再由M_2镜反射透过B镜到达M镜。因此，这一子腔的长度为$L+2L_2+L_1$。两个子腔的谐振频率分别为

$$\nu_{1i}=\{c/[2n(L+L_2)]\}q_i$$

及

$$\nu_{2j}=\{c/[2n(L+2L_2+L_1)]\}q_j$$

于是复合腔的谐振频率必须同时满足上面两式，即

$$\nu=\nu_{1i}=\nu_{2j} \tag{5.50}$$

这种情况下，从B镜输出的光强为零，干涉仪对谐振腔中的光束具有最大反射率。设复合腔中与频率为ν的纵模相邻的另一纵模频率为ν'，则可以证明，复合腔中两相邻的频率间隔为

$$\Delta\nu=\frac{c}{2(L_1+L_2)} \tag{5.51}$$

可见，选择适当的L_1和L_2，使$\Delta\nu$与增益线宽能相比拟时，即可获得单纵模输出。

6. 其他选纵模法

利用Q开关选单纵模，这是基于不同纵模(同一横模)之间存在的增益差异选单纵模的方法。开始时，Q开关处于不完全关闭状态(称为预激光状态)，在一定泵浦功率下，中心频率附近的少数增益大的纵模建立起振荡，其余增益小而达不到阈值的纵模都不能起振。这样，一方面，开始时起振的纵模数很少；另一方面，这些少数纵模是在临界振荡条件下进行振荡的，激光形成过程较长，纵模之间的竞争较为充分，最终能形成激光的仅是增益最大的中心频率处的纵模。当单纵模激光形成后，将Q开关及时打开，使已形成的单纵模激光充分地放大，最后输出一个高功率的单模激光脉冲。

另外，Soffer及Sooy等在20世纪60年代也分别发现可饱和吸收染料Q开关的选纵模作用，他们认为当脉冲在噪声中建立起来时，激光器就产生了纵模选择；在这段建立时间中，增益高和损耗低的纵模在振幅上比其他纵模增长得更快。另外，除模式间的增

益和损耗差异之外，还有一个重要的参数决定了激光器的光谱特性，这就是光脉冲在噪声中建立起来的过程中往返的次数。如果往返的次数较多，则两个模式的振幅差就增大。因此，不同模式间的损耗差确定之后，重要的就是尽可能增加往返次数，以得到好的选模结果。Sooy 通过分析得出两个结果。其一，第 q 个纵模的功率 P_q 随时间 t 的增长为

$$P_q(t)=P_{0q}\exp[k_q(t-t_q)^2] \tag{5.52}$$

式中，P_{0q} 为该纵模刚开始建立时的噪声功率；t_q 为第 q 个纵模的净增益达到 1 的时间；$k_q=\dfrac{1}{2T}\dfrac{\mathrm{d}g_n}{\mathrm{d}t}$ (其中 T 为光在谐振腔中往返的时间，g_n 为第 q 个纵模的增益系数)。其二，建立过程中经过 n 个来回，等 q 个纵模与第 $q+1$ 个纵模的功率 P_q 和 P_{q+1} 之比近似为

$$\frac{P_q}{P_{q+1}}=\left(\frac{1-\delta_q}{1-\delta_{q+1}}\right)^n(1-\delta_q)^{n[g_{n+1}/g_n-1]} \tag{5.53}$$

式中，δ_{q+1}、δ_q 分别为第 $q+1$ 个纵模和第 q 个纵模每往返一次的损耗；g_{n+1}、g_n 为这两个纵模的增益系数。

式(5.53)的第一部分相当于损耗鉴别，第二部分相当于增益鉴别。

在大部分激光器中，相邻纵模的增益差异很小，在选模过程中无法起到重要作用。由式(5.53)可以得到因选模元件不同的反射率产生的模式鉴别：

$$\frac{P_q}{P_{q+1}}=\left(\frac{R_q}{R_{q+1}}\right)^n \tag{5.54}$$

式中，$R_q=1-\delta_q$，$R_{q+1}=1-\delta_{q+1}$。图 5-10 为主模与邻模的功率比和往返次数之间的关系。

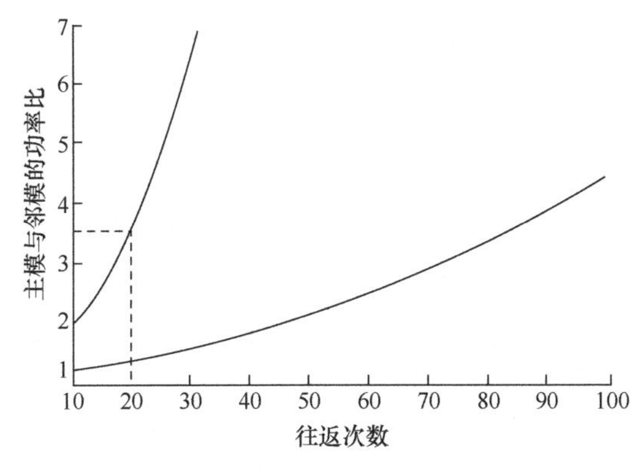

图 5-10　脉冲建立过程中主模与邻模的功率比与往返次数的关系

5.4　模式测量方法

一台激光器是否实现了单模(横模或纵模)运转，以及传输是否稳定，都需要用一种合适的测量方法进行鉴别。本节介绍一些常用的测量方法。

5.4.1 直接观测法

不同横模的光强在横截面上具有不同的分布状况。对于发射连续可见光波段的中、小功率激光器，直接观测法比较适用，只需要在输出激光的光路上放置一个屏，就可在屏上用眼睛直接观测激光的横模图样(光斑)；但这种方法鉴别力比较差，而且对强光和不可见光不适用。对于中等功率的红外激光，可采用一种烧蚀法，即用木块、有机玻璃、耐火砖等观测激光烧蚀出的图形，以鉴别其横模图样。对于 1.06 μm 的近红外激光，可采用上转换材料(波长由长变短)做成的薄片，将近红外激光转换成可见光，这对观测横模光斑图样十分方便。对于中、小功率的红外激光器，还可以用变像管或 CCD 摄像机观测横模。变像管由光电阴极、控制栅极、阳极和荧光屏组成，如图 5-11 所示。激光束经扩束、衰减后入射到变像管的接收面上，光电阴极发出光电子，在阴极、控制极与阳极间强电场的作用下，光电子向阳极方向运动，最后射到荧光屏上，发出荧光，便可显现出激光束横模的光强分布图样。选择不同的光电阴极，就可以观测近紫外到近红外波段的激光横模。变像管的灵敏度高，模式鉴别力比前几种好。总之，直接观测法简单直观，是一种粗略的观测方法。

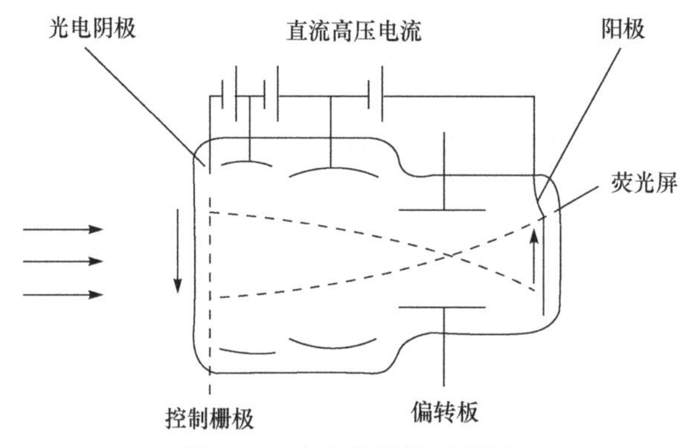

图 5-11 变像管结构示意图

5.4.2 光点扫描法

光点扫描法主要用于连续激光器的观测。利用光点扫描记录光强分布曲线，从曲线上找出对应的横模，其测试装备如图 5-12 所示。

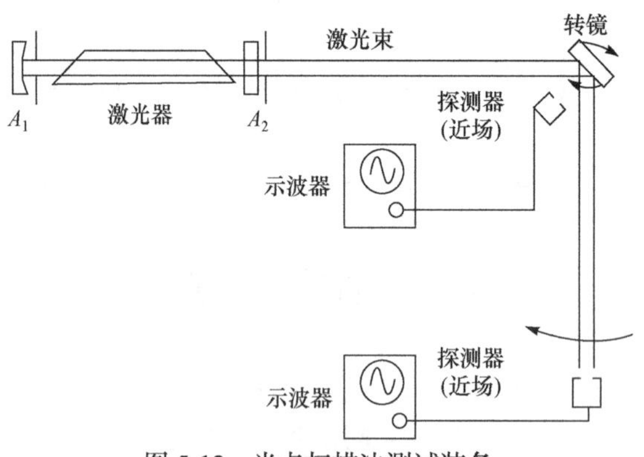

图 5-12 光点扫描法测试装备

激光经扩束后投射到由电机带动的转镜上，反射后再投射到探测器上，经电子线路放大后送到示波器上显示波形。这种方法可将激光横模光强分布的二维图像变换到示波器上，显示出一维光强分布图形。基模将呈现出光滑的高斯曲线，高阶横模则显示出两个以上的波峰。图 5-13 为对称稳定腔的几种低阶模的光强分布曲线(波形)和相应的横模光斑图样。这里所列举的横模，有的是圆形对称模，如 TEM_{00}、TEM_{10}、TEM_{20} 等，其模斑中心区是光强的峰值区；有的是混合模，如 TEM_{01}^{*}，它是由 TEM_{10} 及 TEM_{01} 模混合而成的，这些模的中心区是光强谷值区(暗区)。测量时，如果已知转镜到探测器的距离和转镜的转速，就可测出光斑的尺寸。此外，在观测时，扫描线一定要通过光斑的中心，才能得到比较准确的结果。

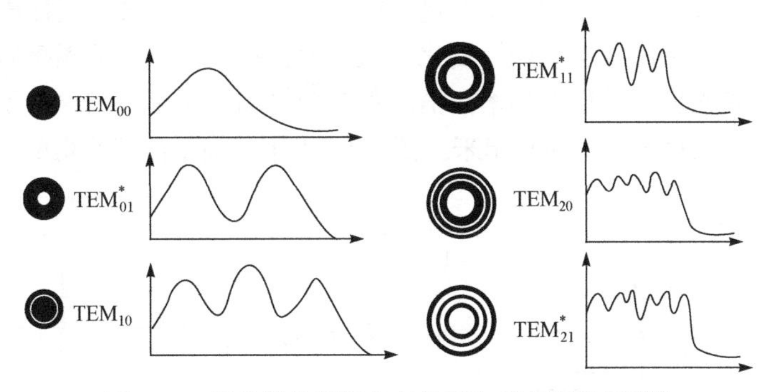

图 5-13　某些模的光强分布曲线和对应的模式图样

5.4.3　扫描干涉仪法

由谐振腔理论得知，不同模式(横模或纵模)各自具有不同的频率谱。为此可采用频率可调的 F-P 扫描干涉仪测出各频率分布，并判别出激光模式。由于共焦扫描干涉仪分辨率高，调整方便，易于耦合，故常用来测激光横模。图 5-14 为扫描干涉仪测横模的原理图，它由两个镀有高反射膜、曲率半径相同的凹面镜组成无源腔。测试装置分两部分：一部分是由会聚透镜、扫描干涉仪和光电二极管组成的光学系统；另一部分是由锯齿波发生器、放大器和示波器组成的模式电子测量系统。

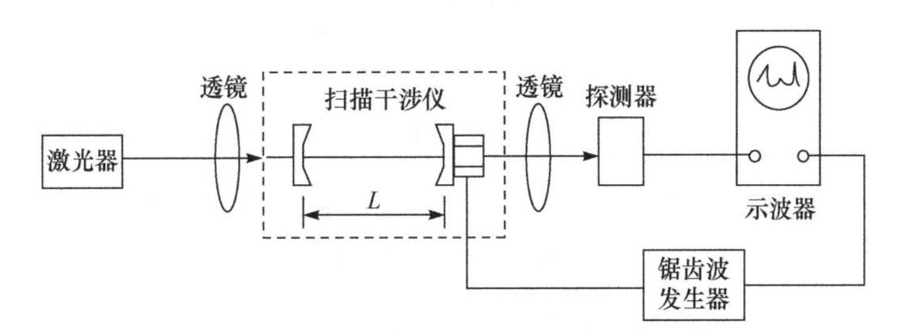

图 5-14　扫描干涉仪测横模原理图

扫描干涉仪无源腔的谐振频率(本征模)为

$$\nu_{mn,q}=\frac{c}{2L}\left[q+\frac{1}{\pi}(m+n+1)\arccos(\sqrt{g_1g_2})\right] \tag{5.55}$$

式中，L 为无源腔腔长；$g_1=1-L/R_1$；$g_2=1-L/R_2$，R_1、R_2分别分两个凹面反射镜的曲率半径；m 和 n 为横模序数；q 为纵模序数。从干涉仪原理可知，只有与干涉仪无源腔本征模一致的那部分激光光场才能共振耦合输出，这就是式(5.55)中的那些模。如果在无源腔中加一个孔光阑，以增加高阶横模的衍射损耗，通过扫描干涉仪无源腔共振耦合输出的只有满足 $\nu_{00,q}=\dfrac{c}{2L}\left(q+\dfrac{1}{\pi}\arccos\sqrt{g_1g_2}\right)$ 的基模。

为了确定待测激光中包含哪些特定的光场，必须人为地改变扫描干涉仪的频率，即进行频率扫描，获得激光光场频谱图，从而确定对应的横模。频率扫描可以改变扫描干涉仪内的折射率、待测激光的入射角和无源腔腔长。横模观测是通过改变腔长来实现的，其方法是在扫描干涉仪无源腔的一个腔镜上粘连一个压电陶瓷环，当压电陶瓷环上加有锯齿波电压时，腔长将做线性周期性变化，从而使扫描干涉仪本征频率做周期的线性变化，即对通过的激光进行周期性频率扫描。落在扫描周期频率范围内的模式通过光电接收器接收后，即可在示波器上显示出来。图 5-15 为用扫描干涉仪测得的激光频谱图。

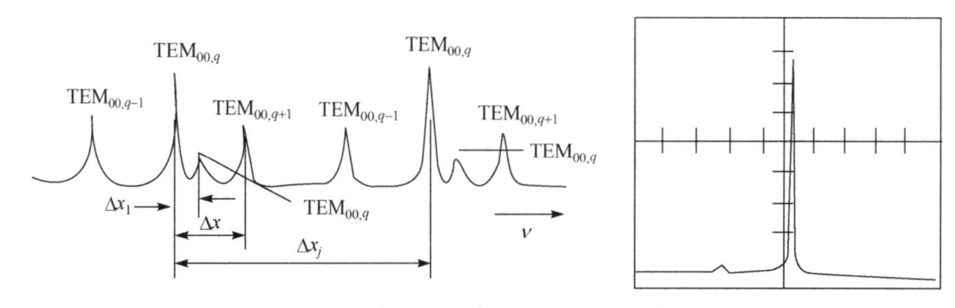

图 5-15 扫描干涉仪测得的激光频谱图

由图 5-15 可以看出，Δx_j 正比于自由光谱区 $\Delta\nu_j\left(\Delta\nu_j=\dfrac{c}{4L}\right)$，$\Delta x$ 正比于相邻纵模频率间隔 $\Delta\nu_q$。当存在高阶横模时，可在基模($\mathrm{TEM}_{00,q}$)旁边(Δx_1)看到高阶横模 $\mathrm{TEM}_{mm,q}$。图 5-15 中，Δx_1 正比于 $\Delta\nu_{nm,00}$。由实验得出

$$\frac{\Delta\nu_{nm,00}}{\Delta\nu_{q,q\pm1}}=\frac{\Delta x_1}{\Delta x}$$

将实验值 $\dfrac{\Delta x_1}{\Delta x}$ 与理论计算值比较，即可以判断出高阶模式。

例如，平凹腔的 He-Ne 激光器，腔长 L 为 210mm，曲率半径为 1m，经扫描干涉仪获得的频谱图中 $\Delta x_1=1.6\text{mm}$，$\Delta x=10.7\text{mm}$，则实验值为

$$\frac{\Delta x_1}{\Delta x}=\frac{1.6}{10.7}=0.1495$$

而理论值为

$$\Delta\nu_{q,q\pm1}=\frac{c}{2nL}=\frac{3\times10^8}{2\times0.21}\text{MHz}=7.14\times10^8\text{MHz}$$

根据下面公式:

$$\Delta \nu_{00,01} = \frac{c}{2nL}\left[\frac{1}{\pi}(\Delta m + \Delta n)\arccos\sqrt{g_1 g_2}\right]$$

计算得

$$\Delta \nu_{00,01} = \frac{3\times 10^8}{2\times 0.21}\left[\frac{1}{\pi}\arccos(0.89)\right]\text{MHz} = 1.07\times 10^8\,\text{MHz}$$

则

$$\frac{\Delta \nu_{00,01}}{\nu_{q,q\pm 1}} = 0.15$$

故判断出频谱图上的 Δx 处是 TEM_{01} 模。这台 He-Ne 激光器输出的是 TEM_{00} 和 TEM_{01} 两个横模。

进行横模观测时，应使扫描干涉仪的自由光谱区大于激光工作物质的增益线宽。为了使激光能有效地耦合到扫描干涉仪的无源腔中，一般可利用一个正透镜使激光束与扫描干涉仪之间匹配。

扫描干涉仪用于模式观测，精度比较高，某些因素对频谱的影响都可鉴别出来，所以它是激光技术中比较重要的测量仪器。

5.4.4 F-P 照相法

上述扫描干涉仪法虽然性能良好，但它只能观测连续激光，观测脉冲激光就无能为力了。因为干涉仪还来不及扫描，短暂的激光脉冲就已经完结。为此，可用 F-P 照相法来观测脉冲激光。图 5-16 为 F-P 照相法原理图。一束直径为 D 的激光束，经透镜 L_2 会聚后投射到 F-P 标准具上，标准具将从不同角度入射的光束变为方向不同的平行光。换言之，不同角度的入射光线，经标准具两平面多次反射后，变成与光轴呈不同角度的一组平行光束，经透镜 L_1 后的透射光在透镜 L_1 的焦平面上形成等倾干涉条纹。

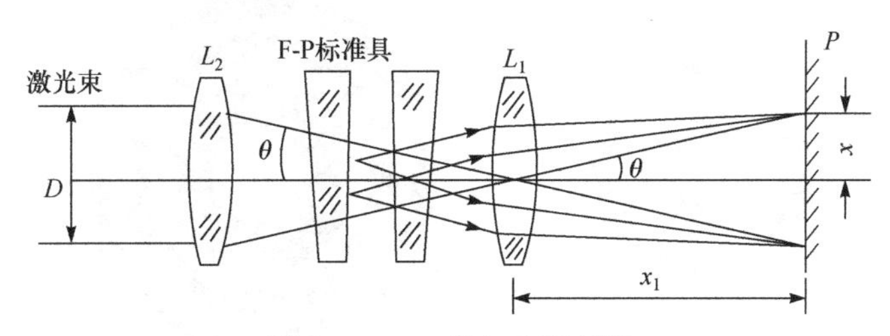

图 5-16 F-P 照相法原理图

F-P 标准具的透过率为

$$T(\lambda) = \frac{1}{1 + F\sin^2\left(\frac{\varphi}{2}\right)}$$

出现亮条纹(T 值极大)的条件应为

$$\sin^2\frac{\varphi}{2}=\sin^2\left(\frac{2\pi\Delta\delta}{2\lambda}\right)=0$$

即

$$\pi\Delta\delta/\lambda=m\pi \qquad (m=0,\ 1,\ 2,\ \cdots) \tag{5.56}$$

而

$$\Delta\delta=2\pi d\cos\theta$$

则有

$$2\pi nd\cos\theta=m\pi\lambda$$

即

$$2nd\cos\theta=m\lambda \tag{5.57}$$

可见，亮条纹对应一系列θ值的同心圆环。另外，当待测激光波长有一定线宽$\Delta\lambda$时，同心干涉圆环的θ角也有一个变化范围$\Delta\theta$；经聚焦后，在焦平面P上的干涉条纹位置r也有一个变化范围Δr，即亮条纹有一个宽度Δr。在近轴光线近似条件下，有

$$r/f_1\approx\tan\theta\approx\theta \tag{5.58}$$

式中，f_1为透镜L_1的焦距。合并式(5.57)及式(5.58)并求导，得

$$\Delta\nu=\nu_r\Delta r/f_1^2 \tag{5.59}$$

式中，r为某级干涉亮条纹的半径；Δr为该级干涉亮条纹的宽度。通过照相法可直接测量屏上干涉亮条纹的宽度Δr，再通过式(5.59)求出该激光的线宽$\Delta\nu$。由于式(5.59)是在近轴光线近似条件下导出的，故计算时应选靠中心的干涉条纹。

F-P照相法不仅可以测量激光的谱线宽度，还可以判别激光模式。当激光器运行在单模状态时，输出光束中只有一个波长，由式(5.57)可知，此时在屏上有一系列对应不同θ值的同心干涉条纹，如图5-17(a)所示。而当激光器运转在两个模状态时，将产生两套不同的干涉条纹，如图5-17(b)所示。因此，借助于干涉条纹的套数，就可判别激光器的模式状况。如果模式太多，且彼此靠得很近，则干涉条纹就变成模糊且很粗的同心圆环。

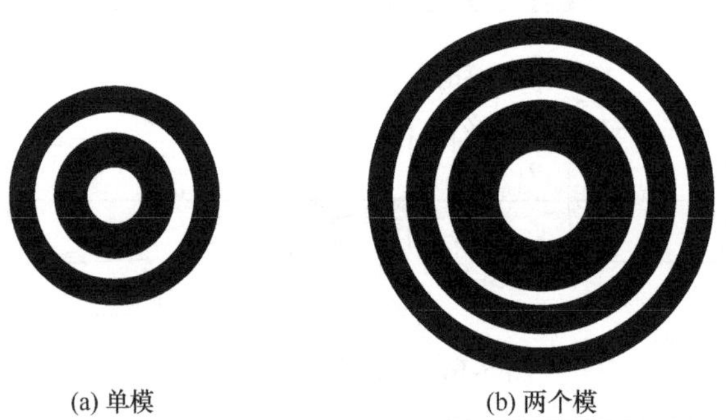

(a) 单模　　(b) 两个模

图5-17　F-P照相法拍摄的干涉条纹示意图

5.5　激光器主动稳频的技术

激光的特点之一是单色性好，即其线宽$\Delta\nu$与频率ν的比值$\Delta\nu/\nu$很小。自发辐射噪

声引起的激光线宽极限确实很小，但由于各种不稳定因素的影响，实际激光频率的漂移远远大于线宽极限。在精密干涉测量以及光频标、光通信、激光陀螺和精密光谱研究等应用领域中，需要频率稳定的激光。本节讨论稳定激光频率的原理，但不涉及具体技术细节。

当谐振腔内折射率均匀时，不考虑原子跃迁谱线频率微小变化的情况下，激光振荡频率主要由谐振腔的谐振频率决定，即有

$$\nu_q = q\frac{c}{2nL} \tag{5.60}$$

式中，L 为腔长；c 为光速；n 腔内介质的折射率；q 为纵模的序数。环境温度的起伏、激光管的发热和机械振动都会引起谐振腔几何长度的改变。温度的变化和介质中反转粒子数的起伏，以及大气的气压和湿度变化都会影响光工作物质及谐振腔裸露于大气部分的折射率。若腔长或腔内的折射率发生变化，即 L 和折射率 n 都在一定范围内变化 ΔL 和 Δn，则激光振荡频率 ν_q 也在 $\Delta\nu$ 范围内变化。频率变化量 $\Delta\nu$ 表示为

$$\Delta\nu = \frac{\partial\nu_q}{\partial n}\Delta n + \frac{\partial\nu_q}{\partial L}\Delta L = -\nu_q\left(\frac{\Delta n}{n} + \frac{\Delta L}{L}\right) \tag{5.61}$$

通常用频率稳定度 $|\Delta\nu|/\bar{\nu}$ 来描述激光器的频率稳定特性，它表示在某一测量时间，间隔频率的漂移量 $|\Delta\nu|$ 与频率的平均值 $\bar{\nu}$ 之比。

一个管壁材料为玻璃的内腔式氦氖激光器，当温度漂移±1℃时，由腔长变化引起的频率漂移已超出增益曲线范围。因此，在不加任何稳频措施时，单纵模氦氖激光器的频率稳定度为

$$\left|\frac{\Delta\nu}{\bar{\nu}}\right| = \frac{\Delta\nu_D}{\nu_0} \approx \frac{1500\times10^6}{4.7\times10^{14}} \approx 3\times10^{-6} \tag{5.62}$$

在计量等技术应用中，必须采用稳频技术以改善激光器的频率稳定性。

为了改善频率稳定性，通常采用电子伺服控制激光频率，当激光频率偏离参考标准频率时，鉴频器给出误差信号，控制腔长，使激光频率自动回到参考标准频率上。

通常所说的频率稳定特性包含着两个方面：频率稳定性和频率复现性。频率稳定性描述激光频率在参考标准频率 ν_s 附近的漂移，而频率复现性则是指参考标准频率 ν_s 本身的变化，如某一台激光器与另一台激光器参考标准频率的不同，同一台激光器在某一工作期间和另一台激光器的工作期间参考标准频率的变化。设参考标准频率 ν_s 的最大偏移量为 $\nu_s' - \nu_s$，则频率复现性以 $|\nu_s' - \nu_s|/\nu_s$ 度量。当激光器应用于计量标准时，频率复现性也是影响精度的重要参量。

5.6　兰姆凹陷稳频技术

兰姆凹陷稳频技术是利用非均匀加宽气体激光器的输出功率在中心频率 ν_0 处有一极小值点这一现象工作的，如图 5-18 所示。

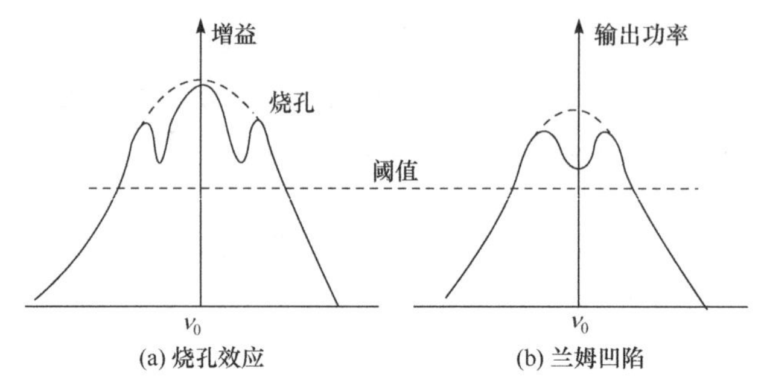

图 5-18　增益曲线的烧孔效应和兰姆凹陷

要使激光器输出功率保持极小值，常用的方法是在激光器谐振腔长上施加一个微小的周期性调制信号，使激光器的输出功率存在对应的微小波动；信号处理电路将输出功率的微小波动进行带通放大、相敏检波，得到信号的相位信息；该相位信息作为 PID 控制电路的输入信号，输出信号经过高压放大后驱动压电陶瓷，调整激光器谐振腔长。通过这一闭环控制过程保持相敏检波信号输出为零，即可将激光器谐振频率调整到工作物质中心频率ν_0处。

通过腔长调制判断输出功率所处的兰姆凹陷曲线上位置的方法，实际上是利用兰姆凹陷曲线的一次导数曲线在中心频率ν_0处有一个过零点这一规律工作的。根据兰姆凹陷曲线的特点可知，其一次导数曲线不是单调曲线，因此无法保证在整个工作区间内控制系统始终处于负反馈状态，即无法保证控制系统在任意初始状态均能实现稳频锁定，只有在凹陷点附近很小的区域内，控制电压与相敏检波输出的关系才是单调关系，闭环控制系统才能形成负反馈，正常工作。

1. 兰姆凹陷的概念

在多普勒加宽的单纵模气体激光器中，输出功率总是随纵模频率向中心频率的靠近而增大，但是当纵模频率接近中心频率时，增益曲线上两个烧孔重叠而使能够受激辐射的粒子数减小，因而光强反而下降，在中心频率处出现凹陷，称为兰姆凹陷。这一输出特性在稳频技术中常用。

2. 兰姆凹陷的原理

兰姆凹陷法以增益曲线中心频率ν_0为参考标准频率，电子伺服系统通过压电陶瓷控制激光器的腔长，使频率稳定于ν_0。图 5-19 为兰姆凹陷稳频系统原理图。单纵模激光器安装在殷钢或石英制成的谐振腔间隔器上，其中一块反射镜贴在压电陶瓷环上，当压电陶瓷外表面加正电压、内表面加负电压时压电陶瓷伸长，反之则缩短，因而可利用压电陶瓷的伸缩来控制腔长。

图 5-20 表示兰姆凹陷稳频的基本原理。在压电陶瓷上加上一个直流偏压和一个频率为f的音频调制电压，前者控制激光频率ν，后者使其低频调制。如果激光频率$\nu=\nu_0$，则调制电压使激光频率在ν_0附近变化，而输出功率P以频率$2f$做周期性变化。这时工作频率为f的选频放大器输出为零，没有附加的电压输送到压电陶瓷上，因而激光器继

续工作于ν_0。如果激光频率ν大于ν_0，则激光输出功率的调制频率为f，相位与调制电压相同。于是光电接收器输出一个频率为f的信号，经选频放大器放大后送入相敏检波器。相敏检波器输出一个负的直流电压，经放大后加在压电陶瓷的外表面上，它使压电陶瓷缩短，腔长伸长。于是激光频率ν被拉回到ν_0。如果激光频率ν小于ν_0，则输出功率的调制相位与调制电压相位相差π，相敏检波器输出一个正的直流电压，它使压电陶瓷伸长，于是激光频率ν增加并回到ν_0。

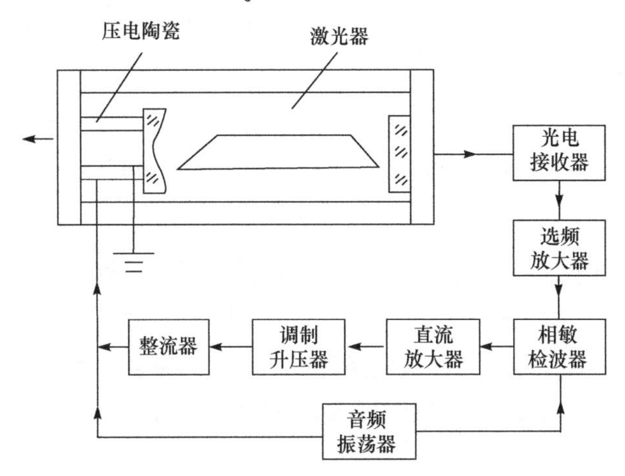

图 5-19　兰姆凹陷稳频系统示意图

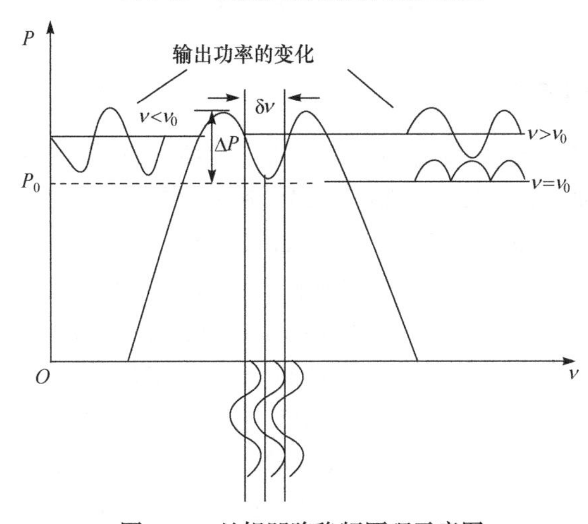

图 5-20　兰姆凹陷稳频原理示意图

为了改善频率稳定性，希望微弱的频率漂移就能产生足以将频率拉回到ν_0的误差信号，这就要求兰姆凹陷窄而深。要使频率稳定度优于4×10^{-9}，凹陷深度应达 1/8(在图 5-20 中$\Delta P/P_0$为凹陷深度)。由激光器的半经典理论可知，兰姆凹陷深度与激发参量$g_m l/\delta$成正比，所以使激光器工作于最佳电流并降低损耗可以增加凹陷深度。凹陷宽度$\delta\nu$则正比于$\Delta\nu_L$，因而正比于气压，故降低气压可使凹陷变窄，但气压过低会使激光器功率降低，甚至使激光不能产生。图 5-21 给出充了普通氖气与单一同位素Ne^{20}的氦氖激光器的输出功率曲线，普通氖气包含Ne^{20}及Ne^{22}两种同位素。二者谱线中心频率之差为

$$\nu_{22}-\nu_{20}=890\text{MHz} \tag{5.63}$$

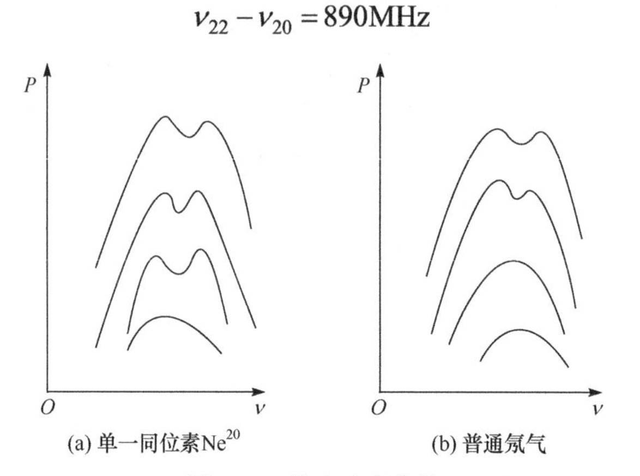

(a) 单一同位素Ne^{20}　　(b) 普通氖气

图 5-21　输出功率曲线

因此，充了普通氖气的氦氖激光器的兰姆凹陷曲线不对称且不够尖锐，制作单频稳频激光器时应充以单一同位素 Ne^{20} 或 Ne^{22} 。兰姆凹陷法稳频可获得优于10^{-9}的频率稳定度。由于谱线中心频率ν_0随激光器放电条件而改变，频率复现性仅达10^{-8}～10^{-7}。此外，这种激光器的输出激光的光强和频率均有微小的音频调制。

5.7　塞曼效应

5.7.1　塞曼效应的基本概念

当一个发光的原子系统置于磁场中时，其原子谱线在磁场的作用下发生分裂，这种现象称为塞曼效应。例如，He-Ne 激光器以单纵模振荡，在谱线中心频率与腔的谐振频率一致时，无频率牵引效应，激光输出频率即ν_0(如 632.8nm 的激光)。若在光束方向施加纵向磁场，则沿磁场方向可观察到一条谱线对称地分裂成两条谱线：一条是左旋圆偏振光，它的频率高于未加磁场时的谱线($\nu_0+\Delta\nu$)；另一条是右旋圆偏振光，它的频率低于未加磁场时的谱线($\nu_0-\Delta\nu$)。两者的光强度相等且其和等于原谱线的光强度，如图 5-22 所示。这两条谱线的频率差为

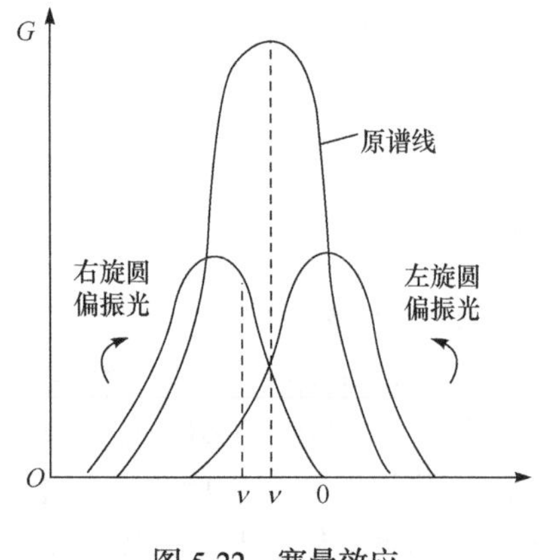

图 5-22　塞曼效应

$$\Delta\nu=2\frac{g\mu_B H}{h} \tag{5.64}$$

式中，g 是朗道因子；μ_B是玻尔磁子；h为普朗克常量；H是磁场强度。这两条分裂谱线的交点正是原谱线的中心频率ν_0处，这就是纵向塞曼效应。

产生塞曼效应的原因是原子的能级在外磁场的作用下发生分裂，如图 5-23 所示。当未加磁场($H=0$)时，原子从高能级跃迁到低能级，便发出频率为ν_0的光。当加磁场之后，这两个能级就发生分裂，如图 5-23 右边所示，当原子在这些能级之间

按选择定则从高能级跃迁到低能级时，便发出三种频率($\nu_1=\nu_0+\Delta\nu,\nu_0,\nu_2=\nu_0-\Delta\nu$)的偏振光。

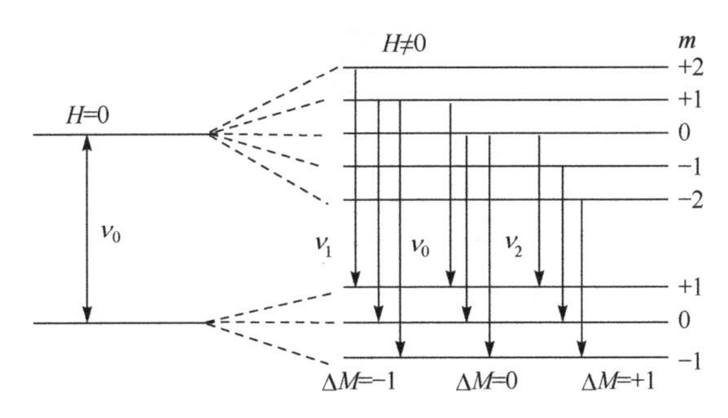

图 5-23　在磁场中原子能级的分裂

由图 5-22 可以看出，当激光振荡频率正好处于 ν_0 时，左旋圆偏振光和右旋圆偏振光的光强相等。若激光振荡频率偏离了 ν_0 (如在 ν 处)，则右旋圆偏振光的光强($I_{右}$)大于左旋圆偏振光的光强($I_{左}$)；反之，则有 $I_{右}<I_{左}$ 。根据激光输出的两个圆偏振光光强的差别，就可以判别出激光振荡频率偏离中心频率的方向和大小。这样可设法形成一个控制信号去调节谐振腔，使它稳定在谱线的中心频率处。由纵向塞曼效应分裂成的两谱线交点处的曲线有较陡的斜率，可作为一个很灵敏的稳频参考点，故频率稳定性和频率复现性精度都比较高。

5.7.2　塞曼效应双频稳频激光器

1. 双频稳频激光器的结构

双频稳频激光器由加纵向均匀磁场的双频激光管、电光调制器和电子伺服系统组成，如图 5-24 所示。

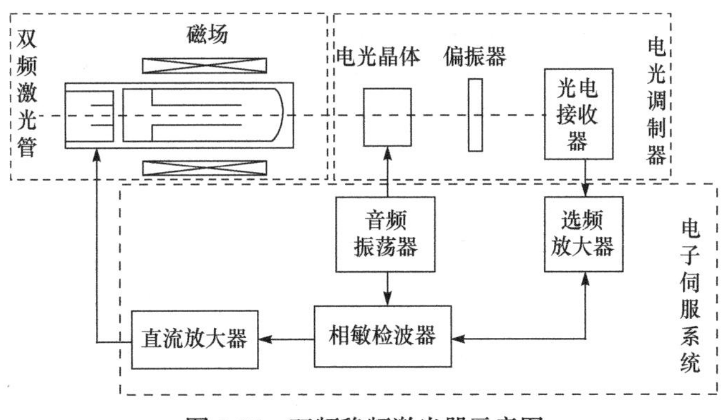

图 5-24　双频稳频激光器示意图

双频激光管是一个利用压电陶瓷环控制腔长的内腔管。管壳用石英玻璃制成，腔镜由平-凹反射镜构成，其中平面反射镜与压电陶瓷环黏接在一起；激光管充以高纯度的氦氖气体，He^3：Ne^{20} 约为 7：1，充气压约为 400Pa。充气压过高或含有其他气体成分都会增加激光的噪声。在放电区另有强度为 300G 的均匀纵向磁场。磁场由一个与管子同心的永久磁铁环或电磁线圈产生。双频激光管的结构如图 5-25 所示。

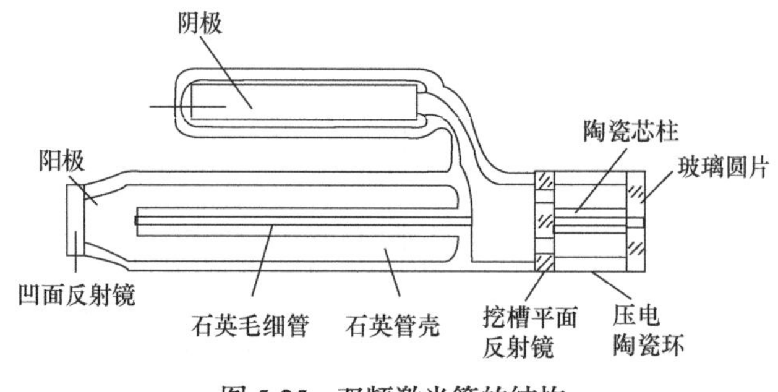

图 5-25　双频激光管的结构

对于稳频激光管，要求其单模输出，如输出波长为 632.8nm 的 He-Ne 激光管，只要腔长 L 在 100nm 以下，即可保证单纵模输出。欲获得单横模输出，则可适当选择石英毛细管的直径及腔镜的曲率半径和反射率。

电光调制器由电光晶体和偏振器组成。圆偏振光通过加有 1/4 波长电压($V_{\lambda/4}$)的晶体时就会变成线偏振光，而偏振器只允许平行于偏振轴的光通过，故二者结合起来，利用 $\pm V_{\lambda/4}$ 电压使左旋圆偏振光和右旋偏振光交替通过偏振器，即能比较出左旋圆偏振光和右旋圆偏振光光强的大小，从而完成鉴频作用。

鉴频原理如下，当双频激光器输出的左旋圆偏振光和右旋圆偏振光进入电光晶体(在晶体上加有频率 f 交替变化的 $V_{\lambda/4}$)时，即变成两个相互垂直的线偏振光。恰当地设置偏振器的偏振轴方向，当电压为正半周时，右旋圆偏振光经过电光晶体后变成的线偏振光刚好能通过，而左旋圆偏振光正好不能通过；当电压变为负半周($-V_{\lambda/4}$)时，左、右旋圆偏振光通过电光晶体后其线偏振方向与上述情况相反，左旋圆偏振光能通过，而右旋圆偏振光不能通过。因此，在偏振器后面的光电接收器就交替地接收到左、右旋圆偏振光的光强信号 $I_{\nu L}$ 和 $I_{\nu R}$，其变化频率为 f。当 $I_{\nu L} > I_{\nu R}$ 时，光电接收器输出信号电压的相位与调制电压相同；当 $I_{\nu L} < I_{\nu R}$ 时，输出信号电压的相位与调制电压反相；当 $I_{\nu L} = I_{\nu R}$ 时，输出信号为一直流电压，其工作原理如图 5-26 所示。

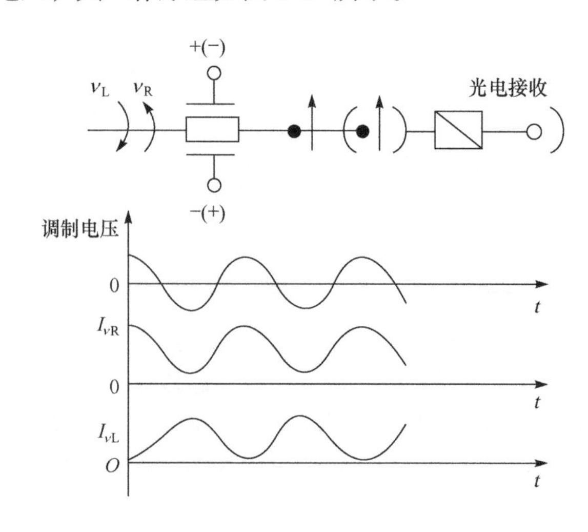

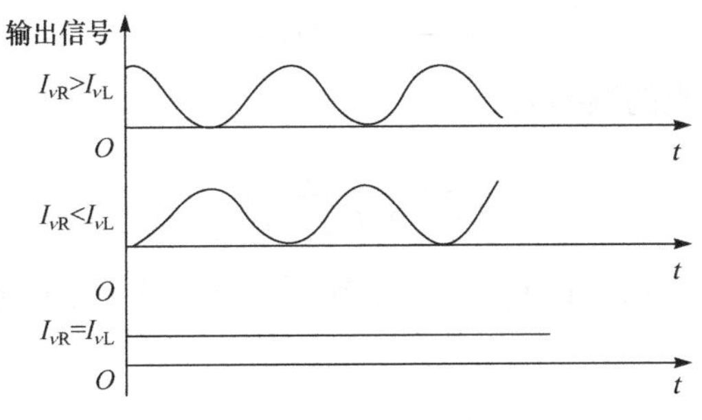

图 5-26　电光调制器鉴频原理示意图

电子伺服系统包括 1kHz 音频振荡器、选频放大器、相敏检波器和直流放大器。

2. 双频稳频激光器的工作原理

一个单模激光器的振荡频率为 $\nu = q\dfrac{c}{2nL}$。当激光器产生振荡时，激活介质中的粒子受强光作用，折射率 n 就要发生变化，其改变量 Δn 在谱线中心 ν_0 处为零。当振荡频率 $\nu > \nu_0$ 时，Δn 为一增量，即有效折射率增加；反之，当 $\nu < \nu_0$ 时，Δn 为一减量，即有效折射率减小。这两种情况都有把振荡频率拉向谱线中心的趋势，这就是频率的牵引效应。

在施加纵向磁场后，光谱线由于塞曼效应分裂为两条位于 ν_0 两侧且与中心频率等间距的谱线，分别是中心频率为 $\nu_{0L}(>\nu_0)$ 的左旋圆偏振光、中心频率为 $\nu_{0R}(<\nu_0)$ 的右旋圆偏振光。其增益曲线 $G(\nu_L)$ 和 $G(\nu_R)$ 如图 5-27 所示。频率牵引效应可使两圆偏振光的频率分别向各自的增益曲线的极值处移动，即 ν_L 向 ν_{0L} 移动，ν_R 向 ν_{0R} 移动。

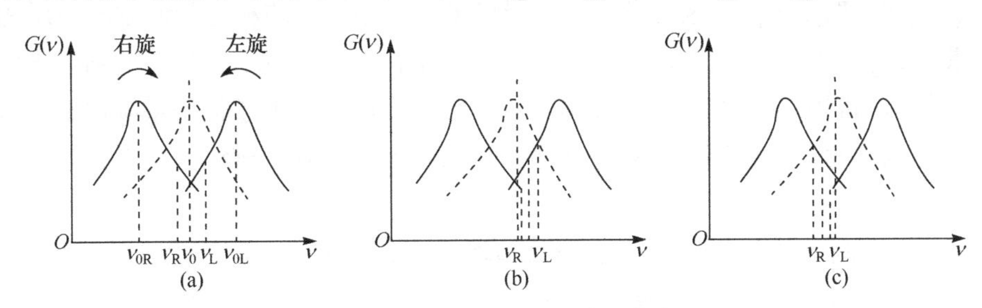

图 5-27　双频激光器的增益曲线

对于左旋圆偏振光，有

$$\nu_L = q\frac{c}{2nL(1+\Delta n_L)}$$

即

$$(1+\Delta n_L)\nu_L = q\frac{c}{2nL} = \nu \tag{5.65}$$

因为 $\nu_L < \nu_{0L}$，所以 $\Delta n_L < 0$，故 $\nu_L > \nu$，即左旋圆偏振光的频率比未加磁场时的振荡频率增高了，即

$$\nu_{\mathrm{L}} - \nu = -\Delta n_{\mathrm{L}} \nu_{\mathrm{L}} \tag{5.66}$$

同理，右旋圆偏振光的频率为

$$\nu_{\mathrm{R}} = q \frac{c}{2nL(1+\Delta n_{\mathrm{R}})} \tag{5.67}$$

因为$\nu_{\mathrm{R}} > \nu_{0\mathrm{R}}$，所以$\Delta n_{\mathrm{R}} > 0$，故$\nu_{\mathrm{R}} < \nu$，右旋圆偏振光的频率比未加磁场时的振荡频率降低了，即

$$\nu - \nu_{\mathrm{R}} = \Delta n_{\mathrm{R}} \nu_{\mathrm{R}} \tag{5.68}$$

综上所述，当激光管加了纵向磁场后，原来单一振荡频率的激光将分裂为两个不同频率的激光，即频率较高的左旋圆偏振光和频率较低的右旋圆偏振光，所以这种激光器称为双频激光器。两个圆偏振光的频率差为

$$\Delta \nu = \nu_{\mathrm{L}} - \nu_{\mathrm{R}} = \sqrt{\frac{\ln 2}{\pi^3}} \cdot \frac{4\nu_0}{hQ} \frac{g\mu_B H}{\Delta \nu_D}$$

式中，Q为腔的品质因数；$\Delta \nu_D$为多普勒线宽。可见，频率差除与因加纵向磁场而产生的塞曼效应分裂有关之外，还与腔的品质因数有关。

下面再简述一下双频激光器的稳频原理。双频激光器的频率稳定参考点是塞曼效应分裂的左、右旋圆偏振光曲线的交点，如图 5-27(a)所示。如果激光振荡频率$\nu = \nu_0$，由图 5-27(a)可以看出，左旋圆偏振光和右旋圆偏振光的增益相等，即$G_{\mathrm{L}} = G_{\mathrm{R}}$，所以输出的功率(光强)相等($I_{\nu\mathrm{L}} = I_{\nu\mathrm{R}}$)，此时光电接收器输出直流信号，电子伺服系统无信号输出，故激光频率保持不变。如果外界扰动使激光频率发生漂移($\nu > \nu_0$)，如图 5-27(b)所示，则$G_{\mathrm{L}} > G_{\mathrm{R}}$，所以$I_{\nu\mathrm{L}} > I_{\nu\mathrm{R}}$，这时光电接收器输出的误差信号的相位与调制电压反相；反之，如果$\nu < \nu_0$，如图 5-27(c)所示，则$G_{\mathrm{L}} < G_{\mathrm{R}}$，$I_{\nu\mathrm{L}} < I_{\nu\mathrm{R}}$，那么光电接收器输出的误差信号的相位与调制电压同相。此误差信号经选频放大后，由电子伺服系统输出相应的电压，来控制压电陶瓷环和调制腔长，使激光振荡频率恢复到两谱线的交点处，从而达到稳频的目的。

在精密干涉测量中，双频稳频激光器比单频稳频激光器具有更多优点。这主要是因为前者用拍频方法测量其频率差，具有更强的抗干扰能力，对工作条件(温度、湿度、清洁度等)的要求不太高，在非恒温条件下也能长时间连续工作，这对工业用干涉仪特别有利。

5.7.3 塞曼效应吸收稳频

塞曼效应吸收稳频装置如图 5-28 所示。它是在单模激光器腔外的光路上设置一个塞曼吸收管，吸收管内充以低气压的 Ne 气(只充 Ne 气的管子比充 He-Ne 混合气的管子，对谱线的压力位移小)，并在吸收管内通以一定的电流。一些受激发的 Ne 原子能吸收入射到吸收管的激光，但因吸收谱线较宽，不宜直接作为参考频率。若在吸收管上加一纵向磁场，由于塞曼效应，Ne 原子的谱线相对于谱线中心线会分裂为两条对称的吸收线，如图 5-29 所示。因此，Ne 吸收变为双向色散性，即它对于频率相同、方向相反的左、右

旋圆偏振光具有不同的吸收系数，其吸收差取决于激光振荡频率偏离谱线中心的程度。仅在谱线中心 ν_0 处，两圆偏振光的吸收系数相等。由图 5-29 可见，两条吸收线在斜率最陡的 C 处相交，以此点作为稳频参考点即可得到灵敏的鉴频效果。

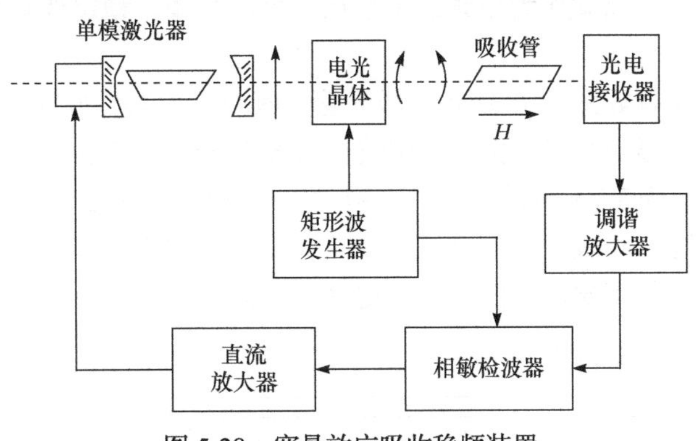

图 5-28　塞曼效应吸收稳频装置

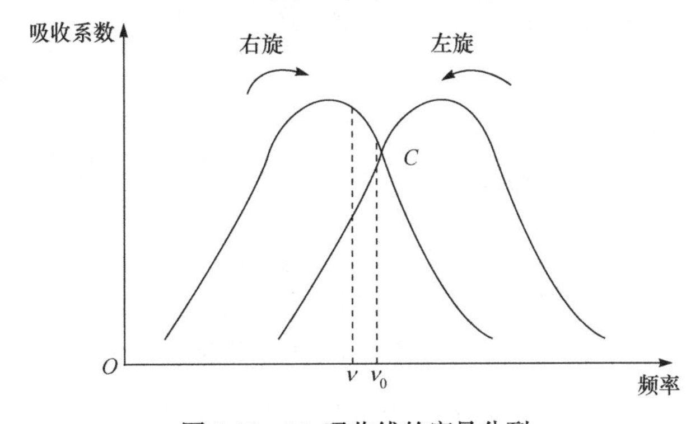

图 5-29　Ne 吸收线的塞曼分裂

塞曼效应吸收稳频的原理如下：从单模 He-Ne 激光器输出的线偏振光通过加有正负交变的 $V_{\lambda/4}$ 矩形电压的电光晶体，变成交替变化的左旋圆偏振光和右旋圆偏振光；然后通过加了纵向磁场的 Ne 吸收管，交变的两圆偏振光在吸收管中就将得到调制，结果形成误差信号；该误差信号的振幅与偏离的频率差的大小成正比，其相位与偏离的方向有关。这个误差信号由光电接收器接收，再经过放大和伺服系统去控制腔长的伸缩，从而保证激光振荡频率稳定在 ν_0 处。

5.8　饱和吸收稳频

从前面所讨论的兰姆凹陷稳频和双频稳频等方法可知，提高频率的稳定性和复现性的关键是如何选择一个稳定的和尽可能窄的参考频率。上述稳频方法都利用激光本身的原子跃迁中心频率作为参考点，而原子跃迁的中心频率易受放电条件等影响而发生变化，所以其稳定性和复现性就受到局限。为了提高频率的稳定性和复现性，通常采用外界参考频率标准进行稳频。例如，可以利用饱和吸收稳频，即在谐振腔中放入一个充有低气压气体原子(或分子)的吸收管，它有和激光振荡频率配合很好的吸收线；由于吸收管气压很低，故碰撞加宽很小，可以忽略不计，吸收线中心频率的压力位移也很小；吸收管一般没有放电作用，故谱线中心频率比较稳定。这样，在吸收线中心处便形成一个位置稳定且宽度很窄的凹陷，以此作为稳频的参考点，可使其频率稳定性和复现性精度得到很大的提高。

饱和吸收稳频装置如图 5-30 所示。激光管和吸收管串联，放到外腔型谐振腔中，它对激光振荡频率处有强吸收峰。例如，对波长为 632. 8nm 的 He-Ne 激光，在吸收管中充以 Ne 或 I_2；对波长为 3.39μm 的激光，在吸收管中充以甲烷(CH_4)，都可得到吸收线和振荡频率一致的情况。吸收管内的气压一般只有 0.13～1.3Pa，因而受气压和放电条件变化的影响很小，可以得到比前面的鉴频器更高的鉴频精度。

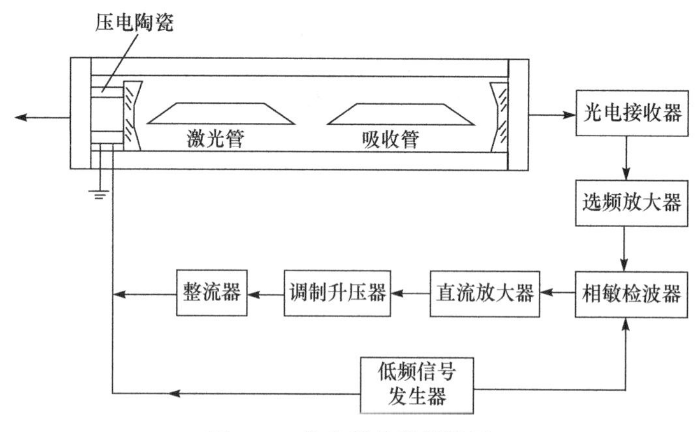

图 5-30　饱和吸收稳频装置

吸收管的气体在吸收线的中心处产生吸收凹陷的机理与兰姆凹陷相似。对于 $\nu=\nu_0$ 的光，其正向传播和反向传播的两列行波光强均被 $v_z=0$ 的分子所吸收，即两列光强作用于同一群分子上，故吸收容易达到饱和，而对于 $\nu\neq\nu_0$ 的光，则正向传播和反向传播的两列行波光强分别被纵向速度为 $+v_z$ 及 $-v_z$ 的两群分子所吸收，所以吸收不易达到饱和，在吸收线的 ν_0 处出现吸收凹陷，如图 5-31(b)所示。吸收线在中心处的凹陷意味着吸收最小，故激光器输出功率(光强)在 ν_0 处出现一个尖峰，通常称为反兰姆凹陷，如图 5-31(c)所示。反兰姆凹陷可以作为一个很好的稳频参考点，其稳频工作程序与兰姆凹陷稳频相似，在此不再重复。

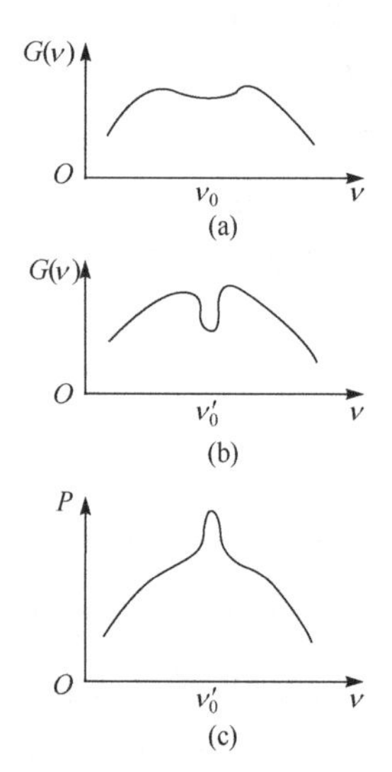

图 5-31　反兰姆凹陷

饱和吸收稳频最初利用 Ne 原子气体作为吸收介质，但其效果不是很理想，因为 Ne 的下能级寿命较短，吸收比较弱，反兰姆凹陷不明显。目前多采用分子气体来作为饱和吸收稳频的气体。例如，$^{127}I_2$ 分子蒸气基态的电子跃迁(11-5 带的 R(127)、6-3 带的 P(33)、9-2 带的 R(477)等)正好落在 He-Ne 激光器的 612nm、633nm 等振荡增益曲线内，这些吸收线有较稳定的电特性与磁特性，反兰姆凹陷的宽度为兆赫兹量级，可作为基准。$^{127}I_2$蒸气基态电子吸收线(43-0 带的 P(13))又正好与 Ar^+激光器的 514.5nm 振荡谱线相吻合，故可用来稳定氩离子激光器。甲烷(CH_4)分子的非对称振动 ν_3 带 P(7)支在 He-Ne 激光的 3.39 μm 附近有 6 条谱线，其中 $F_2^{(2)}$ 分量正好处于 3.39 μm 的 He-Ne($3s_2$-$3p_4$)激光谱线的带宽内；SF_6 在 CO_2 激光 10.6 μm 附近有强吸收线；等等。

用分子气体的吸收线作为参考频率标准有如下优点。

(1) 分子的振动跃迁寿命比 Ne 原子的能级寿命长，可达到 10^{-3}～10^{-2}s 量级，因此分子谱线的自然宽度比原子谱线窄得多。分子吸收线产生于基态与振动能级间的跃迁，吸收管不需要放电激励即有很强的吸收，因而避免了放电的扰动。

(2) 吸收管气压较低，由分子碰撞引起的谱线加宽非常小，其反兰姆凹陷的宽度只有 10^5 Hz 以下极窄的谱线。

(3) 分子的基态偶极矩为零(如甲烷分子是一种典型的球对称分子)，所以斯塔克效应和塞曼效应都很小，由此而产生的频移和加宽可忽略不计。因此，腔内饱和吸收稳频激光器由于结构简单紧凑，已被广泛采用。

由于激光谱线的可调范围和吸收线均很窄，所以必须选择合适的气体分子作饱和吸收介质，这样吸收谱线与激光谱线才能很好地吻合。例如，甲烷分子在 3.39 μm 的 He-Ne 激光附近有强吸收线，但是 CH_4 吸收线中心频率比 3.39 μm 激光谱线中心频率约高 100MHz，为了使两者中心频率重合，可在 He-Ne 激光管中充以高气压的 He，通过压力位移，迫使激光谱线中心移至 CH_4 吸收线中心。He 和 Ne 压力位移分别为 (0.2±0.004)MHz/Pa 和(0.09±0.03)MHz/Pa。例如，在 He-Ne 激光管中(毛细管长 300mm，直径为 3mm，放电电流为 5mA)充以 He^3 : Ne^{20} = 24 : 1 的混合气体，总气压为 667Pa，甲烷吸收管气压为 1.33Pa，此时激光谱线中心和甲烷吸收线中心基本重合。

另外，由于吸收谱线和激光增益谱线的峰值不重合，饱和吸收峰往往处在激光输出功率曲线兰姆凹陷的倾斜背景上，所以一次导数信号有较大的基波本底，在稳频中会造成控制误差。因此，这类稳频激光器的伺服控制电路中常以谱线的三次导数信号作为鉴频信号(即采用一种三次谐波稳频电路)，以消除背景影响。

由于饱和吸收稳频激光器的频率稳定度最终取决于吸收谱线的频率稳定性，也与谱线的宽度以及信噪比有关，所以选择理想的吸收介质十分重要，它们应当满足以下条件。

(1) 吸收谱线与激光增益谱线的频率基本上相符。

(2) 吸收系数要大，低能级最好是基态。由于原子吸收线波长多处在可见光和紫外光波段内，不易与多数气体激光器配合，所以常用分子吸收线，分子振-转谱线丰富，也容易找到与激光谱线匹配的线，而且极化率低，碰撞频移比原子小。

(3) 激发态寿命较长，谱线自然宽度小。

(4) 气压低，谱线碰撞加宽、频移小。

(5) 分子结构稳定，尽可能没有固有电矩和磁矩，以减少碰撞、斯塔克效应和塞曼频移与加宽。

5.9 其他稳频激光器

5.9.1 脉冲激光器的稳频

脉冲激光器的频率稳定性一直是比较难以解决的问题。随着脉冲激光器在高分辨率光谱学、激光化学和激光雷达等应用方面的发展，人们开始探索稳定脉冲光频的方法。其中，对固体脉冲激光器稳频研究得较多，而且取得了较好的效果。

固体脉冲激光器在受激期间要输入较大的激励能量，所以系统中电压与温度的变化都比较激烈。据报道，采用在脉冲形成期间对腔体和其他参数进行补偿锁定的方法，获得了较好的稳频效果,其补偿锁定式稳频装置如图 5-32 所示,这是一台重复频率为 10Hz、持续时间为 5ms 的 Nd：YAG 脉冲激光器。因为固体激光器的增益带宽较宽，并存在空间烧孔效应，所以激光器必须是单模(纵模、横模)输出，为此腔内要插入 F-P 熔融石英标准具。为了消除空间烧孔效应，在 YAG 棒的两端装 1/4 波片，腔长是通过腔镜上的 PZT 陶瓷和 $LiNbO_3$ 晶体进行调节的。以腔外光路上的 F-P 共焦干涉仪作为光频基准，整个激光系统用恒温水流进行冷却。

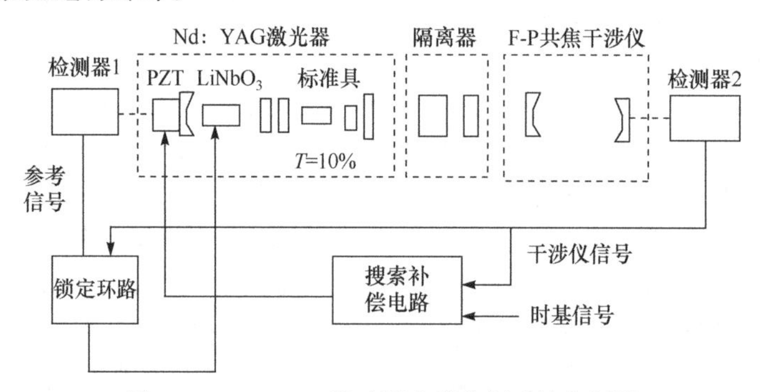

图 5-32　Nd: YAG 脉冲激光器稳频系统方框图

为了保证每一个光脉冲的频率都能对准 F-P 共焦干涉仪的透射峰值，采用一种特殊的搜索电路。在光脉冲出现的瞬间，搜索电路便开始工作，用一个扫描电压改变腔长，一旦光电检测器接收到 F-P 共焦干涉仪的共振信号，搜索电路即自动转换成补偿信号电压，其补偿量的大小应预先经过测定，保证脉冲激光频率在整个脉冲周期内对准 F-P 共焦干涉仪的中心。但此时激光的频率还可能有较大的起伏，因此还需要使用另一套快速锁定系统，这个系统能比较检测器 1 和 2 上的激光功率的大小，并通过比较光脉冲功率和 F-P 共焦干涉仪透射的功率得到一个误差信号，再经过锁定环路伺服系统去控制 $LiNbO_3$ 晶体的光学长度，即激光器的振荡频率，使光频稳定在 F-P 腔透射曲线的最大斜率处，构成快速稳频环路。两套系统同时工作后，光脉冲的频率起伏可小于 200kHz。

5.9.2 半导体激光器的稳频

半导体激光器具有小型、可靠和寿命长等优点。若能采用适当的稳频方法提高其频率稳定度，那么对超外差光通信、精密测量等应用都将有重要的意义。

早些时候对半导体激光器主要采用如图 5-33 所示的稳频系统进行稳频工作。采用 F-P 共焦干涉仪作为频率基准。在 F-P 共焦干涉仪上加上音频扫描电压，当激光振荡频率偏离扫描干涉仪的中心频率时，将引起透射光强的改变，从而得到一个误差信号，该误差信号再通过伺服系统加到半导体激光器的恒温器上，最后调节半导体激光器的工作温度就可实现激光频率的稳定。因为这种方法是利用光学谐振腔的幅度特性构成稳频系统的，所以鉴频曲线的两侧斜率很快趋于零，系统的抗干扰能力很差，激光频率的微小跳变就会导致失锁，而且不易被察觉，因而不能实现有效的稳频。

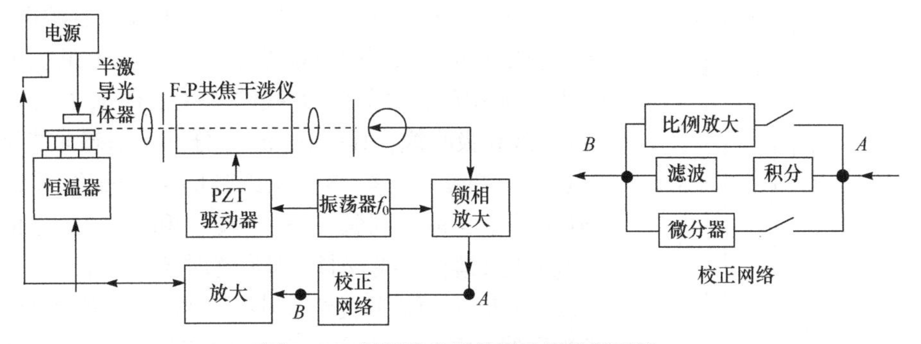

图 5-33　早期的半导体激光器稳频系统

20 世纪 80 年代初，国外报道了一种“铯原子饱和吸收稳频方法”，其稳频系统如图 5-34 所示。半导体激光器装在由佩尔捷效应构成的恒温器中，恒温精度达 10^{-4}～10^{-3}K。稳频系统包括 Cs 饱和吸收装置和电子伺服控制系统。

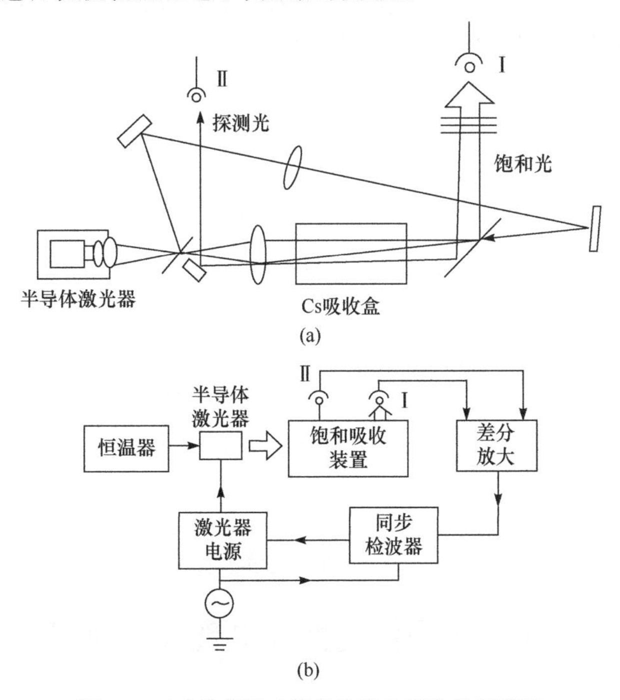

图 5-34　半导体激光器的铯饱和吸收稳频系统

铯原子基态 $6^2S_{1/2}$ 与第一激发态 $6^2P_{3/2}$ 的能级分布如图 5-35 所示，其间距为 852.112nm，基态和激发态的超精细结构如图 5-35 所示，D_2线在常温下的多普勒宽度约为 370MHz，故从基态 3 和 4 出发的吸收线是易于分离的。激发态的寿命很短($\tau = 10^{-8}$s)，而基态 3、4 的两个超精细能级间的弛豫时间较长，除基态 3 到激发态 F=2、基态 4 到激发态 F=5 的跃迁之外，其余的跃迁都易于饱和。这是因为从激发态上很快下跌的原子以相同的概率落在基态的两个超精细能级上，这种超精细能级间的抽运效应使得输出功率较小的半导体激光器产生饱和吸收效应。

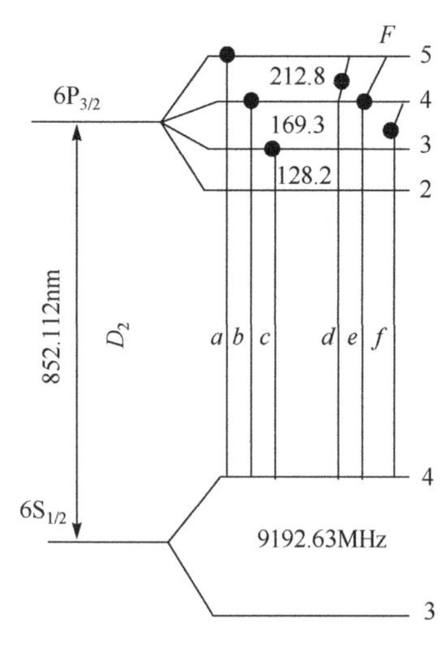

图 5-35　铯原子能级图

半导体激光器 Cs 饱和吸收装置稳频原理如下。首先，频率为 f_0 的调制信号加在半导体激光器的电极上，在 D_2 线附近扫描(调制)激光频率，探测光束上可检得图 5-36(a)中的信号。在 D_2 线的基底上有 a、b、c、d、e、f 六条饱和吸收线，其中 a、b、c 分别是基态 4 能级至激发态 $6P_{3/2}$ 的 F=5、4、3 能级跃迁的兰姆凹陷，而 d、e、f 则是基态 4 能级到激发态 F=4、5 和 3、4 能级的交叉共振兰姆凹陷。a 线较弱，因为这时粒子只能回到基态 4 能级上；b、e 两线间的频差小于 20MHz，因为吸收线和激光谱线均具有一定宽度而无法分辨。为消除 D_2 线基底的影响，可从饱和光束中取出相同的基底信号，选取合适的幅度并以差分的方式消除探测光束中的基底成分，最终的微分信号如图 5-36(b)所示。系统锁定在幅度较强的 d 线上，从控制系统反馈电压的变化情况可估算稳频后半导体激光器频率的稳定性，采用阿伦(Allan)方差表示，当平均时间为 0.2～ls 时，稳定度可达 9×10^{-12}。

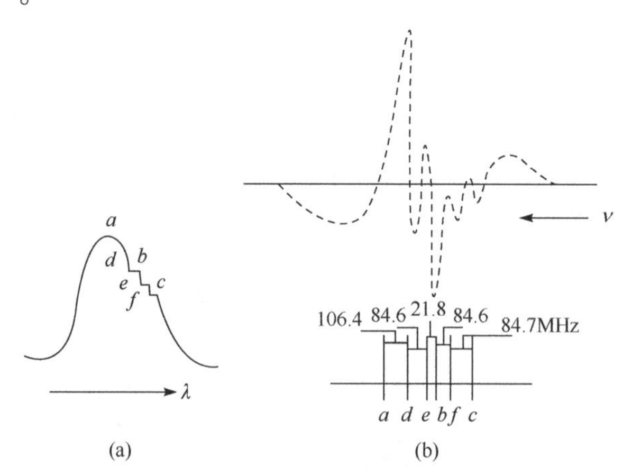

图 5-36　铯原子饱和吸收线

5.10　频率稳定性和复现性的测量

由于激光频率极高，欲直接测量频率的稳定度是很困难的，用一般电子仪器也无法将极高的光频变化显示出来，所以通常利用拍频的方法进行相对测量。这种方法类似于电子技术中的差频技术，将两列光波进行混频，所得差频信号为无线电射频信号，频谱分析仪及频率计均可对此拍频信号产生响应。对于频谱分析仪，其输出电平正比于拍频信号的谱密度，而频率计测量的则是拍频频率，其数据采用阿伦方差进行处理。

5.10.1　拍频的原理

激光的相干性好，当两束光叠加在一起时，初相位的差值是暂时稳定的或缓慢变化的，因而会产生干涉现象。两束光波之间的可相干性，为测量光波频率检定性提供了一种方法——拍频测量法。

设频率相差很小的两束光波，瞬时频率分别为 $\nu_1(t)$ 及 $\nu_2(t)$，其光场分别为

$$\begin{aligned} E_1(\nu_1) &= A_{c1}\cos(2\pi\nu_1 t) \\ E_2(\nu_2) &= A_{c2}\cos(2\pi\nu_2 t) \end{aligned} \tag{5.69}$$

式中，A_{c1}、A_{c2} 为两束光波的振幅。当这两束光波(传播方向平行且重合)垂直入射到光电探测器上时，其输出的合成振动正比于光强(光场的平方)，即输出的光电流为

$$\begin{aligned} i_p \approx I = E^2(t) &= [E_1(\nu_1)+E_2(\nu_2)]^2 \\ &= A_{c1}^2\cos^2(2\pi\nu_1 t) + A_{c2}^2\cos^2(2\pi\nu_2 t) + A_{c1}A_{c2}\cos[2\pi(\nu_1+\nu_2)t] \\ &\quad + A_{c1}A_{c2}\cos[2\pi(\nu_1-\nu_2)t] \end{aligned} \tag{5.70}$$

式中，第一、二项的平均值，即余弦函数平方的平均值等于 1/2；而第三项(和频项)的频率很高，现有光电探测器无法响应，其平均值为零；第四项(差频项)相对于光频来说要缓慢得多。当差频信号低于光电探测器的截止频率时，即有光电流输出：

$$i_p = A_{c1}A_{c2}\cos[2\pi(\nu_1-\nu_2)t] \tag{5.71}$$

由式(5.71)可以看出，差频信号电流的频率 $\nu_1-\nu_2$ 随两束光的频率 ν_1、ν_2 成比例地变化。若激光器 1 相对于激光器 2 的频率稳定性很高，可以认为 $\nu_1 \approx \nu_0$(作为参考频率)，拍频频率 $\Delta\nu = \nu_1-\nu_2 = \nu_0-\nu_2$，因此拍频频率值的变化主要是由激光器 2 的频率漂移作用引起的。激光器 2 相对于激光器 1 的频率稳定性为 $\Delta\nu/\nu_0$。

拍频法的原理如图 5-37 所示。两信号的差频 ν_B 具有较低的数值，用计数器测定其 M 个周期的长度为 τ，由 τ 的起伏可测得两信号源的稳定度。

当作为参考信号的激光器 1 的稳定性高于被测信号的激光器 2 一个数量级时，可认为测得的结果全由被测信号的激光器 2 产生。两信号的差频表示为

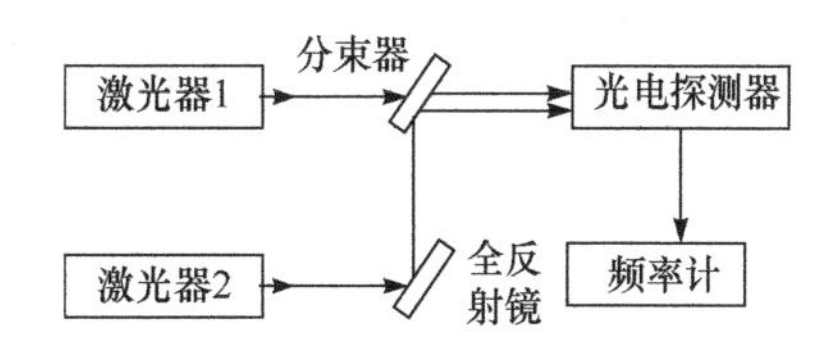

图 5-37　拍频法原理

$$\nu_B = \frac{1}{T_1} = \frac{1}{\tau/M} \tag{5.72}$$

式中，$\tau = MT_1$；T_1 为 ν_B 的周期。考虑到频率的不稳定性，有

$$T_1 = T_0 + \Delta T_1 \tag{5.73}$$

式中，T_0为常值，这相应于

$$\nu_B = \nu_{B0} + \Delta\nu_B, \quad \tau = \tau_0 + \Delta\tau \tag{5.74}$$

式中，ν_{B0}和ν_0分别代表ν_B和τ恒定值。根据误差理论有

$$\frac{\Delta T_1}{T_1} = \frac{\Delta\nu_B}{\nu_B}, \quad \Delta\nu_B \approx \frac{\Delta T_1}{T_0^2}$$

但$T_0 = \dfrac{\tau_0}{M}, \Delta T_1 = \dfrac{\Delta\tau}{M}$，所以

$$\Delta\nu_B = \frac{M\Delta\tau}{\tau_0^2} \tag{5.75}$$

在t时刻、τ取样长度下的频率相对起伏为

$$y_{t,\tau} = \frac{\Delta\nu_B}{\nu_B} = \frac{M\Delta\tau}{\nu_0\tau_0^2} \tag{5.76}$$

5.10.2 拍频技术测量的频率稳定性和复现性

因为同一批型号的 He-Ne 激光器的频率稳定度和复现性是不同的，所以要用拍频技术对它们的相对频率稳定度和复现性做出评定。首先将各激光器与 Kr^{86} 基准波长进行干涉比对，得出测量的波长值，用求出的共同参考波长作为频率稳定度的比较基准，然后把各激光器与参考激光器进行拍频测量，求得相对频率稳定度。

拍频测量实验装置如图 5-38 所示。图中 SL_1、SL_2是两台稳频的激光器，各自通过稳频器稳定(锁定)在参考基准中心；两台激光器输出的光经全反射镜 R 和部分反射、透射镜 S 后完全重合，并射到光电探测器上得到一个差频电信号，继而进行放大输入到拍频测量与数据处理系统中。通过频谱分析仪可直接进行观察，另外，通过频率计可读取拍频频率值。设 SL_1 作为参考激光器，$\nu_0 = 4.74\times10^{14}\,\text{Hz}(\lambda_0 = 632.99142\text{nm})$，$SL_2$为各待测激光器。在相同的运转条件下，先后测得各激光器相对于参考激光器的拍频频率，如其中某一激光器相对于参考激光器的拍频频率$\Delta\nu_1$，$\Delta\nu_2$，…，$\Delta\nu_N$等，N为取样测量次数。由于频率起伏是随机的，所以频率稳定度常采用统一的阿伦方差进行处理。在观测平均时间内，在任何时刻都可能出现大的频率变化，若把频率变化值简单地取算术平

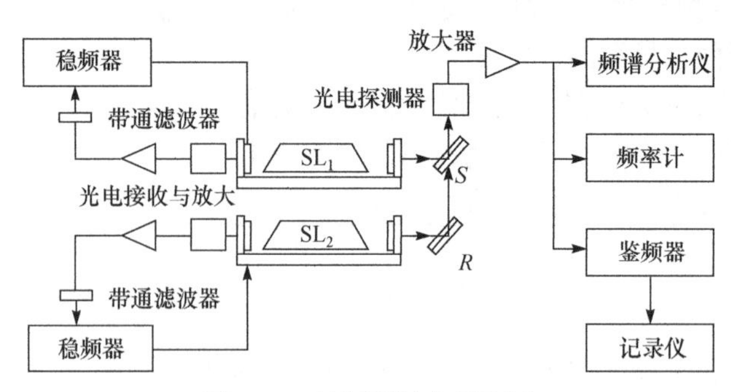

图 5-38 拍频测量实验装置

均值作为频率变化值，就会产生很大的误差，因此，一般都采用统计的方法。激光频率偏差的双取样阿伦方差为

$$\sigma^2(2,\tau)=\frac{1}{N}\sum_{i=1}^{N}\left(\frac{\nu_{2i}-\nu_{2i-1}}{2}\right)^2 \tag{5.77}$$

式中，ν_{2i}、ν_{2i-1}为取样平均时间τ内连续测量的两个相邻差频信号的频率。激光频率稳定度的双取样阿伦方差为

$$S_\nu=\frac{\sqrt{\sigma^2(2,\tau)}}{\bar{\nu}}=\frac{1}{\bar{\nu}}\sqrt{\frac{\frac{1}{2}\sum_{i=1}^{N}(\nu_{2i}-\nu_{2i-1})^2}{2N}} \tag{5.78}$$

式中，$\bar{\nu}$为激光平均频率；1/2 是假定每一台激光器对差频频率起伏具有相同作用的因子。因此，只需在频率计上测出N组相邻差频频率序列，用式(5.78)即可计算出取样平均时间τ内每台激光器的频率稳定性。另外，有关文献还介绍了应用相位差法来测定频率稳定度的方法。例如，采用传统的双光束干涉法测量两条激光干涉条纹的移动量，在秒级取样长度下测量频率稳定度的精度可以达到10^{-13}量级。

相位与频率及其稳定性间的关系为

$$\nu(t)=\frac{1}{2\pi}\frac{\mathrm{d}}{\mathrm{d}t}\varphi(t)$$

$$y(t)=\frac{1}{2\pi\nu_0}\frac{\mathrm{d}}{\mathrm{d}t}\varphi(t)=\frac{\dot{\varphi}}{2\pi\nu_0}=\frac{1}{2\pi\nu_0}\left[\frac{\varphi(t+\tau)-\varphi(t)}{\tau}\right] \tag{5.79}$$

$$\sigma_y^2(\tau)=\frac{(\bar{y}_{k+1}-\bar{y}_k)^2}{2} \tag{5.80}$$

相位的单位一般用弧度(rad)或度(°)来表示，但这种单位使得相位及其改变量不能直接反映出频率的变化。因此，有人建议取下列值作为相位的表征：

$$x(t)=\varphi(t)/(2\pi\nu_0) \tag{5.81}$$

即取与信号载频无关的相位表征。实际上，$x(t)$表示光波载频在一个振荡周期内的相对相位变化，其单位与时间单位一样为“秒”。由于它考虑了载频的影响，故在不同频率上测得$x(t)$后，便可相互比较来量度频率的变化。一个周期中相位改变2π，这对任何频率都一样，但采用独立载频的相位表征$x(t)$时，对同样一个周期的相位改变，在不同载频下取不同的值。

相位差法的基本原理可表述如下。设有两个信号，表示为

$$\begin{aligned}V_1(t)&=V_1\sin(2\pi\nu_0 t+\varphi_1)\\V_2(t)&=V_2\sin(2\pi\nu_0 t+\varphi_2)\end{aligned} \tag{5.82}$$

这里假定两个信号的频率相等，频率的不稳定性用相角$\varphi_1(t)$和$\varphi_2(t)$来表示。由图 5-39 可见，在t_1时

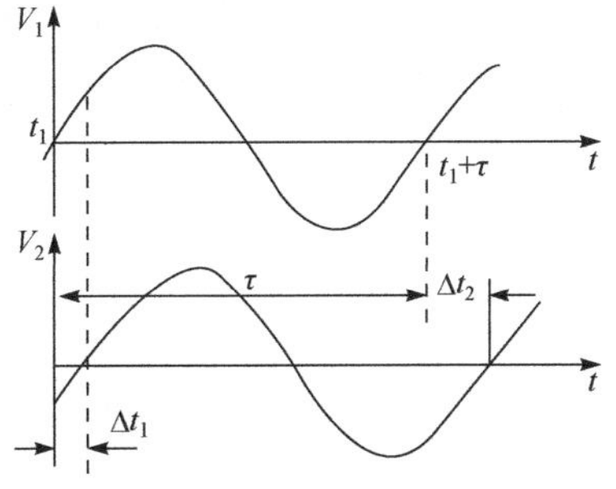

图 5-39 相位变化图

$$x_1(t)=\left.\frac{\varphi_1-\varphi_2}{2\pi\nu_0}\right|_{t_1}=\Delta t_1$$

经过一个周期τ后，有

$$x_2(t)=\left.\frac{\varphi_1-\varphi_2}{2\pi\nu_0}\right|_{t_1+\tau}=\Delta t_2$$

则两个信号在τ时间内的平均频差的相对值为

$$\overline{y}(t)=\frac{1}{\tau}\int_{t_1}^{t_1+\tau}y(t)\mathrm{d}t=\frac{x_2(t)-x_1(t)}{\tau} \tag{5.83}$$

重复进行多次测量，在第k次取样间隔$t_k \sim t_{k+1}$内，则有

$$\sigma_Y(\tau)=\left\langle\frac{(\overline{y}_{k+1}-\overline{y}_k)^2}{2}\right\rangle=\left|\frac{1}{2\tau^2 M}\sum_{j=1}^{M}(x_{j-2}-2x_{j+1}+x_j)^2\right|^{1/2} \tag{5.84}$$

式中，符号< >表示无限时间平均。式(5.84)表明，频率稳定度的双取样方差是相位值的二次差分，还表明每次计算要取三个相邻的相位值。换句话说，在计算两个相邻的平均频率时要用到同一个相位值。若能把两个信号间的相位差精确长期地记录下来，就能获得任意取样长度下的频率稳定度。

思考题与习题

1. 纵模的选择原理是什么？选择方法有哪些？常用的选择单纵模的方法有短腔法和F-P标准具法，试比较二者的优缺点。

2. 钕玻璃激光工作物质($\lambda=1064\text{nm}$)的荧光线宽$\Delta\lambda_D$=24.0nm，折射率 n=1.50，若用短腔法选单纵模，腔长应为多少？

3. 有一台红宝石激光器，腔长 L=500mm，振荡线宽$\Delta\nu_D$=2.4×10^{10}Hz，在腔内插入F-P标准具(n=1)，选单纵模，试求它的间隔d。

4. 描述稳频伺服原理图中的相敏检波器的工作原理及其应用。

5. 分析兰姆凹陷与反兰姆凹陷的异同点。

6. 在 He-Ne 激光器中，Ne 原子的谱线宽度$\Delta\nu_D=1.5\times10^9\text{Hz}$，其谱线中心频率$\nu_0=4.7\times10^{14}\text{Hz}$，如果不采用稳频措施，那么这种激光器的频率稳定度为多少？

第 6 章　晶体学基础

6.1　基 本 概 念

6.1.1　晶体材料分类

晶体是指其内部的原子、分子和离子，以及其集合在三维空间呈周期排列的固体，表现为远程有序(在微米量级范围是有序的)。晶体是在 X 射线表征过程中，出现明显衍射峰的材料。晶体分为天然晶体和人工晶体。天然晶体是天然产生的具有一定化学组成和晶体结构的单质或化合物。晶体通常具有外部晶形，但并非所有晶体都具有外部晶形。由于受到生长环境的限制，晶体可能形成不规则形状。人工晶体指的是人工合成或者人造的晶体。人工合成晶体是指有天然对应物的人工晶体，如合成的红宝石、蓝宝石以及水晶等。人造晶体是无天然对应物的人工晶体，如钛酸锶、钇铝石榴石等。我们根据晶体的功能并结合其主要应用领域对一些常见的人工晶体进行初步的分类。人工晶体主要包括超硬晶体、压电晶体、热释电晶体、光功能晶体和半导体晶体。光功能晶体主要包括光学晶体、电光晶体、激光晶体、光折变晶体、非线性光学晶体和闪烁晶体等。

6.1.2　晶体结构及性质

1. 晶体结构

晶体对于我们来说是一个既陌生又熟悉的物质材料。陌生是指在光电技术中所使用的人工生长的完整的大块晶体在日常生活中是鲜为人知的，而熟悉是指在我们生活的周围，如金属材料、建筑材料、糖、盐和各种各样的化学药品，大多属于晶体。

有固定的几何外形的固体叫做晶体。它与非晶体的本质区别在于有自范性。晶体的特点为有规则的几何构型、有固定的熔点和各向异性等。晶胞是晶体结构的基本单位。

同一种晶体的外形可能不同，但不管它们的外形存在何种差异，其几何多面体上相应的两个晶面的夹角总是严格相等。晶面角成为识别各种晶体的一种特有参数，即晶体的晶面角守恒定律。

2. 内部结构的周期性特点

近代利用 X 射线对晶体进行研究的结果具体揭示了晶体的内部构造。一切晶体不论其外形如何，组成晶体的原子(或离子、分子)在三维空间的排列总是有规律地重复着，从而构成格子构造。这种按照一定规律不断重复排列的性质，造成晶体结构的远程有序性，而非晶体内的粒子分布则只有近程有序性，图 6-1(a)、(b)分别表示了石英晶体与石英玻璃的平面结构示意图。图 6-1(a)和(b)都由 SiO_2 四面体组成，硅在四面体的中心，氧在四面体的顶点上，石英晶体是这些四面体有规律的堆积，而在石英玻璃中则没有严格的堆积顺序，从而在图 6-1(b)上表现不出远程有序。

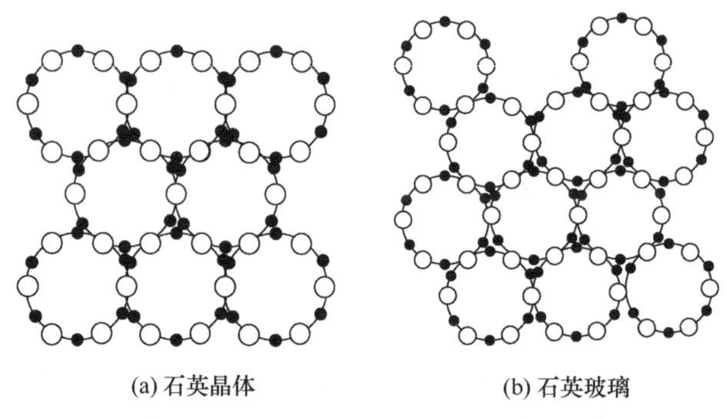

(a) 石英晶体　　(b) 石英玻璃

图 6-1　石英晶体与石英玻璃结构上的区别

在此基础上，我们可以导出关于晶体的严格定义，即晶体是具有格子构造的固体。晶体结构特征归纳如下。

(1) 晶体外形的规律性反映了内部结构的规律性。

(2) 组成晶体的原子在三维空间的排列有规律地重复。

(3) 晶体内部结构具有远程有序性(而非晶体内的粒子分布则近程有序)。

3. 晶体的性质

晶体是具有格子构造的固体，这一特点使得所有的晶体都能自发地形成规则的几何多面体外形，除此之外，格子构造的规律还决定了晶体必须具有其他一些特性，我们把仅仅与格子构造规律有关的特性称为晶体的基本性质。

应当指出，这里强调晶体的共性，并不排斥各种不同晶体可以有自己的个性，原因如下。

(1) 这里所说的格子构造是指一切晶体所普遍具有的格子构造规律，而不是指某一个别晶体的具体构造，这一点将在 6.2 节详细说明，不同晶体虽然均为格子构造，但是它们之间的格子形状可以不同。

(2) 晶体的性质除与具体格子构造有关外，还与它的化学组成有关。

(3) 各种晶体的化学组成和具体格子构造不同，这就决定了不同晶体有不同的个性，例如，金刚石晶体具有极高的硬度，α-石英具有良好的压电性等。

下面分别叙述晶体的基本性质。

1) 自限性

自限性是指晶体具有自发地形成封闭的凸几何多面体的能力。晶体的外表被晶面、晶棱及晶顶等要素所包围，这些要素有如下关系：

$$晶面数+晶顶数=晶棱数+2$$

晶体所具有的封闭凸几何多面体外形，乃是晶体内部格子构造的外部反映。晶体的生长过程实质上是质点按照空间格子规律进行规则排列和堆积的过程，因此在晶体生长过程的每一瞬间，一直到晶体停止生长，每个最外层的网面，相邻网面相交的公共行列，以及网面和行列相聚处的公共结点总是表现为规则的几何形态——面(晶面)、线(晶棱)以及点(晶顶)。它们组成了一个规则的封闭凸几何多面体。

2) 均匀性和各向异性

晶体的均匀性是指晶体在不同部位上具有相同的物理性质。在宏观观察中，由于分辨能力的限制，晶体的不连续性受到掩盖，晶体表现得像一个具有连续结构的物体。由于宏观观察的统计性，因此测得的宏观性质必然是一个统计平均的结果。晶体构造中所有质点都是在三维空间上周期性重复的，因此晶体不同部位的质点和排列方式相同，即晶体的宏观性质与观察位置无关，这就是晶体的均匀性。

晶体在宏观观察中表现出均匀性的同时，还表现出各向异性的特点。各向异性就是晶体的宏观性质因观察方向不同而有差异。例如，方解石和云母受力后的破裂(解理)总是沿着一个确定的方向发生。

晶体的各向异性是由于晶体构造中各个方向上质点的性质和排列方式不同所引起的。下面以 NaCl 晶体构造为例说明。图 6-2 为 NaCl 晶体的一个晶面，图中大圆表示 Cl^-，小圆表示 Na^+。由图 6-2 可见，沿 *OA* 方向由 Cl^-和 Na^+相间排列而成，沿 *OB* 方向则全部由 Cl^-按一定间距排列而成，而沿 *OC* 方向则又是另一种排列方式。很明显，晶体的性质在一定的外界条件下取决于其成分和内部构成两个因素，既然现在沿不同方向上这两个因素都不相同，这当然要导致性质上出现差异。

3) 对称性

晶体的宏观性质一般说是各向异性的，但这并不排斥在几个特定方向上可以出现异向同性的现象。这种相同的性质在不同方向上有规律地重复出现，称为对称性。因为晶体的格子构造并不排斥在几个特定方向上质点的性质和排列方式完全相同，从而表现出完全相同的宏观性质，例如，图 6-2 中 *OA* 和 *OA′* 这两个相互垂直的方向上必然具有相同的宏观性质。

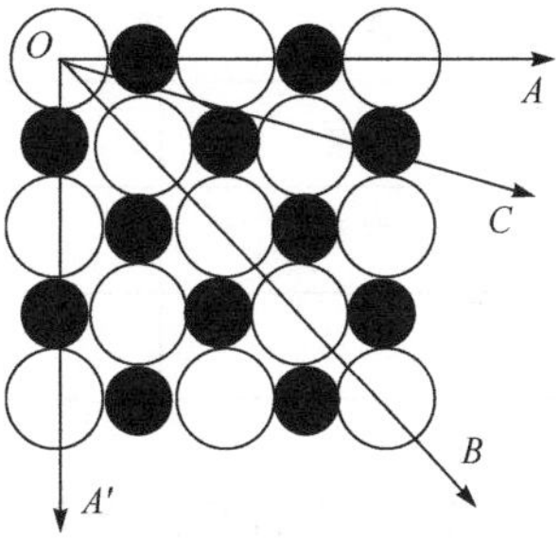

图 6-2 NaCl 晶体的均匀性、各向异性及对称性示意图

4) 最小内能性

任何物体都具有一定的内能。晶体是具有格子构造的固体；其内部质点呈现规则排列，这种规则排列是质点间的引力和斥力达到平衡的结果。晶体中所有的质点皆处于平衡位置，在这种情况下，无论使质点间的距离增大或减小都将导致质点的相对势能增加。这也就意味着，在相同的热力学条件下，晶体的内能最小。

6.1.3 晶系与点阵理论

X 射线衍射实验表明，晶体由在空间有规律地重复排列的微粒(原子、分子、离子)组成，晶体中的微粒有规律地重复排列恰好说明了晶体的周期性，不同种类的晶体内部结构不同，但内部结构在空间排列的周期性是共同的。

1. 七大晶系

1) 七大晶系的晶胞常数

单位平行六面体是专门对于抽象的空间格子而言的，如果在具体的晶体结构中引入相应的划分单位，则相应的单位即称为晶胞。通常情况下，晶胞常数与单位平行六面体常数相对应，可以用晶轴单位常数 a_0、b_0、c_0 和晶轴间的夹角 α、β、γ 表示。晶胞是晶体构造的最小重复单元，它反映了晶体的对称性，因此可以根据晶胞常数(或单位平行六面体常数)的特点将晶体划分为七大晶系。

根据晶体在理想外形或综合宏观物理性质中呈现的特征对称要素可划分为立方、六方、三方、四方、正交、单斜和三斜 7 大类，又称为 7 大晶系，分属于三个不同的晶族。高级晶族中只有一个立方晶系；中级晶族中有六方、四方和三方三个晶系；低级晶族中有正交、单斜和三斜三个晶系。各晶系的晶胞常数如表 6-1 所示。

表 6-1　七大晶系的晶胞常数

晶系	晶轴单位常数	晶轴间的夹角	独立晶胞常数的数目
三斜	$a_0 \neq b_0 \neq c_0$	$a \neq \beta \neq \gamma \neq 90°$	6
单斜	$a_0 \neq b_0 \neq c_0$	$a = \gamma = 90°, \beta \neq 90°$	4
正交(斜方)	$a_0 \neq b_0 \neq c_0$	$a = \beta = \gamma = 90°$	3
四方	$a_0 = b_0 \neq c_0$	$a = \beta = \gamma = 90°$	2
六方	$a_0 = b_0 \neq c_0$	$a = \beta = 90°, \gamma = 120°$	2
三方	$a_0 = b_0 = c_0$	$a = \beta = \gamma \neq 90°$	2
立方	$a_0 = b_0 = c_0$	$a = \beta = \gamma = 90°$	1

2) 十四种布拉维空间格子

实际空间点阵在选择单位平行六面体时，除在晶顶上分布有结点外，同时还需要在面心或体心上分布有结点，这样才能保证充分符合单位平行六面体的选择。这样各种类型的单位平行六面体一般又可以按照结点在其中的分布规律再细分成四种可能形式的空间格子。经布拉维证明，七个晶系中只能有十四种独立的空间格子，除这十四种以外，就不可能再推导出其他类型的空间格子。各晶系可能存在的空间格子如表 6-2 所示。

表 6-2　十四种布拉维空间格子

晶系	格子			
	原始(P)	底心(C)	体心(I)	面心(F)
三斜		—	—	—

续表

晶系	格子			
	原始(P)	底心(C)	体心(I)	面心(F)
单斜		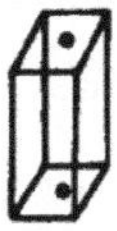	与C格子相同	与C格子相同
正交				
四方	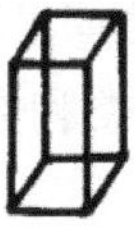	与P格子相同	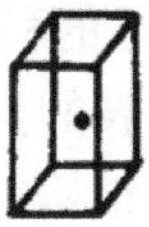	与I格子相同
三方		—	—	—
六方	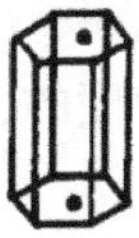	P格子也可理解为C格子	—	—
立方	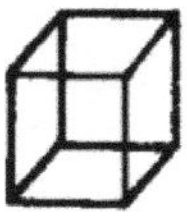	—	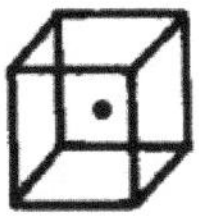	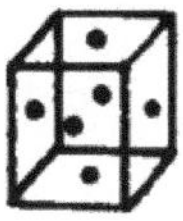

四种格子的结点数分别为

原始格子　$8\times\frac{1}{8}=1$

底心格子　$8\times\frac{1}{8}+2\times\frac{1}{2}=2$

体心格子　$8\times\frac{1}{8}+1=2$

面心格子　$8\times\frac{1}{8}+6\times\frac{1}{2}=4$

2. 点阵

为研究晶体周期性结构的普遍规律，不管重复单元的具体内容如何，将其抽象为几何点(无质量、无大小、不可区分)，则晶体中重复单元在空间的周期性排列就可以用几何点在空间的排列来描述。无数个几何点在空间有规律地排列构成的图形称为点阵。构成点阵的几何点称为点阵点，简称阵点。

1) 构成点阵的条件

(1) 点阵点数无穷大。点阵点数无穷大指当晶体颗粒与内部微粒相比，其直线上的差约为 10^7 倍时，可近似认为有无限多个粒子。

(2) 每个点阵点周围具有相同的环境。点阵点所处的环境相同指对于每一个点，在相同的方向上、相同的距离处都可找到点阵点。

(3) 平移后能复原。

2) 点阵结构

按连接任意两点的向量进行平移后能复原的一组点叫点阵。所有点阵在同一方向上移动同一距离且使图形复原的操作，叫做平移。点阵结构由点阵和结构基元组成。凡是能抽取出点阵的结构可称为点阵结构；点阵结构可以被与它相对应的平移群所复原。点阵是反映点阵结构周期性的科学抽象，点阵结构是点阵理论的实践依据和具体研究对象。点阵结构中点阵点所代表的具体内容(包括原子或分子的种类和数量及其在空间上一定的排列方式)称为晶体的结构基元。

3) 点阵与晶体的对应关系

由此可见，空间点阵只是用来描述晶体内部结构中微粒排列周期性的一种物理模型，当点阵中的阵点代表晶体中微粒的中心之后，点阵与晶体之间便有了对应关系，即空间点阵-晶体、结点-微粒重心、单位平行六面体-晶胞、网面-晶面、行列-晶棱。另外，点阵在三维空间是无限延伸的，而晶体在三维空间都是有确定限度的，同时实际晶体中还存在着杂质、位错和热运动等。

6.2 晶体的对称性

6.2.1 对称性分类

晶体的对称性是指晶体的几何形状在一些不同的方向上表现为自相重合的特征，这种特性是晶体内部结构在某些不同方向上或同一方向上某些不同位置存在着有规律的重复性的结果。晶体的对称性有宏观对称性和微观对称性两大类。宏观对称性指晶体外形对称，是研究晶体的几何外形及宏观物理性质的对称性。微观对称性是指晶体微观结构的对称性。根据晶体的对称特点，可以将晶体划分为三个晶族和七大晶系。

6.2.2 对称性的物理解释

1. 晶体的宏观对称性

对称是指物体相同部分有规律地重复。

晶体的对称性与有限分子的对称性一样也是点对称，具有点群的性质。要使晶体中相同部分发生重复，必须通过一定的操作才能实现，这种能够使对称图形复原的动作称为对称操作。由此可见，使得对称图形进行对称操作必须凭借一定的几何要素，如点、线和面，这种辅助几何要素称为对称要素。对称要素主要有旋转轴、镜面和对称中心。

对称操作主要包括平移、旋转、反映和倒反(反伸、反演)，以及它们之间的组合。通常把晶体中的对称要素分为两类：一类是在晶体的几何尺寸(有限图形)中能够成立的对称要素，称为宏观对称要素；另一类是在晶体的点阵结构(无限图形)中才能成立的对称要素，称为微观对称要素。由于习惯的原因，讨论晶体宏观对称性时所用的对称要素和对称操作的符号和名称与讨论分子对称性时不完全相同，见表 6-3。

表 6-3 对称操作

分子对称性		晶体宏观对称性	
对称要素及符号	对称操作及符号	对称要素及符号	对称操作及符号
对称轴	旋转	旋转轴	旋转
对称面	反映	反映面或镜面	反映
对称中心	反演	对称中心	倒反
象转轴	旋轴反映	反轴	旋轴倒反

晶体的宏观对称性与分子对称性最本质的区别是：晶体的点阵结构使晶体的宏观对称性受到了限制。

在作为有限图形的晶体多面体中可能存在的对称要素有以下几种。

(1) 对称中心(对称心)。对称中心是一个假想的定点，相应的对称操作称为倒反(或反伸)。如果把对称心作为坐标原点，那么对称心的作用是使点 $M(x,y,z)$ 转移到 $M'(-x,-y,-z)$。或者如果作通过对称心之任意直线，则在直线上与对称心等距离的两端上必可找到对称点。在有对称心的晶体中，晶体上的每一个晶面都有一个和它平行并且形态倒反的晶面。对称心的习惯记号为 C。

(2) 对称面(镜面)。对称面为一个假想的平面，相应的对称操作称为反映。如果作一条垂直于对称面之任意直线，则在直线上与垂足等距的任意两点必然通过该对称面联系着的对称点，这意味着对称面必可将图形分为互成镜像反映的两个等同部分。具有对称面的晶体则必然是由以该对称面为中心的互成镜像的两部分所组成的。对称面的习惯记号为 P。

(3) 旋转轴(对称轴)。旋转轴为一条假想的直线，相应的对称操作为绕该直线的旋转。当进行旋转操作时，图形本身旋转一定角度后能够自行重合(或复原)，有些图形旋转几个角度后都能发生重合，其中最小的角度称为基转角，常用 a 表示。由于任何几何图形在旋转一周后必能自相重合，因此基转角必须能整除 360°，即

$$n = \frac{360°}{a} \ (n\text{为正整数})$$

式中，n 表示在旋转轴旋转一周过程中，图形相同部分重合的次数，称为旋转轴的轴次。旋转轴的习惯记号为 L^n，n 表示轴次。晶体由于受到内部格子构造的限制，其可能存在的轴次不是任意的，可以证明 n 只能取 1、2、3、4 和 6，即旋转对称操作中可能存在的对称要素有 L^1、L^2、L^3、L^4 和 L^6 共五种。

(4) 旋转倒反轴。这是一种复合对称要素，其相应的对称操作是旋转倒反，即在绕轴旋转后，再对轴上的一个定点进行倒反，所以它是旋转与倒反的联合操作。必须指出，旋转和倒反两个操作是紧密连接、不可分割的，其中倒反的动作是凭借一个倒反点来进行的，在一般情况下，倒反点并不一定能够以独立的对称心的形式存在。因此，一个旋转倒反轴并不一定等于一个旋转轴和一个对称心的组合。旋转倒反轴的习惯记号为 L_{i}^{n} ，其中下标 i 表示倒反，上标 n 表示轴次。旋轴倒反轴的轴次和旋转轴的轴次一样，n 只能取 1、2、3、4 和 6。进一步还可以证明，在各轴次旋转倒反轴中只有 L_{i}^{4} 为独立对称要素，其余的均可用其他简单的对称要素或它们的组合来代替，即

$$L_{\mathrm{i}}^{1} \Leftrightarrow C\;;\quad L_{\mathrm{i}}^{2} \Leftrightarrow P\;;\quad L_{\mathrm{i}}^{3} \Leftrightarrow L^{3}+C\;;\quad L_{\mathrm{i}}^{6} \Leftrightarrow L^{3}+P(P \perp L^{3})$$

晶体中的宏观对称要素及其表示符号见表 6-4 所示，其中只有 C 、P 、L^{1} 、L^{2} 、L^{3} 、L^{4} 、L^{6} 和 L_{i}^{4} 共八种是独立的。

表 6-4　晶体中的宏观对称要素及其符号

对称要素		图示符号	熊夫利记号	国际符号	习惯符号
对称中心(对称心)		无	C_i	$\bar{1}$	C
对称面(镜面)		直线或圆	C_s	m	P
旋转轴	1 重旋转轴(1 次轴)	无	C_1	1	L^1
	2 重旋转轴(2 次轴)	⬮	C_2	2	L^2
	3 重旋转轴(3 次轴)	▲	C_3	3	L^3
	4 重旋转轴(4 次轴)	◆	C_4	4	L^4
	6 重旋转轴(6 次轴)	⬢	C_6	6	L^6
旋转倒反轴	1 重旋转倒反轴(等于对称中心)	无	$C_i(\equiv S_1)$	$\bar{1}$	C
	2 重旋转倒反轴(等于与轴垂直的对称面)	与对称面图示符号同	$C_s(\equiv S_2)$	$2(\equiv m)$	P
	3 重旋转倒反轴(等于 3 重轴加上对称中心)	▲○	$C_{3i}(\equiv S_6)$	$\bar{3}$	L_{i}^{3}
	4 重旋转倒反轴(包含 2 重轴)	◆◇	S_4	$\bar{4}$	L_{i}^{4}
	6 重旋转倒反轴(等于 3 重轴加上垂直于该轴的对称面)	⬢△	$C_{3h}(\equiv S_3)$	$\bar{6}\left(\equiv \dfrac{3}{m}\right)$	L_{i}^{6}

2. 晶体的微观对称性

晶体结构最基本的特点是具有空间点阵结构。因此除旋转、反映、反演、旋转反映等操作外，晶体结构还包括三类与平移相关的操作：平移操作、螺旋旋转操作和反映滑移操作。由于晶体的微观对称操作受点阵的制约，因此只有 1、2、3、4 和 6 次轴，滑移面和螺旋轴中的滑移量也要受点阵的制约。

6.2.3　对称要素与点群

1. 对称要素

宏观对称要素主要有旋转轴、镜面(反映面)和对称中心。对称操作主要包括旋转、反映和倒反。在晶体的空间点阵结构中，任何对称轴(包括旋转轴、反轴以及螺旋轴)都必与一组直线点阵平行，与一组平面点阵垂直(除一重轴外)；任何对称面(包括镜面及微观对称要素中的滑移面)都必与一组平面点阵平行，而与一组直线点阵垂直。

晶体中的对称轴(包括旋转轴、反轴和螺旋轴)的轴次 n 并不是有任意多重，n 仅为 1、2、3、4、6，即在晶体结构中，任何对称轴或轴对称要素的轴次只有一重、二重、三重、四重和六重这五种，不可能有五重和七重及更高的其他轴次，这一原理称为晶体的对称性定律。

由于点阵结构的限制，晶体中实际存在的独立的宏观对称要素总共只有八种，如表 6-5 所示。

表 6-5　晶体中的宏观对称要素

对称要素	国际符号	对称操作
对称中心	$\bar{1}$	倒反 I
反映面	m	反映 M
一重旋转轴	1	旋转 $L(0°)$
二重旋转轴	2	旋转 $L(180°)$
三重旋转轴	3	旋转 $L(120°)$
四重旋转轴	4	旋转 $L(90°)$
六重旋转轴	6	旋转 $L(60°)$
四重旋转倒反轴	—	旋转倒反 $L(90°)I$

晶体独立的宏观对称要素只有八种，但在某一晶体中可以只存在一个独立的宏观对称要素，也可能有由一种或几种对称要素按照组合程序及其规律进行合理组合的形式存在。

晶体中，宏观对称要素组合时，必受以下两条内容的限制。

(1) 晶体多面体外形是有限图形，故对称要素组合时必通过质心，即通过一个公共点。

(2) 任何对称要素组合的结果不允许产生与点阵结构不相容的对称要素。

晶体宏观对称要素的组合主要包括：先进行对称轴与对称轴的组合；再在此基础上

进行对称轴与对称面的组合；最后进行对称轴、对称面与对称中心的组合。

按照以上程序及限制进行组合，我们可以得到的对称要素共 32 种，即 32 个晶体学点群，由此可见尽管自然界中晶体的外形多样，但是晶体的对称性只有 32 种，32 点群如表 6-6 所示。

表 6-6　32 点群

晶系	全部对称要素(用习惯符号表示)	对称类型		
		熊夫利记号	国际符号(全写)	国际符号(简写)
三斜	L^1	C_1	1	1
		C_i	$\bar{1}$	$\bar{1}$
单斜	P	C_s	m	m
	L^1	C_2	2	2
	L^2PC	C_{2h}	$\frac{2}{m}$	$\frac{2}{m}$
正交	$3L^2$	D_2	222	222
	L^22P	C_{2v}	$mm2$	mm
	$3L^23PC$	D_{2h}	$\frac{2}{m}\frac{2}{m}\frac{2}{m}$	mmm
三方	L^3	C_3	3	3
	L^3C	C_{3i}	$\bar{3}$	$\bar{3}$
	L^33L^2	D_3	32	32
	L^33P	C_{3v}	$3m$	$3m$
	L^33L^23PC	D_{3d}	$\bar{3}\frac{2}{m}$	$\bar{3}m$
四方	L^4	C_4	4	4
	L_i^4	S_4	$\bar{4}$	$\bar{4}$
	L^4PC	C_{4h}	$\frac{4}{m}$	$\frac{4}{m}$
	L^44L^2	D_4	422	42
	L^44P	C_{4v}	$4mm$	$4mm$
	$L_i^42L^22P$	D_{2d}	$\bar{4}2m$	$\bar{4}2m$
	L^44L^25PC	D_{4h}	$\frac{4}{m}\frac{2}{m}\frac{2}{m}$	$\frac{4}{m}mm$
六方	L^6	C_6	6	6
	L_i^6	C_{3h}	$\bar{6}$	$\bar{6}$
	L^6PC	C_{6h}	$\frac{6}{m}$	$\frac{6}{m}$
	L^66L^2	D_6	622	62
	L^66P	C_{6v}	$6mm$	$6mm$
	$L_i^63L^23P$	D_{3h}	$\bar{6}m2$	$\bar{6}m2$
	L^66L^27PC	D_{6h}	$\frac{6}{m}\frac{2}{m}\frac{2}{m}$	$\frac{6}{m}mm$
立方	$3L^24L^3$	T	23	23
	$3L^24L^33PC$	T_h	$\frac{2}{m}\bar{3}$	$m3$
	$3L^44L^36L^2$	O	432	43
	$3L_i^43L^36P$	T_d	$\bar{4}3m$	$\bar{4}3m$
	$3L^44L^36L^29PC$	O_h	$\frac{4}{m}\bar{3}\frac{2}{m}$	$m3m$

2. 点群

1) 点群的对称特点(特征对称要素)

根据晶胞常数将晶体分为七个晶系。通过学习晶体的对称性概念以后就会明白，格子或晶胞的形状不同，实质上反映出的是它们具有的宏观对称要素种类和数目的差别，七个晶系的差别在于它们分别具有不同的特征对称要素。

2) 点群的熊夫利记号

熊夫利记号的具体标记法如下。

C_n：具有一个 n 次旋转轴。

C_{nh}(或 C_n^h)：代表一个直立的 n 次旋转轴和一个垂直于 n 次旋转轴的水平对称面的组合。

C_{nv}(或 C_n^v)：代表一个直立的 n 次旋转轴和一个包含该旋转轴的直立对称面的组合。

D_n：代表一个直立的 n 次旋转主轴和 n 个垂直该轴的二次旋转轴的组合。

D_{nh}(或 D_n^h)：表示在 D_n 的基础上再加上水平对称面的组合。

D_{nd}(或 D_n^d)：表示在 D_n 的基础上再加上直立对称面的组合，且这个直立对称面的位置恰好平分 D_n 中两个相邻的二次水平旋转轴之交角。

S_n：具有一个独立的映转轴，即映转轴是旋转轴与对称面的组合。

T：具有 4 个 3 次轴和 3 个 2 次轴的立方晶系中正四面体对称族。

O：具有 3 个 4 次轴、4 个 3 次轴和 6 个 2 次轴的立方晶系中八面体对称族。

T_h 和 O_h：分别代表相应对称族中再加上水平对称面或对角线位置的对称面。

3) 32 点群的表示符号及性质

旋转轴(C=cyclic)：C_1，C_2，C_3，C_4，C_6；1，2，3，4，6。

旋转轴加上垂直于该轴的对称平面：$C_{1h}=C_s$, C_{2h}，C_{3h}，C_{4h}，C_{6h}; m，$\frac{2}{m}$，$\frac{3}{m}$，$\frac{4}{m}$，$\frac{6}{m}$。

旋转轴和通过该轴的镜面：C_{2v}，C_{3v}，C_{4v}，C_{6v}; $mm2$，$3m$，$4mm$，$6mm$。

旋转反演轴：$S_2= C_i$，S_4，$S_6=C_{3d}$。

旋转轴(n)和 n 个垂直于该轴的 2 次轴：D_2，D_3，D_4，D_6; 222，32，422，622。

旋转轴(n)和 n 个垂直于该轴的 2 次轴和镜面：D_{2h}, D_{3h}, D_{4h}, D_{6h};mmm, $\bar{6}m2$，$\frac{4}{mmm}$，$\frac{6}{mmm}$。

D 群与附加对角竖直平面：D_{2d}，D_{3d}; $2m$，m。

立方体群(T=tetrahedral，O=octahedral)：T, T_h, O, T_d, O_h; 23，$m3$，432，$\bar{4}3m$，$m3m$。

在晶体学的 32 点群中，某些点群均含有一种相同的对称要素，如 T、T_h、T_d、O 和 O_h 五个点群都有 4 个 3 次轴，C_{2v}、D_2 和 D_{2h} 三个点群都有 2 次轴，这样的对称要素叫做特征对称要素。

由于晶胞或空间点阵的小平行六面体都是不可能直接观察到的内部微观结构，而特征对称要素却是它们在整个晶体外形上的反映，是能够直接观察到的，所以特征对称结构可以作为实际划分晶体的依据，各晶系和晶族的特征对称要素见表 6-7。

表 6-7　晶系、晶族的特征对称要素

晶族	晶系	对称特性(特征对称要素)
低级晶族 (双轴晶体)	三斜	无高次轴，只有 1 次旋转轴或反演中心
	单斜	无高次轴，只有一个 2 次旋转轴或镜面
	正交	无高次轴，有三个相互垂直的 2 次旋转轴或反轴

续表

晶族	晶系	对称特性(特征对称要素)
中级晶族(单轴晶体)	三方	有一个高次轴，有一个3次旋转轴或反轴
	四方	有一个高次轴，有一个4次旋转轴或反轴
	六方	有一个高次轴，有一个6次旋转轴或反轴
高级晶族(各向同性晶体)	立方	有多于一个高次轴，在立方体对角线方向上有四个3次旋转轴或反轴

4) 点群的国际符号

点群的国际符号所采用的基本对称要素为对称面、旋转轴和旋转倒反轴，它们分别用如下符号来表示。

对称面用m表示；旋转轴按它们的轴次分别用1、2、3、4和6表示，旋转倒反轴也按它们的轴次分别表示为$\bar{1}$、$\bar{3}$、$\bar{4}$和$\bar{6}$，$\bar{2}$通常用与其垂直的对称面来代替。

点群的国际符号最多用三位记号表示，三斜晶系和单斜晶系则只用一位记号表示。每个位序根据所属晶系的不同而依次分别表示出晶体中某一确定方向上的对称要素。各晶系晶体国际符号中的三个位序的方向同它们各自平行六面体的三个矢量$\boldsymbol{a}$、$\boldsymbol{b}$、$\boldsymbol{c}$之间的对应关系如表6-8所示。

表6-8　点群国际符号三个位序相应的方向

晶系	国际符号三个位序相应的方向					
	以单位平行六面体三个矢量表示			以晶棱符号表示		
立方	$\boldsymbol{a}$	$\boldsymbol{a}+\boldsymbol{b}+\boldsymbol{c}$	$\boldsymbol{a}+\boldsymbol{b}$	[100]	[111]	[110]
六方	$\boldsymbol{c}$	$\boldsymbol{a}$	$2\boldsymbol{a}+\boldsymbol{b}$	[001]	[100]	—
三方	$\boldsymbol{c}$	$\boldsymbol{a}$	—	[001]	[100]	—
四方	$\boldsymbol{c}$	$\boldsymbol{a}$	$\boldsymbol{a}+\boldsymbol{b}$	[001]	[100]	[110]
正交	$\boldsymbol{a}$	$\boldsymbol{b}$	$\boldsymbol{c}$	[100]	[010]	[001]
单斜	$\boldsymbol{b}$	—	—	[010]	—	—
三斜	$\boldsymbol{a}$	—	—	[100]	—	—

在某一个位序上示出的对称要素符号即代表该位序相应方向上所存在的对称要素——平行于此方向的旋转轴或旋转倒反轴，以及垂直于此方向的对称面，当在某方向上同时存在旋转轴及与之垂直的对称面时，记为$\dfrac{N}{m}$(或N/m)，分子表示旋转轴，分母表示对称面。如果在某位序相应的方向上没有对称要素，则将该位序空缺。

一般说来，一个点群所具有的全部对称要素通常在国际符号中不能直接反映出来。

符号中所写出的对称要素只是基本的对称要素，其余的对称要素需要根据基本对称要素推导出来，例如，$3L^4 4L^3 6L^2 9PC$ 点群共有 23 个对称要素，但用国际符号表示时，只能表示成 $\frac{4}{m}\bar{3}\frac{2}{m}$ ，甚至可简化成 $m3m$ ，仅直接表示出三个基本对称要素，即在垂直于 $\boldsymbol{a}$ 方向上有一个对称面，沿 $\boldsymbol{a}+\boldsymbol{b}+\boldsymbol{c}$ 方向上有一个 3 次旋转轴，在垂直于 $\boldsymbol{a}+\boldsymbol{b}$ 方向上有一个对称面。

6.2.4　晶体中晶棱、晶面方向的特征

晶体的突出特点是各向异性，一般来讲，在同一种晶体上沿不同方向具有不同的物理性质，因此用统一规范来标记晶体中的方向是一项非常重要的工作。

从空间格子构造的观点来看，晶面相当于网面，晶棱相当于行列，因此在选定坐标系以后，可以参照立体解析几何中标记直线和平面的方法来标记格子构造中的网面和行列，随后晶体上的晶棱和晶面方向即可得到标记。

6.2.5　坐标轴的选择

1. 晶轴的选择

目前大家已统一采用晶体相应的晶胞基矢群作为晶轴，即以晶胞的三个棱为坐标轴，并以各自的棱长 a_0 、b_0 、c_0 为轴单位以构成一个坐标系。但由于晶胞是一个抽象的概念，在晶体中客观上看不见晶胞这个实体，欲定出它的基矢群不易操作，所以习惯上经常可根据各晶系的特征对称要素来建立坐标系，当某些晶系对称性较低、对称要素较少时，可引入一些附加规则。采用这样的方法后，对于同一晶系的所有点群的晶体，都可采用同一个坐标系，并且所得到的轴率(即 a_0: b_0: c_0)和轴角(α,β,γ)也能体现出各晶系晶胞常数的特征。

根据七个晶系的对称特点可分别建立七个坐标系，晶轴通常用 OX 、OY 、OZ 表示，有时也用 a、b、c 表示。

(1) 立方晶系以三个互相垂直的 4 次轴或 2 次轴分别作为 X 轴、Y 轴和 Z 轴。其中 Z 轴直立，X 轴为前后水平方向，Y 轴为左右水平方向。轴角 $\alpha=\beta=\gamma=90°$ ，轴单位 $a_0=b_0=c_0$ 。

(2) 四方晶系的特征对称要素是一个 4 次轴或 4 次旋转倒反轴，将其放在直立方向并选作 Z 轴，而将与 Z 轴垂直且相互正交的两个 2 次轴选作 X 轴和 Y 轴。若无 2 次轴，则以包含 4 次轴且相互正交的对称面的法线方向作为 X 轴和 Y 轴。若上述对称面也没有，则选择两个相互正交且均垂直于 4 次轴的显著晶棱或可能出现的晶棱方向作为 X 轴和 Y 轴。X 轴为前后水平方向，Y 轴为左右水平方向。相应晶胞的轴角为 $\alpha=\beta=\gamma=90°$ ，轴单位 $a_0=b_0\neq c_0$ 。

(3) 三方晶系和六方晶系的特征对称要素是 3 次轴或 3 次旋转倒反轴、6 次轴或 6 次旋转倒反轴，将直立方向选作 Z 轴。

这两个晶系一般还可以采用四轴的布拉维定向法，在垂直 Z 轴的平面内，选取三个

相交均为120°的2次轴或对称面法线方向分别作为X轴、Y轴和第四轴U轴。若晶体的对称性较低，既无2次轴又无包含Z轴的对称面，则选择三个晶棱方向作为X轴、Y轴和U轴。Y轴左右水平，X轴与Y轴的夹角为120°，指向左前方。相应晶胞的轴角$\alpha=\beta=90^\circ$，$\gamma=120^\circ$，轴单位$a_0=b_0\neq c_0$。

作为特例，三方晶系还可单独采用一种米勒(Miller's)定向法，其特点是不利用3次轴作为晶轴，而是将与3次轴成等角度相交，且相互间也成等角度相交的三个晶棱方向分别作为X轴、Y轴和Z轴，如图6-3所示。采用这种定向法的三方晶系又称为菱方晶系，相应的轴角$\alpha=\beta=\gamma\neq 90^\circ$，轴单位$a_0=b_0\neq c_0$。

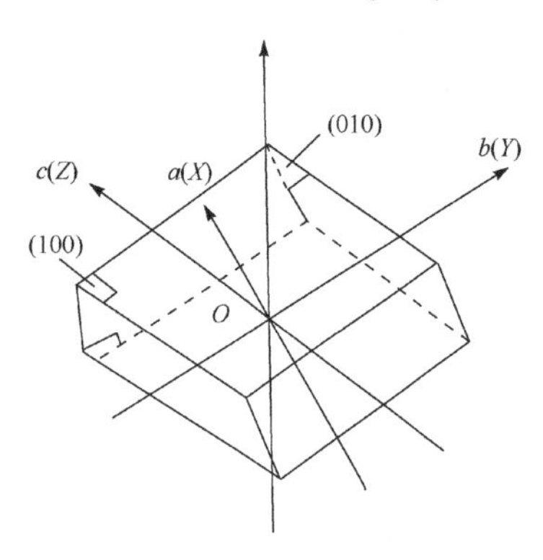

图6-3　三方晶系的米勒定向法

(4) 正交晶系对称性的特点是总有三个相互正交的2次轴或2次旋转倒反轴。若有三个2次轴，则将它们作为X轴、Y轴和Z轴。若只有一个2次轴，则选作Z轴，再将两对称面法线作为X轴和Y轴。其中使Z轴直立，X轴前后水平，Y轴左右水平。相应晶胞的轴角$\alpha=\beta=\gamma=90^\circ$，轴单位$a_0=b_0\neq c_0$。

(5) 单斜晶系对称性的特点是只有一个2次轴，选轴时，以该轴作为Y轴，而在垂直于Y轴的平面内，选取两个相交的晶棱作为Z轴和X轴，其中使Z轴直立，Y轴左右水平。相应晶胞的轴角$\alpha=\gamma=90^\circ$，$\beta>90^\circ$，轴单位$a_0=b_0\neq c_0$。

(6) 三斜晶体选择三个不在同一平面内的晶棱方向作为晶轴，其晶胞的轴角$\alpha\neq\beta\neq\gamma$，选轴时尽可能使它们接近90°，轴单位$a_0=b_0\neq c_0$。

2. 物理参考轴的选择

上面选出来的晶轴，在很多晶系中不是直角坐标轴，如果采用它们来描述晶体的物理性质，会带来诸多的不便(因为晶体的绝大部分物理性质都需用张量来描述，张量的分量将随坐标系的变化而变化)。因此在涉及晶体物理性质的问题讨论中，通常采用另一套坐标系$OX_1X_2X_3$，名为晶体物理参考系。该套坐标系与结晶轴坐标系的对应关系为：单斜晶系$X_2//Y$；四方、三方和六方晶系$X_3//Z$、$X_1//X$；正交和立方晶系$X_1//X$、$X_2//Y$、$X_3//Z$。

6.2.6 点坐标、方向符号和晶面指数

在结晶轴坐标系$OXYZ$的基础上，可以标记晶体中原子的位置及晶棱、晶面的方向。

1. 点坐标

在单位晶胞内，各原子(离子、分子)都占有一定位置，这个位置可用原子的重心位置的坐标来确定。把晶胞的一个顶点作为坐标轴的原点，晶轴a、b和c作为三个坐标轴。所有在晶轴方向上相差一个周期的各相当点的坐标都是相同的，因此点坐标只是表示单

位周期的截部。点坐标通常用(x,y,z)表示。例如，底心格子的晶胞中所包含的两个原子的坐标为(0,0,0)和$\left(\frac{1}{2},\frac{1}{2},0\right)$；体心格子的晶胞中所包含的两个原子的坐标为(0,0,0)和$\left(\frac{1}{2},\frac{1}{2},\frac{1}{2}\right)$；面心格子的晶胞中所包含的四个原子的坐标分别为(0,0,0)、$\left(0,\frac{1}{2},\frac{1}{2}\right)$、$\left(\frac{1}{2},0,\frac{1}{2}\right)$和$\left(\frac{1}{2},\frac{1}{2},0\right)$，如图 6-4 所示。

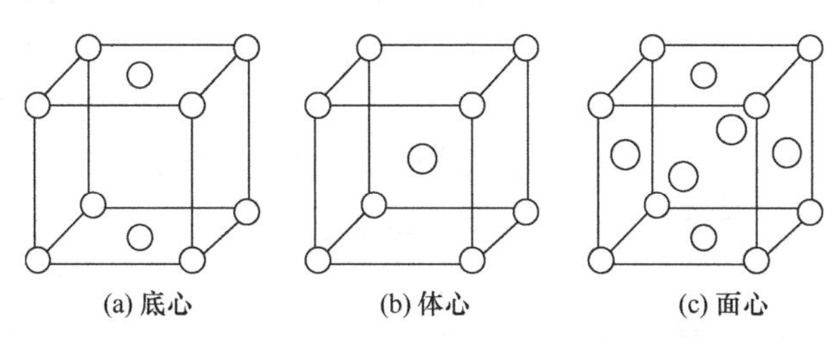

图 6-4　底心、体心和面心格子中的点坐标

2. 方向符号

在晶格中，任一行列都表示晶体的一个方向，相互平行的各方向是完全等同的。因此，每一个方向都可以平行移动，使之通过坐标原点。这样某个行列的方向就可以用通过原点的等同行列上的任意一个结点的坐标来标记。但习惯上都是取这个方向上距原点最近的那个结点的坐标来表示，并用方括号括起，即以[$u\ v\ w$]表示方向符号。如果坐标出现负号，则在相应的指数上加一横杠。如图 6-5 中的方向$\overline{1}$的符号是[102]，方向$\overline{2}$的符号是[101]，a、b、c 轴的方向符号分别是[100]、[010]、[001](b 轴在图中未表示出)。$-a$ 轴方向可表示为[$\overline{1}$00]等。

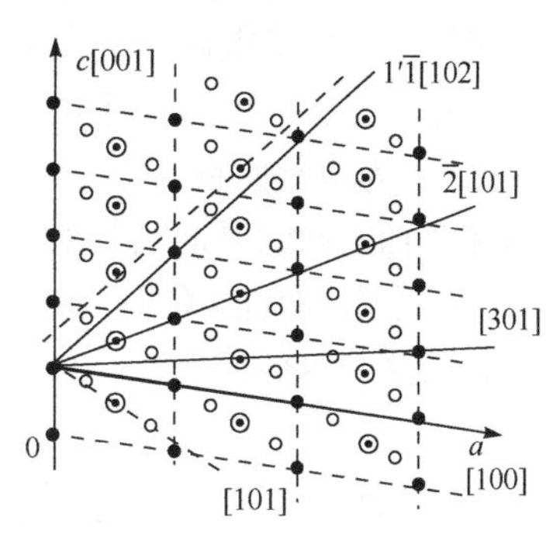

图 6-5　方向符号[uvw]示意图

由于晶棱一定是晶格中的某一行列，因此晶棱的符号同样可用[uvw]来表示，且所有平行的晶棱的方向符号都相同。

由于对称性的关系，在某些晶体中有可能若干个晶向是等同的，它们可以构成一个晶向族，这时可用<uvw>来表示这一系列等同晶向，例如，在立方晶系中，[100]、[010]、[001]、[$\overline{1}$00]、[0$\overline{1}$0]、[00$\overline{1}$]这六个晶向是等同的，就可以用<100>来统一表示。

在三方和六方晶系中，常用$OXYUZ$ 四轴定向法，此时表示晶棱的方向符号也应由四个坐标值来表示成[$uvtw$]，其中 t 是 U 轴方向的坐标值，但 u、v、t 间应满足 $u+v+t=0$ 的关系。例如，六方晶系中用三轴定向的[100]、[010]、[$\overline{1}\overline{1}$0]三个方向，改用四轴定向后，则变成[2$\overline{1}\overline{1}$0]、[12$\overline{1}$0]、[$\overline{1}\overline{1}$20]，余类推。

3. 晶面指数

在晶格中，任一网面都表示晶体的一个可能晶面，各平行的网面构成一组晶面族。

同一族的晶面彼此距离相等，方向相同，结点在其上的分布规律也相同。

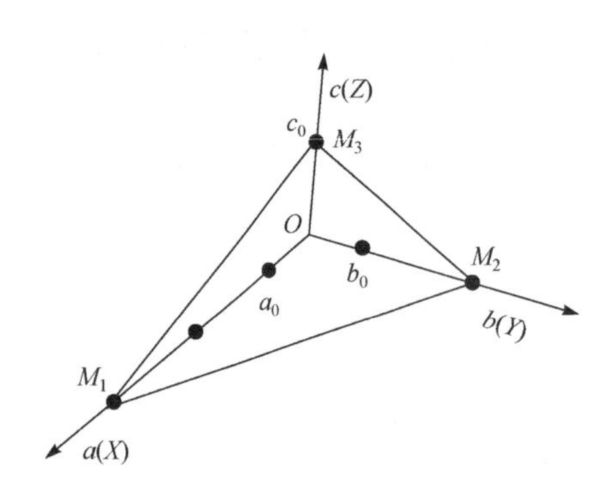

图 6-6　晶面在坐标轴上的截距

在数学上，一个平面的方向可以用这个平面在三个坐标轴上的截距来描述。描述晶面方向的方法也可如此。选取晶轴作为坐标轴，假设有一个晶面与三个坐标轴相交于 M_1、M_2 和 M_3 三点，如图 6-6 所示，其截距分别为 $OM_1 = ra_0$，$OM_2 = sb_0$，$OM_3 = tc_0$，在图 6-6 中 $r=3$，$s=2$，$t=1$。如果晶面与某些坐标轴平行，则晶面在该坐标轴上的截距等于无穷大，为了不使用无穷大的符号，常采用截距倒数的互质整数比略去“：”再加圆括号来表示晶面的方向，即计算出 $\frac{1}{r}:\frac{1}{s}:\frac{1}{t}=h:k:l$ 后，该晶面方向记为 (hkl)，例如，图 6-6 中的平面 M_1、M_2、M_3 的晶面指数为 $\frac{1}{3}:\frac{1}{2}:\frac{1}{1}=2:3:6$，通常也称为米勒指数，并记为(236)。

图 6-7 给出的是某晶体的 *XY* 晶面，*Z* 轴垂直于纸面。图 6-7 中也给出了一些平行于 *Z* 轴的晶面的晶面指数。由于它们平行于 *Z* 轴，所以晶面指数的第三位均为零。由图 6-7 中可知，晶面指数越小的晶面，相邻晶面之间的距离就越大，晶面上的原子密度也越大。

对于三方、六方晶系的晶体，若用四轴定向法，晶面指数形式应为 $(hkil)$，其中 h、k、i、l 为该晶面在 X、Y、U、Z 轴上截距倒数的互质整数比。六方晶系晶体三轴定向和四轴定向的晶面指数对应关系如图 6-8 所示。

由于对称性的关系，在某些晶体中有可能若干个晶面是等效的，通常可用符号 $\{hkl\}$ 来表示这些等效面。

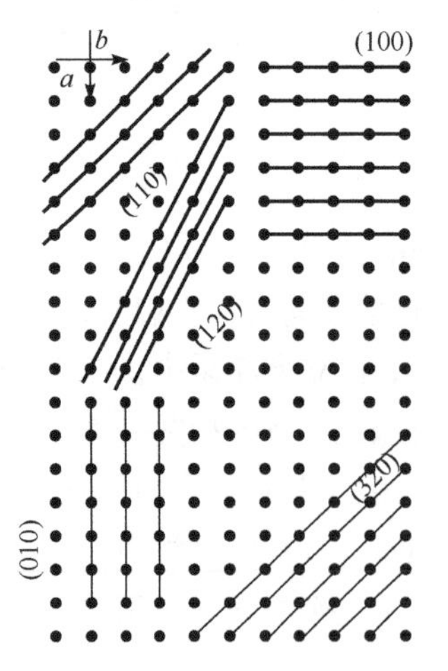

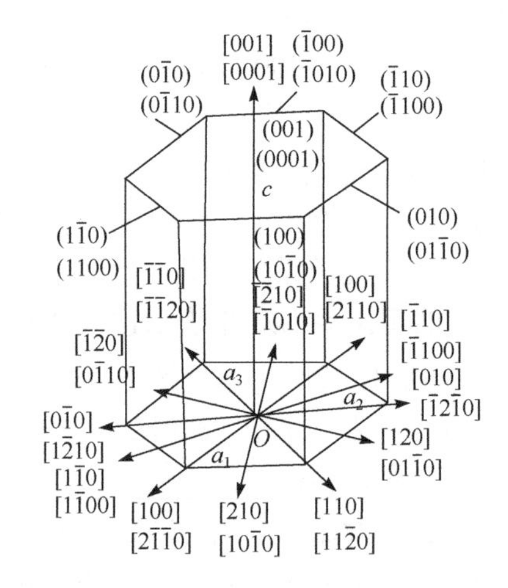

图 6-7　若干平行于 *Z* 轴的晶面的晶面指数　　图 6-8　六方晶系中三轴、四轴定向的晶面指数对应关系

6.3　晶体性质的数学描述

在光与物质的相互作用中，一般情况下物质的物理性质能用两个可以测量的宏观物理量之间的关系来描述。例如，电极化率 χ 可以用作用在物质上的电场强度 $\boldsymbol{E}$ 和由此感生的电极化强度 $\boldsymbol{P}$ 定义为 $\chi=\boldsymbol{P}/(\varepsilon_0\boldsymbol{E})$，式中的矢量 $\boldsymbol{E}$ 和 $\boldsymbol{P}$ 都是可测量的物理量。进一步扩展到普遍情况，即在一定的坐标系中，两个可测量的物理量之间存在如下关系：$B=CA$，其中 A 称为作用物理量(如矢量 $\boldsymbol{E}$)，B 称为感生物理量(如矢量 $\boldsymbol{P}$)。A 和 B 代表了物质的作用和感生物理量，它们并不代表物质本身所具有的任何性质。不同的物质，虽受到相同的 A 作用，但会发生不同的效果 B，这是由于不同物质具有不同的 C 值，由此可见，比值 C 才是决定描述物质本身性质的物理量。

在各向同性的物质中，作用物理量和感生物理量的方向相同，因此物质的性质可以采用标量描述。而在各向异性的晶体中，在普遍情况下，作用物理量和感生物理量具有不同的方向，此时采用标量就不能完整地描述物质的性质，而引入张量这个物理量概念描述晶体的物理性质，所以张量成为描述晶体物理性质的数学工具。

6.3.1　张量的基本概念

我们将以电极化率为例引入张量的定义，由二阶张量逐渐到高阶张量进行介绍和运算。进一步简述张量的基本知识和运算方法、张量分量坐标变换定律、晶体宏观对称性对晶体物理性质的影响。

物质受到电场 $\boldsymbol{E}$ 作用后将产生电极化，其电极化程度采用电极化强度矢量 $\boldsymbol{P}$ 表示，在各向同性介质中，有

$$\boldsymbol{P}=\varepsilon_0\chi\boldsymbol{E} \tag{6.1}$$

式中，$\boldsymbol{E}$ 为电场强度；$\boldsymbol{P}$ 为电场感生的电极化强度；ε_0 代表真空中介电常数；χ 为电极化率。式(6.1)具有以下特点：$\boldsymbol{P}$ 和 $\boldsymbol{E}$ 同向，χ 是一个与坐标系选择无关的常数。

6.3.2　二阶张量

1. 二阶张量的基本概念

在各向同性介质中，作用矢量与感生矢量一般方向不同，为了方便讨论和分析，我们将作用物理量 $\boldsymbol{E}$ 用分量表示为 E_x、E_y 和 E_z 三个分量，这三个分量对应的感生物理量为 P_x、P_y、P_z，将它们写成矢量式为

$$\boldsymbol{P}=\varepsilon_0\chi\boldsymbol{E} \tag{6.2}$$

写成标量式的矩阵形式为

$$\begin{bmatrix} P_x \\ P_y \\ P_z \end{bmatrix} = \varepsilon_0 \begin{bmatrix} \chi & 0 & 0 \\ 0 & \chi & 0 \\ 0 & 0 & \chi \end{bmatrix} \begin{bmatrix} E_x \\ E_y \\ E_z \end{bmatrix} \tag{6.3}$$

在各向异性介质中，由于作用物理量 $\boldsymbol{E}$ 和感生物理量 $\boldsymbol{P}$ 的方向不同，所以它们的矢量式为在坐标轴的三个方向上的线性组合：

$$\boldsymbol{P} = \varepsilon_0 \sum_{i,j=x,y,z} \chi_{ij} \boldsymbol{E}_j \tag{6.4}$$

展开成矩阵形式为

$$\begin{bmatrix} P_x \\ P_y \\ P_z \end{bmatrix} = \varepsilon_0 \begin{bmatrix} \chi_{xx} & \chi_{xy} & \chi_{xz} \\ \chi_{yx} & \chi_{yy} & \chi_{yz} \\ \chi_{zx} & \chi_{zy} & \chi_{zz} \end{bmatrix} \begin{bmatrix} E_x \\ E_y \\ E_z \end{bmatrix} \tag{6.5}$$

显然，在各向异性介质中电极化性质的描述比各向同性介质中的情况复杂，具有如下特点。

(1) $\boldsymbol{P}$ 的每一个分量都与 $\boldsymbol{E}$ 的三个分量存在着线性关系。

(2) 坐标系确定后，电极化率 χ_{xx}，χ_{xy}，…，χ_{zz} 均为常数。

(3) 各向异性介质中的电极化性质必须用 9 个数才能完整地描述，这 9 个数构成一个 3×3 的数组：

$$\begin{pmatrix} \chi_{11} & \chi_{12} & \chi_{13} \\ \chi_{21} & \chi_{22} & \chi_{23} \\ \chi_{31} & \chi_{32} & \chi_{33} \end{pmatrix}$$

在数学上将上述数组称为二阶张量。

由式(6.2)可知，使一个矢量与另一个矢量产生线性关联的物理量称为二阶张量。

2. 二阶张量的一般形式

如果某些物理性质用 T 表示，在一确定坐标系下，可使描述另外两个物理性质的矢量 P 和 q 按如下关系联系起来，采用代数形式表示为

$$\begin{aligned} P_1 &= T_{11}q_1 + T_{12}q_2 + T_{13}q_3 \\ P_2 &= T_{21}q_1 + T_{22}q_2 + T_{23}q_3 \\ P_3 &= T_{31}q_1 + T_{32}q_2 + T_{33}q_3 \end{aligned} \tag{6.6}$$

式中，T_{11}，T_{12}，…，T_{33} 均为常数，则 T_{11}，T_{12}，…，T_{33} 构成二阶张量，并记成 3×3 的方阵。由此定义了二阶张量，即二阶张量是使一个矢量与另一个矢量产生线性关联的物理量。根据二阶张量的定义可见，晶体中的电导率、导热系数等都是二阶张量。

3. 张量关系式的习惯书写法

为便于书写，对张量关系式常采用如下的习惯约定。首先对式(6.6)中的每一个分量式引入求和符号，即

$$P_1=\sum_{j=1}^{3}T_{1j}q_j\ ,\quad P_2=\sum_{j=1}^{3}T_{2j}q_j\ ,\quad P_3=\sum_{j=1}^{3}T_{3j}q_j \tag{6.7}$$

进一步约定：

$$P_i=\sum_{j=1}^{3}T_{ij}q_j \quad (i=1,2,3) \tag{6.8}$$

再引入爱因斯坦求和约定，即略去求和号，对于同一项中下标重复两次者，应自动对该下标求和，这样式(6.7)即可表示为

$$P_i=T_{ij}q_j \quad (i,j=1,2,3) \tag{6.9}$$

式中，i 称为自由下标；j 称为求和下标；并作如下规定。

(1) 自由下标和求和下标的符号可任意选定。例如，式(6.9)也可表示成

$$P_m=T_{mn}q_n \quad (m,n=1,2,3)$$

(2) 同一关系式中，求和下标与自由下标应有区别，不得选用同一符号，例如，不得出现如下情况：

$$P_m=T_{mm}q_m \quad (m=1,2,3)$$

(3) 自由下标应前后呼应，求和下标应成对出现，即不允许出现如下情况：

$$P_m=T_{ni}q_j \quad (m,n,i,j=1,2,3)$$

用二阶张量可描述多个物理性质，见表 6-9。

表 6-9　用二阶张量描述的物理性质

张量性质	作用矢量 q_j	感生矢量 P_i	张量关系式：$P_i=T_{ij}q_j$
电导率 μ_{ij}	电场强度 E_j	电流密度 J_i	$J_i=\mu_{ij}E_j$
介电常数 ε_{ij}	电场强度 E_j	电感应强度 D_i	$D_i=\varepsilon_{ij}E_j$
介电不渗透常数 β_{ij}	电感应强度 D_j	电场强度 E_i	$E_i=\beta_{ij}D_j$
热导率 k_{ij}	温度梯度 $-\dfrac{\partial T}{\partial X_j}$	热流密度 h_i	$h_i=-k_{ij}\dfrac{\partial T}{\partial X_j}$
电极化率 χ_{ij}	电场强度 E_j	电极化强度 P_i	$P_i=\chi_{ij}E_j$

4. 对称二阶张量

在二阶张量 T 中，如果 $T_{ij}=T_{ji}$，则该二阶张量称为对称二阶张量。对称二阶张量的独立分量将由 9 个减少成 6 个，相应的双下标也可按如下规律简化成 1～6 的单下标，如表 6-10 所示。

表 6-10 双下标简化成单下标对照表

双下标	T_{11}	T_{22}	T_{33}	$T_{23}=T_{32}$	$T_{13}=T_{31}$	$T_{12}=T_{21}$
单下标	T_1	T_2	T_3	T_4	T_5	T_6

我们所遇到的用二阶张量描述的物理性质都属于对称二阶张量，它们大致可分为两类，在用简化下标表示时稍有区别。

(1) 应力类型张量：

$$\begin{aligned}&\sigma_1=\sigma_{11},\quad \sigma_2=\sigma_{22},\quad \sigma_3=\sigma_{33}\\&\sigma_4=\sigma_{23}=\sigma_{32},\quad \sigma_5=\sigma_{13}=\sigma_{31},\quad \sigma_6=\sigma_{12}=\sigma_{21}\end{aligned} \tag{6.10}$$

(2) 应变类型张量：

$$\begin{aligned}&s_1=s_{11},\quad s_2=s_{22},\quad s_3=s_{33}\\&s_4=2s_{23}=2s_{32},\quad s_5=2s_{13}=2s_{31},\quad s_6=2s_{12}=2s_{21}\end{aligned} \tag{6.11}$$

6.3.3 高阶张量

1. 三阶张量

1) 定义

若某个物理量 A_i 与表示另一个物理量的二阶张量 C_{jk} 之间存在线性关系：

$$A_i=B_{ijk}C_{jk}\quad (i,j,k=1,2,3) \tag{6.12}$$

则系数 B_{ijk} 表示某个物理性质的三阶张量，其中 i，j，k 为求和下标。同理还有可能有另一类三阶张量关系式，即作用物理量是矢量，感生物理量是二阶张量的情况：

$$C_{ij}=B_{ijk}A_k\quad (i,j,k=1,2,3) \tag{6.13}$$

式中，i，j 是自由下标；k 为求和下标，此时 B_{ijk} 构成一个三阶张量。

2) 三阶张量的展开

在式(6.12)中对 i,j,k 按照 1, 2, 3 展开后，则其具有的代数形式为

$$\begin{aligned}A_1&=B_{111}C_{11}+B_{112}C_{12}+B_{113}C_{13}+B_{121}C_{21}+B_{122}C_{22}+B_{123}C_{23}\\&\quad+B_{131}C_{31}+B_{132}C_{32}+B_{133}C_{33}\\A_2&=B_{211}C_{11}+B_{212}C_{12}+B_{213}C_{13}+B_{221}C_{21}+B_{222}C_{22}+B_{223}C_{23}\\&\quad+B_{231}C_{31}+B_{232}C_{32}+B_{233}C_{33}\\A_3&=B_{311}C_{11}+B_{312}C_{12}+B_{313}C_{13}+B_{321}C_{21}+B_{322}C_{22}+B_{323}C_{23}\\&\quad+B_{331}C_{31}+B_{332}C_{32}+B_{333}C_{33}\end{aligned} \tag{6.14}$$

式(6.14)可以表示成矩阵形式为

$$\begin{bmatrix} A_1 \\ A_2 \\ A_3 \end{bmatrix} = \begin{bmatrix} B_{111} & B_{112} \cdots & B_{133} \\ B_{211} & B_{212} \cdots & B_{233} \\ B_{311} & B_{312} \cdots & B_{333} \end{bmatrix} \begin{bmatrix} C_{11} \\ C_{12} \\ \vdots \\ C_{33} \end{bmatrix} \tag{6.15}$$

式(6.15)中的三阶张量可表示为 3×9 的矩阵，它有 27 个独立分量。同理式(6.13)所表示的张量关系式可以表示成如下的矩阵形式：

$$\begin{bmatrix} C_{11} \\ C_{12} \\ C_{13} \\ C_{21} \\ C_{22} \\ C_{23} \\ C_{31} \\ C_{32} \\ C_{33} \end{bmatrix} = \begin{bmatrix} B_{111} & B_{112} & B_{113} \\ B_{121} & B_{122} & B_{123} \\ \cdots & \cdots & \cdots \\ \cdots & \cdots & \cdots \\ \cdots & \cdots & \cdots \\ \cdots & \cdots & \cdots \\ \cdots & \cdots & \cdots \\ \cdots & \cdots & \cdots \\ B_{331} & B_{332} & B_{333} \end{bmatrix} \begin{bmatrix} A_1 \\ A_2 \\ A_3 \end{bmatrix} \tag{6.16}$$

从式(6.16)可知，式(6.13)中所描述的三阶张量是一个 9×3 的矩阵，它也有 27 个独立分量。

3) 对称三阶张量(下标的简化)

如前所述，对于对称二阶张量的双下标可以简化为单下标。可以证明，基于式(6.12)中的 B_{ijk} 具有如下性质：$B_{ijk}=B_{ikj}$。

在此基础上，B_{ijk} 的后两个双下标可以按照对称二阶张量的规律简化成 1～6 的单下标，约定为

$B_{11}=B_{111}$，$B_{12}=B_{122}$，$B_{13}=B_{133}$，$B_{14}=2B_{123}=2B_{132}$，$B_{15}=2B_{131}=2B_{113}$，$B_{16}=2B_{121}=2B_{112}$

所以当式(6.12)中的 C_{jk} 和 B_{ijk} 下标均进行简化后，该式即简化成

$$A_i = B_{in}C_k \quad (i=1,2,3;\ n=1,2,\cdots,6) \tag{6.17}$$

相应的式(6.14)的矩阵形式为

$$\begin{bmatrix} A_1 \\ A_2 \\ A_3 \end{bmatrix} = \begin{bmatrix} B_{11} & B_{12} & B_{13} & B_{14} & B_{15} & B_{16} \\ B_{21} & B_{22} & B_{23} & B_{24} & B_{25} & B_{26} \\ B_{31} & B_{32} & B_{33} & B_{34} & B_{35} & B_{36} \end{bmatrix} \begin{bmatrix} C_1 \\ \vdots \\ C_6 \end{bmatrix}$$

由上式可知，此时 B_{in} 是一个 3×6 的矩阵，具有 18 个独立分量，该矩阵称为对称三阶张量。

同理式(6.13)所描述的三阶张量经简化后成为

$$C_n = B_{ik}A_k \quad (i=1,2,\cdots,6;\ k=1,2,3)$$

相应的 B_{ik} 是 6×3 的矩阵，具有 18 个独立分量，该矩阵称为对称三阶张量。

三阶张量在压电效应和光电效应中得到了广泛的应用。

2. 四阶张量

1) 定义

如果在表示不同物理量的两个二阶张量 A_{ij} 和 B_{kl} 之间存在着以下线性关系：

$$A_{ij} = C_{ijkl}B_{kl} \quad (i,j,k,l = 1,2,3) \tag{6.18}$$

则系数 C_{ijkl} 表示某物理性质的四阶张量，其中 i,j 为自由下标，k,l 为求和下标。如果作用物理量为三阶张量，感生物理量为矢量，它们之间存在如下关系：

$$A_i = C_{ijkl}B_{jkl} \quad (i,j,k,l = 1,2,3) \tag{6.19}$$

则 C_{ijkl} 也为四阶张量，i 为自由下标，j,k,l 为求和下标。

2) 四阶张量关系式的展开形式

式(6.18)中的 i,j,k,l 对 1,2,3 展开后，具有如下形式：

$$\left.\begin{aligned} A_{11} &= C_{1111}B_{11} + C_{1112}B_{12} + C_{1113}B_{13} + C_{1121}B_{21} + C_{1122}B_{22} \\ &\quad + C_{1123}B_{23} + C_{1131}B_{31} + C_{1132}B_{32} + C_{1133}B_{33} \\ A_{12} &= \cdots \\ &\ \vdots \\ A_{33} &= C_{3311}B_{11} + C_{3312}B_{12} + \cdots + C_{333}B_{33} \end{aligned}\right\} \tag{6.20}$$

显示自 $A_{11} \to A_{33}$ 共有九个方程，而每一个方程下都包含九项，故式(6.20)实际上是九元一次的方程组，也可用如下矩阵表示：

$$\begin{bmatrix} A_{11} \\ A_{12} \\ \vdots \\ A_{33} \end{bmatrix} = \begin{bmatrix} C_{1111} & \cdots & \cdots & C_{1133} \\ \cdots & \cdots & \cdots & \cdots \\ \cdots & \cdots & \cdots & \cdots \\ C_{3311} & \cdots & \cdots & C_{3333} \end{bmatrix} \begin{bmatrix} B_{11} \\ B_{12} \\ \vdots \\ B_{33} \end{bmatrix} \tag{6.21}$$

式中，C_{ijkl} 矩阵是一个 9×9 的方阵，它有 $3^4 = 81$ 个独立分量。式(6.19)的四阶张量关系式若写成矩阵形式，则应是 $[3\times1] = [3\times27][27\times1]$ 的矩阵运算式，其中四阶张量 C_{ijkl} 可写成 3×27 的矩阵形式，同样也有 81 个分量。

3) 下标简化表示

若式(6.18)中 A_{ij} 和 B_{kl} 均为对称二阶张量，则 C_{ijkl} 中的前两个下标和后两个下标相应都可简化成 1～6 的单下标，式(6.18)即可简化成：

$$A_m = C_{mn}B_n \quad (m,n = 1,2,\cdots,6) \tag{6.22}$$

简化表示后的四阶张量是 6×6 的方阵，有 36 个独立分量。

4) 实例

在本书中有如下一些物理量需用四阶张量来描述，详见表 6-11。

表 6-11　用四阶张量描述的物理性质

张量性质	作用物理量	感生物理量	张量关系式
弹性劲度系数 C_{ijkl}	应变 S_{kl}	应力 σ_{ij}	$\sigma_{ij}=C_{ijkl}S_{kl}$
弹光系数 P_{ijkl}	应变 S_{kl}	介电不渗透系数 ΔB_{ij}	$\Delta B_{ij}=P_{ijkl}S_{kl}$
二次极化光系数 g_{ijkl}	极化强度并矢 P_kP_l	介电不渗透系数 ΔB_{ij}	$\Delta B_{ij}=g_{ijkl}P_kP_l$
三阶非线性极化系数 χ_{ijkl}	电场强度并矢 $E_jE_kE_l$	极化强度 P_i	$P_i=\chi_{ijkl}E_jE_kE_l$

6.3.4　张量总结

1. 各阶张量的特点

综上所述，我们可以根据张量的阶数将各阶张量的分量数目，以及每个分量与坐标轴的关系归纳成表 6-12。根据表 6-12 所体现的规律，在本书中通常把标量视为零阶张量，矢量视为一阶张量。

表 6-12　各阶张量的特点

张量阶数	分量数目	每个分量与坐标轴的关系	用简化下标的分量数目
零阶张量(标量)	$3^0=1$	与坐标轴无关	1
一阶张量(矢量)	$3^1=3$	与一个坐标轴关联	3
二阶张量	$3^2=9$	按一定顺序与两个坐标轴关联	6
三阶张量	$3^3=27$	按一定顺序与三个坐标轴关联	18
四阶张量	$3^4=81$	按一定顺序与四个坐标轴关联	36

2. 描述晶体物理性质的物理量的张量阶数的确定

若描述某物理性质的物理量 C 由下列关系描述：

$$B=CA$$

则 C 的张量阶数是作用物理量的阶数与感生物理量的阶数之和。

3. 张量分量的物理意义

描述晶体物理性质的各种张量的每一个分量都具有确定的物理意义，现以二阶张量电导率为例进行说明。各向异性晶体中的欧姆定律为

$$J_i=\mu_{ij}E_j \tag{6.23}$$

式中，μ_{ij} 为电导率。设沿晶体的 x_1 轴施加单位电场强度，即

$$E=(1,0,0) \tag{6.24}$$

将式(6.24)代入式(6.23)可得

$$J_1 = \mu_{11}\,,\quad J_2 = \mu_{21}\,,\quad J_3 = \mu_{31}$$

显然 μ_{11}、μ_{21}、μ_{31} 分别表示沿 x_1 方向单位电场强度在 x_1、x_2、x_3 方向上所感生的电流密度，以此类推。

6.4 张量分量的坐标变换

张量和矢量一样，它们的分量数目和大小将随坐标系的改变而改变，即在两个不同的坐标系中，描述同一物理性质的张量将具有不同的两组分量。由于坐标系是任意选择的，而且被描述的物理性质是客观存在的，不会因为坐标系变化而变化，且上述两组分量之间必然存在一种关联性。这种关联性将由两组坐标系之间的关系所确定。考虑到晶体结构的不同对称性会导致晶体的不同物理性质，晶体的对称性对描述物理性质的张量分量的数目及大小有制约作用，所以我们只讨论新旧坐标系下各阶张量分量之间的关系，并给出各阶张量分量的坐标变化定律。

本节以二阶张量为例，讨论坐标系发生变化时，T 的九个分量是如何变化的。我们首先分析坐标轴变换规律，其次讨论矢量分量在新旧坐标系下的关系，并讨论二阶张量分量的坐标变换规律，最后给出一些常用的高阶张量分量的坐标变换公式。

6.4.1 坐标轴的变换

设有一个矢量 $\vec{P}$，在旧坐标系 $Ox_1x_2x_3$ 中有三个分量 P_1、P_2、P_3，现求在新坐标系 $Ox_1'x_2'x_3'$ 中的分量 P_1'、P_2'、P_3'，新旧坐标系的关系由 $[a_{ij}]$ 确定。

欲求 P_1'，显然可以通过计算 P_1、P_2、P_3 在 x_1' 上的投影之和而得到，即

$$P_1' = a_{11}P_1 + a_{12}P_2 + a_{13}P_3 \tag{6.25}$$

同理可得

$$P_2' = a_{21}P_1 + a_{22}P_2 + a_{23}P_3 \tag{6.26}$$

$$P_3' = a_{31}P_1 + a_{32}P_2 + a_{33}P_3 \tag{6.27}$$

利用简化表示法，则正交变换下矢量分量由旧坐标系向新坐标系变换的关系为

$$P_1' = a_{ij}P_j \quad (i,j=1,2,3) \tag{6.28}$$

对于逆变换(即由新坐标系变换到旧坐标系)有

$$\left.\begin{aligned} P_1 &= a_{11}P_1' + a_{21}P_2' + a_{31}P_3' \\ P_2 &= a_{12}P_1' + a_{22}P_2' + a_{32}P_3' \\ P_3 &= a_{13}P_1' + a_{23}P_2' + a_{33}P_3' \end{aligned}\right\} \tag{6.29}$$

或简写成

$$P_i = a_{ji}P_j' \quad (i,j=1,2,3) \tag{6.30}$$

应当指出，式(6.28)和式(6.30)都是坐标变换关系式，只有数学意义，无物理含义，等号两边的矢量分量是同一个矢量，一边是新坐标系下的分量，一边是旧坐标系下的

分量。千万不要把式(6.28)和式(6.30)与式(6.8)表示的 $P_i = T_{ij}q_j$ 关系混为一谈，$P_i = T_{ij}q_j$ 是张量关系式，有明确的物理含义，P_i、q_j 分别表示作用物理量和感生物理量，是两个不同的矢量分量。

式(6.28)描述的是旧坐标系向新坐标系的变换，称为正变换，在简化关系式中求和下标在相邻位置上。式(6.30)称为逆变换，是新坐标系向旧坐标系的变换，简化关系式中求和下标是被自由下标分隔开的。或者记住式(6.30)中 a_{ji} 是 a_{ij} 的逆矩阵。

6.4.2 二阶张量分量的坐标变换

在讨论了矢量分量的坐标变换的基础上，现在就有条件来讨论联系两个矢量的二阶张量分量的坐标变换。为此重写式(6.30)为

$$P_i = T_{ij}q_j$$

上式是旧坐标系下的二阶张量关系式，P_i、q_j 是矢量 $\boldsymbol{P}$、矢量 $\boldsymbol{q}$ 在旧坐标系中的分量，T_{ij} 是二阶张量 T 在旧坐标系下的九个分量。若将 $Ox_1x_2x_3$ 按 $[a_{ij}]$ 关系变换成 $Ox_1'x_2'x_3'$，则 $\boldsymbol{P}$、$\boldsymbol{q}$、T 的所有分量都将变化，$\boldsymbol{P}$、$\boldsymbol{q}$ 分量的变换规律在 6.4.1 节中已得出，在此基础上如果我们还能寻找出在新坐标系下 $\boldsymbol{P}$、$\boldsymbol{q}$ 分量间的关系，则联系 P_i'、q_i' 的系数就应是新坐标系下的 $[T_{ij}']$，进而就可求得 $[T_{ij}']$ 与 $[T_{ij}]$ 间的关系，由此即可导出二阶张量坐标变换定律。

1. 正变换定律的推导

正变换就是用旧坐标系下的分量来表示新坐标系下的分量。具体推导过程中务必遵守下标使用规则。

首先利用矢量分量正变换关系式(6.25)～式(6.27)，用 $\boldsymbol{P}$ 的旧分量表示新分量，即

$$P_i' = a_{ik}P_k \tag{6.31}$$

其次利用式(6.29)写出旧坐标系下的张量关系式：

$$P_k = T_{kl}q_l \tag{6.32}$$

最后利用矢量分量逆变换关系式(6.30)，写出 $\vec{q}$ 的变换关系：

$$q_l = a_{jl}q_j' \tag{6.33}$$

将式(6.33)代入式(6.32)后，再将 P_k 代入式(6.31)，可得

$$P_i' = a_{ik}T_{kl}a_{jl}q_j' \tag{6.34}$$

式(6.34)就是 $\boldsymbol{P}$、$\boldsymbol{q}$ 的分量在新坐标系下的关系，显然式(6.34)的系数即为 $[T_{ij}']$：

$$T_{ij}' = a_{ik}T_{kl}a_{jl} \quad (i,j,k,l = 1,2,3) \tag{6.35}$$

注意式(6.35)即二阶张量分量坐标变换定律，其中，a_{ik} 是坐标轴正变换矩阵；a_{jl} 是逆变

换矩阵；i, j 是自由下标；k, l 是求和下标；T'_{ij} 是 P' 的第 i 个分量方程中 q'_j 的系数。

2. 二阶张量分量坐标正变换定律展开式

将式(6.35)按爱因斯坦求和约定求和，T'_{ij} 可展成九项，T'_{ij} 的每一个分量与旧坐标系下 T_{ij} 的九个分量都发生关联，即

$$\begin{aligned}
T'_{11} &= a_{11}a_{11}T_{11} + a_{11}a_{12}T_{12} + a_{11}a_{13}T_{13} \\
&\quad + a_{12}a_{11}T_{21} + a_{12}a_{12}T_{22} + a_{12}a_{13}T_{23} \\
&\quad + a_{13}a_{11}T_{31} + a_{13}a_{12}T_{32} + a_{13}a_{13}T_{33} \\
T'_{12} &= \cdots \\
&\vdots \\
T'_{33} &= a_{31}a_{31}T_{11} + a_{31}a_{32}T_{12} + \cdots + a_{33}a_{33}T_{33}
\end{aligned} \tag{6.36}$$

式(6.36)是九元一次联立方程组，显然可表示成如下矩阵形式：

$$\begin{bmatrix} T'_{11} \\ T'_{12} \\ T'_{13} \\ T'_{21} \\ T'_{22} \\ T'_{23} \\ T'_{31} \\ T'_{32} \\ T'_{33} \end{bmatrix} = \begin{bmatrix} a_{11}a_{11} & a_{11}a_{12} & a_{11}a_{13} & a_{12}a_{11} & a_{12}a_{12} & a_{12}a_{13} & a_{13}a_{11} & a_{13}a_{12} & a_{13}a_{13} \\ \cdots & \cdots & \cdots & \cdots & \cdots & \cdots & \cdots & \cdots & \cdots \\ \cdots & \cdots & \cdots & \cdots & \cdots & \cdots & \cdots & \cdots & \cdots \\ \cdots & \cdots & \cdots & \cdots & \cdots & \cdots & \cdots & \cdots & \cdots \\ \cdots & \cdots & \cdots & \cdots & \cdots & \cdots & \cdots & \cdots & \cdots \\ \cdots & \cdots & \cdots & \cdots & \cdots & \cdots & \cdots & \cdots & \cdots \\ \cdots & \cdots & \cdots & \cdots & \cdots & \cdots & \cdots & \cdots & \cdots \\ \cdots & \cdots & \cdots & \cdots & \cdots & \cdots & \cdots & \cdots & \cdots \\ a_{31}a_{31} & \cdots & \cdots & \cdots & \cdots & \cdots & \cdots & \cdots & a_{33}a_{33} \end{bmatrix} \begin{bmatrix} T_{11} \\ T_{12} \\ T_{13} \\ \vdots \\ \vdots \\ \vdots \\ \vdots \\ \vdots \\ T_{33} \end{bmatrix}$$

由上式可知，二阶张量分量的坐标变换矩阵是一个 9×9 的方阵。

3. 下标简化后的矩阵

对于对称二阶张量，双下标可以简化成单下标，独立分量由九个减少成六个，相应的式(6.36)应简化成

$$\begin{aligned}
T'_1 &= a_{11}^2 T_1 + a_{12}^2 T_2 + a_{13}^2 T_3 + 2a_{12}a_{13}T_4 + 2a_{11}a_{13}T_5 + 2a_{11}a_{12}T_6 \\
T'_2 &= \cdots \\
&\vdots \\
T'_6 &= a_{11}a_{21}T_1 + a_{12}a_{22}T_2 + a_{13}a_{23}T_3 + (a_{12}a_{23} + a_{22}a_{13})T_4 \\
&\quad + (a_{13}a_{21} + a_{23}a_{11})T_5 + (a_{11}a_{22} + a_{21}a_{12})T_6
\end{aligned} \tag{6.37}$$

式(6.37)是六元一次联立方程组，显然可表示成如下矩阵形式：

$$\begin{bmatrix} T_1' \\ T_2' \\ T_3' \\ T_4' \\ T_5' \\ T_6' \end{bmatrix} = \begin{bmatrix} a_{11}^2 & a_{12}^2 & a_{13}^2 & 2a_{12}a_{13} & 2a_{11}a_{13} & 2a_{11}a_{12} \\ \cdots & \cdots & \cdots & \cdots & \cdots & \cdots \\ \cdots & \cdots & \cdots & \cdots & \cdots & \cdots \\ a_{11}a_{21} & a_{12}a_{22} & a_{13}a_{23} & a_{12}a_{23}+a_{22}a_{13} & a_{13}a_{21}+a_{23}a_{11} & a_{11}a_{22}+a_{21}a_{12} \end{bmatrix} \begin{bmatrix} T_1 \\ T_2 \\ T_3 \\ T_4 \\ T_5 \\ T_6 \end{bmatrix} \tag{6.38}$$

由式(6.38)可知，二阶张量分量用简化下标表示后，其坐标变换矩阵相应简化成 6×6 的方阵。

在 6.3.2 节中曾介绍过，对称二阶张量在用简化下标表示时，其 6 个独立分量的双下标可简化成 1～6 的单下标，根据后三个分量与原分量的对应关系不同而区分成两类：应力张量和应变张量。这两类对称二阶张量分量在进行坐标变换时，其坐标变换矩阵也略有不同，现将它们正变换和逆变换的变换矩阵给出如下：

$$\text{应力张量正变换}\ \sigma' = B_\sigma \sigma \tag{6.39}$$

$$\text{应力张量逆变换}\ \sigma = B_\sigma^{-1} \sigma' \tag{6.40}$$

$$\text{应变张量正变换}\ S' = B_S S \tag{6.41}$$

$$\text{应变张量逆变换}\ S = B_S^{-1} S' \tag{6.42}$$

式中

$$B_\sigma = \begin{pmatrix} a_{11}^2 & a_{12}^2 & a_{13}^2 & 2a_{12}a_{13} & 2a_{11}a_{13} & 2a_{11}a_{12} \\ a_{21}^2 & a_{22}^2 & a_{23}^2 & 2a_{22}a_{23} & 2a_{21}a_{23} & 2a_{21}a_{22} \\ a_{31}^2 & a_{32}^2 & a_{33}^2 & 2a_{32}a_{33} & 2a_{31}a_{33} & 2a_{31}a_{32} \\ a_{21}a_{31} & a_{22}a_{32} & a_{23}a_{33} & a_{22}a_{33}+a_{32}a_{23} & a_{31}a_{23}+a_{21}a_{33} & a_{21}a_{32}+a_{31}a_{22} \\ a_{31}a_{11} & a_{32}a_{12} & a_{33}a_{13} & a_{32}a_{13}+a_{12}a_{33} & a_{33}a_{11}+a_{31}a_{13} & a_{31}a_{12}+a_{11}a_{32} \\ a_{11}a_{21} & a_{12}a_{22} & a_{13}a_{23} & a_{12}a_{23}+a_{22}a_{13} & a_{13}a_{21}+a_{23}a_{11} & a_{11}a_{22}+a_{21}a_{12} \end{pmatrix} = \left(\begin{array}{c|c} B_{\sigma11} & B_{\sigma12} \\ \hline B_{\sigma21} & B_{\sigma22} \end{array}\right) \tag{6.43}$$

$$B_\sigma^{-1} = \left(\begin{array}{c|c} B_{\sigma11}^{\mathrm{T}} & 2B_{\sigma21}^{\mathrm{T}} \\ \hline B_{\sigma21} & B_{\sigma22} \end{array}\right) \tag{6.44}$$

$$B_S = \begin{pmatrix} a_{11}^2 & a_{12}^2 & a_{13}^2 & a_{12}a_{13} & a_{13}a_{11} & a_{11}a_{12} \\ a_{21}^2 & a_{22}^2 & a_{23}^2 & a_{22}a_{23} & a_{23}a_{21} & a_{21}a_{22} \\ a_{31}^2 & a_{32}^2 & a_{33}^2 & a_{32}a_{33} & a_{33}a_{31} & a_{31}a_{32} \\ 2a_{21}a_{31} & 2a_{22}a_{32} & 2a_{23}a_{33} & a_{21}a_{33}+a_{32}a_{23} & a_{23}a_{31}+a_{21}a_{33} & a_{21}a_{32}+a_{31}a_{22} \\ 2a_{31}a_{11} & 2a_{32}a_{12} & 2a_{33}a_{13} & a_{32}a_{13}+a_{12}a_{33} & a_{33}a_{11}+a_{13}a_{31} & a_{31}a_{12}+a_{11}a_{32} \\ 2a_{11}a_{21} & 2a_{12}a_{22} & 2a_{13}a_{23} & a_{12}a_{23}+a_{22}a_{13} & a_{13}a_{21}+a_{23}a_{11} & a_{11}a_{22}+a_{21}a_{12} \end{pmatrix} = \left(\begin{array}{c|c} B_{S11} & B_{S12} \\ \hline B_{S21} & B_{S22} \end{array}\right) \tag{6.45}$$

$$B_S^{-1}=\left(\begin{array}{c|c} B_S^{\mathrm{T}} & 2B_{S21}^{\mathrm{T}} \\ \hline B_{S21} & B_{S22} \end{array}\right) \tag{6.46}$$

4. 二阶张量分量坐标变换的矩阵运算

二阶张量分量坐标变换的运算除采用下标展开的方法外，也可根据式(6.47)的定义用矩阵进行运算：

$$\begin{bmatrix} T'_{11} & T'_{12} & T'_{13} \\ T'_{21} & T'_{22} & T'_{23} \\ T'_{31} & T'_{32} & T'_{33} \end{bmatrix}=\begin{bmatrix} a_{11} & a_{12} & a_{13} \\ a_{21} & a_{22} & a_{23} \\ a_{31} & a_{32} & a_{33} \end{bmatrix}\begin{bmatrix} T_{11} & T_{12} & T_{13} \\ T_{21} & T_{22} & T_{23} \\ T_{31} & T_{32} & T_{33} \end{bmatrix}\begin{bmatrix} a_{11} & a_{21} & a_{31} \\ a_{12} & a_{22} & a_{32} \\ a_{13} & a_{23} & a_{33} \end{bmatrix} \tag{6.47}$$

运算得出的结果将与式(6.36)相同。

在此我们将二阶张量分量的逆变换矩阵形式给出来，推导从略，即

$$T_{ij}=a_{ki}T'_{kl}a_{lj} \quad (i,j,k,l=1,2,3)$$

应注意上式中 $a_{ki}=A^{-1}, a_{lj}=A$。

6.4.3 三阶张量分量的坐标变换

在6.3.3节中我们已介绍过本书中将遇到的一些用三阶张量描述的物理性质及相应的张量关系式，如压电效应：

$$P_i=d_{ijk}\sigma_{jk} \tag{6.48}$$

式中，d_{ijk} 为压电模量，是三阶张量；σ_{jk} 为应力张量，是二阶张量；P_i 为极化强度矢量，是一阶张量。下面以压电模量为例说明三阶张量分量的坐标变换。

1. 正变换定律的推导

首先将矢量 $\boldsymbol{P}$ 的分量正坐标变换关系式、旧坐标系下的压电效应关系式、应力张量 σ 的分量逆坐标变换关系式顺序写出：

$$P'_i=a_{il}P_l \tag{6.49}$$

$$P_l=d_{lmn}\sigma_{mn} \tag{6.50}$$

$$\sigma_{mn}=a_{jm}\sigma'_{jk}\alpha_{kn} \tag{6.51}$$

将式(6.51)代入式(6.50)，然后再代入式(6.49)可得

$$P'_i=a_{il}d_{lmn}a_{jm}\sigma'_{jk}a_{kn} \tag{6.52}$$

应注意其中 a_{il}、a_{kn} 为 A^{-1}，式(6.52)经整理后可得

$$d'_{ijk}=a_{il}a_{jm}a_{kn}d_{lmn} \quad (i,j,k,l,m,n=1,2,3) \tag{6.53}$$

式(6.53)即三阶张量分量的坐标正变换定律，相应的坐标逆变换定律为

$$d_{ijk}=a_{li}a_{mj}a_{nk}d'_{lmn} \tag{6.54}$$

同理，三阶张量分量坐标变换同样既可用下标求和法展开，也可用矩阵运算方法展开，以式(6.53)为例，对 $i,j,k,l,m,n=1,2,3$ 展开后可得出在新坐标系下的压电模量的 27 个分量 $d'_{111},d'_{112},\cdots,d'_{333}$，而且其中的每一个量都同时与旧坐标系下的 27 个分量有关，即

$$d'_{111}=a_{11}a_{11}a_{11}d_{111}+a_{11}a_{11}a_{12}d_{112}+\cdots+a_{13}a_{13}a_{13}d_{333}$$

上式等号右边有 27 项，如果在这里全部展开，则需很大篇幅，故略去。

2. 下标简化后的矩阵

由于式(6.48)中的 σ_{jk} 是对称二阶张量，相应 d_{ijk} 的后两个下标可以交换，并同二阶张量一起将双下标简化成单下标，则式(6.49)～式(6.51)可改写成

$$P'=AP,\quad P=d\sigma,\quad \sigma=B_\sigma^{-1}\sigma'$$

逐项代入后可得

$$P'=AdB_\sigma^{-1}\sigma' \tag{6.55}$$

从式(6.55)可知：

$$d'=AdB_\sigma^{-1} \tag{6.56}$$

或写成下标求和式：

$$d_{in}=a_{ij}d_{jm}(B_\sigma^{-1})_{mn}\quad (i,j=1,2,3;m,n=1,2,\cdots,6) \tag{6.57}$$

式中，a_{ij} 是坐标轴的坐标变换矩阵；d_{jm} 是用简化下标表示的旧坐标系下的压电模量矩阵；$(B_\sigma^{-1})_{mn}$ 是应力张量分量的坐标变换矩阵式(6.43)，相应的逆变换为

$$d=A^{-1}d'B \tag{6.58}$$

线性电光系数和二阶非线性极化系数也是三阶张量，它们的坐标变换式为

$$\gamma'=B_\sigma\gamma A^{-1} \tag{6.59}$$

$$\gamma=B_\sigma^{-1}\gamma' A \tag{6.60}$$

$$\chi'=A\chi B_S^{-1} \tag{6.61}$$

$$\chi=A^{-1}\chi' B_S \tag{6.62}$$

作为 6.4 节的小结和便于比较记忆，我们把各阶张量分量的坐标变换定律汇集成表 6-13。

表 6-13 张量分量的坐标变换定律

张量名称	正变换(新分量表示旧分量)	逆变换(旧分量表示新分量)
零阶张量(标量)	$\phi'=\phi$	$\phi=\phi'$
一阶张量(矢量)	$P'_i=a_{ij}P_j$	$P_i=a_{ij}P'_j$
二阶张量	$T'_{ij}=a_{ik}a_{jl}T_{kl}$	$T_{ij}=a_{ik}a_{jl}T'_{kl}$

续表

张量名称	正变换(新分量表示旧分量)	逆变换(旧分量表示新分量)
三阶张量	$T'_{ijk}=a_{il}a_{jm}a_{kn}T_{lmn}$	$T_{ijk}=a_{li}a_{mj}a_{nk}T'_{lmn}$
四阶张量	$T'_{ijkl}=a_{im}a_{jn}a_{ko}a_{lp}T_{mnop}$	$T_{ijkl}=a_{mi}a_{nj}a_{ok}a_{pl}T'_{mnop}$

6.5 晶体宏观对称性操作的坐标变换

6.5.1 引入

晶体的微观结构决定着晶体的物理性质，因此晶体的结构对称性必然会在晶体物理性质上反映出来。另外，晶体的物理性质是用张量描述的，因此晶体的对称性对描述物理性质的张量分量的数目和大小一定存在着确定的制约关系，从而使一些分量为零，使另一些分量或几个分量间相等，或存在其他某种关联。当找出这些关联后，独立张量分量就会减少，其减少的程度与对称性的操作直接有关。

为了分析对称操作，我们需要采用数学方法作为工具。对称操作指借助一定的几何要素使晶体性质复原的动作。如果我们假设一种对称操作等效于数学上的一次坐标变换，则意味着操作前有一组坐标系，相应地存在一组张量分量描述某种物理性质，当按照该晶体的对称性进行了一次对称操作后，可以得出一组新坐标系，由于坐标系变化了，所以相应地得到一组新的张量分量。肯定的是，对称操作前后物理性质可以复原，所以新旧坐标系下两组张量分量应该完全相等。

6.5.2 晶体宏观对称性操作的等效坐标变换

如前所述，晶体共有八种独立对称操作，这八种独立对称操作可以单独存在于一种晶体中，也可以几种组合起来存在于一种晶体中，经证明总共只能有 32 种组合方式，此即 32 点群。八种独立对称操作中的每一种都可等效于一种坐标变换，相应共有八个坐标变换矩阵。

1. 对称中心操作的坐标变换矩阵

在新旧坐标系下，经过对称中心操作后的物理量的关系为

$$X'=\boldsymbol{A}_c X \tag{6.63}$$

代数形式为

$$x_1'=-x_1,\quad x_2'=-x_2,\quad x_3'=-x_3$$

由此可见对称中心的坐标变换矩阵为

$$\boldsymbol{A}_c=\begin{bmatrix}-1 & 0 & 0\\ 0 & -1 & 0\\ 0 & 0 & -1\end{bmatrix} \tag{6.64}$$

2. 对称面操作的坐标变换矩阵

若以垂直于 x_1 轴的对称面为例，则经过对称面操作后，新坐标轴与旧坐标轴的关系为 $x_1' = -x_1, x_2' = x_2, x_3' = x_3$ ，所以垂直于 x_1 轴的对称面的坐标变换矩阵为

$$\boldsymbol{A}_{P\perp x_1} = \begin{bmatrix} -1 & 0 & 0 \\ 0 & 1 & 0 \\ 0 & 0 & 1 \end{bmatrix} \tag{6.65}$$

3. 旋转轴操作的坐标变换矩阵

在操作过程中，采用 1 次、2 次、3 次、4 次、6 次旋转轴操作的变换矩阵，假设旋转轴平行于 x_3 轴，旋转轴的轴次为 n，则经 n 次旋转轴操作后，新坐标轴与旧坐标轴的代数关系为

$$\begin{aligned} x_1' &= x_1 \cos(2\pi/n) + x_2 \sin(2\pi/n) \\ x_2' &= x_1 \sin(2\pi/n) + x_2 \cos(2\pi/n) \\ x_3' &= x_3 \end{aligned}$$

相应的坐标矩阵为

$$\boldsymbol{A}_{L^n//x_3} = \begin{bmatrix} \cos(2\pi/n) & \sin(2\pi/n) & 0 \\ -\sin(2\pi/n) & \cos(2\pi/n) & 0 \\ 0 & 0 & 1 \end{bmatrix} \tag{6.66}$$

将 n=1,2,3,4,6 分别代入式(6.66)，即可以得到各次旋转轴的坐标变换矩阵：

$$\boldsymbol{A}_{L^1} = \begin{bmatrix} 1 & 0 & 0 \\ 0 & 1 & 0 \\ 0 & 0 & 1 \end{bmatrix}; \quad \boldsymbol{A}_{L^2} = \begin{bmatrix} -1 & 0 & 0 \\ 0 & -1 & 0 \\ 0 & 0 & 1 \end{bmatrix}; \quad \boldsymbol{A}_{L^4} = \begin{bmatrix} 0 & 1 & 0 \\ -1 & 0 & 0 \\ 0 & 0 & 1 \end{bmatrix}$$

$$\boldsymbol{A}_{L^3} = \begin{bmatrix} -\dfrac{1}{2} & \dfrac{\sqrt{3}}{2} & 0 \\ -\dfrac{\sqrt{3}}{2} & -\dfrac{1}{2} & 0 \\ 0 & 0 & 1 \end{bmatrix}; \quad \boldsymbol{A}_{L^6} = \begin{bmatrix} \dfrac{1}{2} & \dfrac{\sqrt{3}}{2} & 0 \\ -\dfrac{\sqrt{3}}{2} & \dfrac{1}{2} & 0 \\ 0 & 0 & 1 \end{bmatrix}$$

4. 旋转倒反轴操作的坐标变换矩阵

旋转倒反轴的联合操作为

$$\boldsymbol{A}_{L_i^n} = \boldsymbol{A}_{L^n} \cdot \boldsymbol{A}_c \tag{6.67}$$

以 4 次旋转倒反轴为例，4 次旋转倒反轴是 4 次旋转轴与倒反的联合操作，其坐标变换矩阵可由 4 次旋转轴的变换矩阵与倒反操作的变换矩阵相乘而得，如果 4 次旋转轴平行于 x_3 轴，则其变换矩阵为

$$A_{L_i^4}=\begin{bmatrix}0&1&0\\-1&0&0\\0&0&1\end{bmatrix}\begin{bmatrix}-1&0&0\\0&-1&0\\0&0&-1\end{bmatrix}=\begin{bmatrix}0&-1&0\\1&0&0\\0&0&-1\end{bmatrix}$$

沿其他方向及一些特殊方向上旋转轴的对称操作的变换矩阵从表 6-14 中可查到。

表 6-14　常用对称要素的坐标变换矩阵

对称要素	对称要素取向			特殊方向
	x_1	x_2	x_3	
对称中心	$\begin{pmatrix}-1&0&0\\0&-1&0\\0&0&-1\end{pmatrix}$			
对称面	$\begin{pmatrix}-1&0&0\\0&1&0\\0&0&1\end{pmatrix}$	$\begin{pmatrix}1&0&0\\0&-1&0\\0&0&1\end{pmatrix}$	$\begin{pmatrix}1&0&0\\0&1&0\\0&0&-1\end{pmatrix}$	—
2 次旋转轴	$\begin{pmatrix}1&0&0\\0&-1&0\\0&0&-1\end{pmatrix}$	$\begin{pmatrix}-1&0&0\\0&1&0\\0&0&-1\end{pmatrix}$	$\begin{pmatrix}-1&0&0\\0&-1&0\\0&0&1\end{pmatrix}$	—
3 次旋转轴	$\begin{pmatrix}1&0&0\\0&-1/2&\sqrt{3}/2\\0&\sqrt{3}/2&-1/2\end{pmatrix}$	$\begin{pmatrix}-1/2&0&-\sqrt{3}/2\\0&1&0\\0&0&-1\end{pmatrix}$	$\begin{pmatrix}-1/2&\sqrt{3}/2&0\\-\sqrt{3}/2&-1/2&0\\0&0&1\end{pmatrix}$	$\begin{pmatrix}0&1&0\\0&0&1\\1&0&0\end{pmatrix}$
4 次旋转轴	$\begin{pmatrix}1&0&0\\0&0&1\\0&-1&0\end{pmatrix}$	$\begin{pmatrix}0&0&-1\\0&1&0\\1&0&0\end{pmatrix}$	$\begin{pmatrix}0&1&0\\-1&0&0\\0&0&1\end{pmatrix}$	—
6 次旋转轴	$\begin{pmatrix}1&0&0\\0&1/2&\sqrt{3}/2\\0&-\sqrt{3}/2&1/2\end{pmatrix}$	$\begin{pmatrix}1/2&0&-\sqrt{3}/2\\0&1&0\\\sqrt{3}/2&0&1/2\end{pmatrix}$	$\begin{pmatrix}1/2&\sqrt{3}/2&0\\-\sqrt{3}/2&1/2&0\\0&0&1\end{pmatrix}$	—
4 次旋转倒反轴	$\begin{pmatrix}-1&0&0\\0&0&-1\\0&1&0\end{pmatrix}$	$\begin{pmatrix}0&0&1\\0&-1&0\\-1&0&0\end{pmatrix}$	$\begin{pmatrix}0&-1&0\\1&0&0\\0&0&-1\end{pmatrix}$	—

6.6　非线性光学晶体

1) KDP 晶体

磷酸二氢钾(KDP)晶体是一种最早受到人们重视的功能晶体，人工生长 KDP 晶体已有半个多世纪的历史，是经久不衰的水溶性晶体之一。KDP 晶体的透光波段为 178nm～1.45μm，是负光性单轴晶体，常将其非线性光学系数 d_{36}(1.064μm=0.39pm/V)作为标准来比较其他晶体非线性效应的大小，可以实现Ⅰ类和Ⅱ类相位匹配，并且可以通过温度调谐来实现非临界相位匹配(包括四倍频及和频)。

2) KTP 晶体

磷酸钛氧钾(KTP)晶体是一种具有优良的非线性光学性质、已得到广泛重视和应用的非线性光学晶体。KTP 晶体是正光性双轴晶体，其透光波段为 350nm～4.5μm，可以实现 1.064μm 钕离子激光及其他波段激光倍频、和频和光参量振荡的相位匹配(一般采用Ⅱ类相位匹配)。其非线性光学系数 d_{31}、d_{32}、d_{33}分别为 1.4 pm/V、2.65 pm/V 和 10.7pm/V，d_{33}是 KDP 晶体 d_{36}的 20 余倍。KTP 晶体有较高的抗光损伤阈值，可以用于中功率激光倍频等。KTP 晶体具有良好的机械性质和理化性质，不溶于水及有机溶剂，不潮解，熔点约为 1150℃，在熔化时有部分分解，该晶体还有很大的温度宽容度和角度宽容度。KTP 晶体作为频率转换材料已经广泛应用于科研和技术等各个领域，特别是可以作为中小功率倍频的最佳晶体。该晶体制成的倍频器及光参量放大器等已应用于全固态可调谐激光光源。

3) BBO 晶体

偏硼酸钡(BBO)晶体是我国所研制并获得广泛应用的紫外非线性晶体。硼酸钡有两个相：高温相和低温相，一般所称的 BBO 为 β 相，即低温相，其透过波段为 189nm～3.5μm，为负光性单轴晶体，具有大的双折射率和相当小的色散。相位匹配波段为 0.205～1.50μm，可实现 Nd：YAG 的倍频、三倍频、四倍频及和频等，并可实现红宝石激光器、氩离子激光器、染料激光器的倍频，产生最短波长为 213nm 的紫外光。其非线性光学系数 d_{11}为 KDP 晶体 d_{36}的 4.1 倍，具有良好的机械性质、很高的抗光损伤阈值和宽的温度接收角，并有较大的电光系数。BBO 晶体采用高温溶液法或高温溶液提拉法生长。溶剂的选择对晶体生长有极其重要的影响。一般加入 Na_2O 作生长晶体溶剂，容易获得大尺寸、高光学质量的透明单轴晶体。BBO 晶体主要用于各种激光器的频率转换，包括制作各种倍频器和光学参量振荡器，是目前使用最为广泛的紫外倍频晶体，已开辟了许多实际应用领域，成为最早具有广阔应用市场的非线性光学晶体高技术产品。

4) 有机非线性光学晶体

有机晶体种类繁多。由于有机分子具有可裁剪的性质，便于进行分子设计及合成、生长新型有机晶体，因此，有机晶体是非线性光学晶体材料的一个新的领域。自 20 世纪 60 年代以来，伴随着非线性光学晶体材料的发展，由于有机晶体的非线性光学系数常常比无机晶体要大 1～2 个数量级，且光学均匀性优良，生长设备简便，并易于采用常温溶液法生长出优质晶体等，因此人们企图将这种晶体用于 Nd：YAG 激光倍频。但在大多数研究过的有机晶体中，由于有机晶体质软，机械强度不够，通常给那些需要抛光的光学器件带来困难，加上在氧气和水蒸气的环境条件下，其化学稳定性差，要求严格的封装，而且熔点较低，有机晶体始终未能在大中功率 Nd：YAG 激光倍频等方面得到应用。

5) 光折变晶体

光折变效应指材料在光辐射下，由于光电导效应形成电荷场，再由光电效应引起折射率随光强空间分布而发生变化的效应。光折变效应自 20 世纪 60 年代中期被发现以来，逐步形成了非线性光学的一个分支——光折变非线性光学。常见的光折变晶体有钙钛矿结构的钛酸钡($BaTiO_3$)、铌酸钾($KNbO_3$)和钽铌酸钾(KTN)等。钨青铜结构的光折变晶体有铌酸钡钠(BNN)、铌酸锶钡(SBN)和钾钠铌酸锶钡(KNSBN)等。

思考题与习题

1. 在立方晶胞内画出(111)、(221)、(110)晶面，以及[110]、[010]、[120]晶向。

2. 一般晶体的特点是什么？点阵和晶体的结构有何关系？

3. 有 A、B、C 三种晶体，分别属于 C_{2v}、C_{2h}、D_{2d} 群，它们各自的特征元素是什么？属于什么晶系？晶胞参数间的关系如何？各种晶体可能具有什么样的点阵形式？

4. 写出晶体中可能存在的独立的宏观对称要素和微观对称要素，并说明它们之间的关系。

5. 什么是单晶？什么是多晶？

6. 试写出立方晶系和单斜晶系的特征对称要素。

7. 证明四方晶系各点群晶体的介电张量只有 ε_1 和 ε_2 两个独立张量。

第 7 章　激光传输技术

激光传输技术是研究激光与物质相互作用的一门技术，其主要目的是研究激光在传输介质中的光学性质，揭示激光束的传输特性和规律。激光传输介质可以分为天然介质(如大气和水)和人工介质(如各种光波导和光纤)。本章重点介绍光纤传输技术，在讨论光束在光纤中的传输时，首先讨论光线在自由空间中的传输变换过程以及平板波导中的光纤传输变换过程，最后讨论激光在光纤中的传输过程。

7.1　光线传播的基本概念

7.1.1　光线的传播

在几何光学中，可以用一条表示光的传播方向的几何线来代表光，并称这条线为光线。我们借助光线的概念，可将几何光学中的基本原理的要点复习描述如下。

(1) 光的直线传播定律：在均匀介质中，光沿直线传播，即在均匀介质中，光线为一条直线。

(2) 光的独立传播定律：两束光在传播途中相遇时互不干扰，即每一束光的传播方向及其他性质(频率、波长、偏振状态等)都不因另一束光的存在而发生改变。

(3) 光的折射和反射定律：当光线入射到透明、均匀、各向同性的两种介质的平滑界面上时，一般一部分光线从界面上反射，另一部分光线进入介质形成折射光线。光的反射定律：反射线位于入射面内，反射线和入射线分别位于法线两侧，反射角等于入射角。光的折射定律：折射线位于入射面内，折射线与入射线分别位于法线两侧。

7.1.2　光线通过均匀介质和薄透镜系统

根据前面在光学教程中所学的几何光学的知识，薄透镜分为凸透镜和凹透镜。在近轴条件下，平面波、球面波入射薄透镜成像时，假设透镜很薄。同时判断薄透镜会聚光束还是发散光束，不但要看薄透镜的形状，还要看薄透镜两侧的介质。当薄透镜在空气中时，凸透镜是会聚光束的，凹透镜是发散光束的。

1. 光线在薄透镜条件下的传输

光线在薄透镜条件下的传输如图 7-1 所示。

由于是薄透镜，所以有

$$y_1 = y_2 \tag{7.1}$$

由图 7-1 可知几何关系为

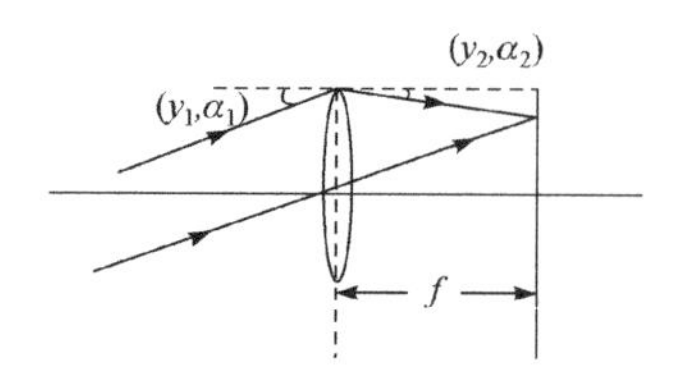

图 7-1 光线在薄透镜条件下的传输

$$f\alpha_1 = y_2 + f\alpha_2$$

$$\alpha_2 - \alpha_1 = -y_1/f$$

$$\alpha_2 = -\frac{1}{f}\cdot y_1 + \alpha_1 \tag{7.2}$$

联立式(7.1)和式(7.2)得到

$$\begin{cases} y_2 = y_1 \\ \alpha_2 = -\dfrac{1}{f}y_1 + \alpha_1 \end{cases} \tag{7.3}$$

$$\begin{pmatrix} y_2 \\ \alpha_2 \end{pmatrix} = \begin{pmatrix} 1 & 0 \\ -\dfrac{1}{f} & 1 \end{pmatrix}\begin{pmatrix} y_1 \\ \alpha_1 \end{pmatrix} \tag{7.4}$$

式(7.4)中的变换矩阵为

$$M(f) = \begin{pmatrix} 1 & 0 \\ -\dfrac{1}{f} & 1 \end{pmatrix} \tag{7.5}$$

式(7.5)为焦距为 f 的薄透镜的光线变换矩阵。而式(7.4)说明了光线参数为(y_1,α_1)的入射光线经薄透镜 f 后光线参数演变为(y_2,α_2)的过程。

2. 光线在自由空间或均匀介质中的传播

假设光线在介质中传播距离为 d，根据图 7-2 中的几何关系有

$$\begin{cases} y_2 = y_1 + d\alpha_1 \\ \alpha_2 = \alpha_1 \end{cases} \tag{7.6}$$

$$\begin{pmatrix} y_2 \\ \alpha_2 \end{pmatrix} = \begin{pmatrix} 1 & d \\ 0 & 1 \end{pmatrix}\begin{pmatrix} y_1 \\ \alpha_1 \end{pmatrix} \tag{7.7}$$

式(7.7)采用变换矩阵写为

$$\begin{pmatrix} y_2 \\ \alpha_2 \end{pmatrix} = M(d)\begin{pmatrix} y_1 \\ \alpha_1 \end{pmatrix} \tag{7.8}$$

在式(7.8)中，变换矩阵为

$$M(d) = \begin{pmatrix} 1 & d \\ 0 & 1 \end{pmatrix} = \begin{pmatrix} A & B \\ C & D \end{pmatrix} \tag{7.9}$$

由此可见式(7.6)和式(7.7)为光线在自由空间传播一段距离 d 的光线变换关系。

图 7-3 为光线的传播方向与图 7-2 不同，经过一段传播距离为 d 的均匀介质时的变换情况。我们经过推导得到，变换矩阵 $M(d)$的形式与光线传播方向的选择无关。

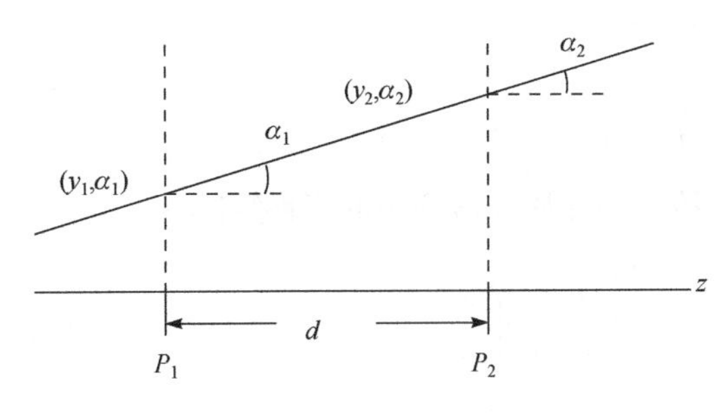

图 7-2　光线在自由空间或均匀介质中的传播原理图(1)

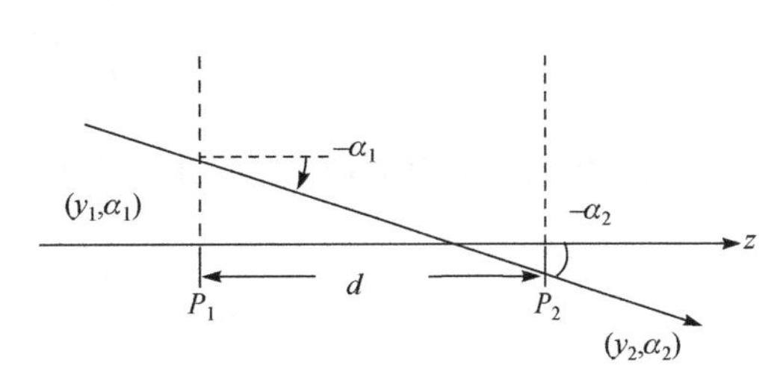

图 7-3　光线在自由空间或均匀介质中的传播原理图(2)

由图 7-3 中的几何关系可得

$$\begin{cases} y_1+(-y_2)=(-\alpha_1)d \\ -\alpha_2=-\alpha_1 \end{cases} \tag{7.10}$$

$$\begin{cases} y_2=y_1+d\alpha_1 \\ \alpha_2=\alpha_1 \end{cases} \tag{7.11}$$

式(7.10)中的变换矩阵为

$$M(d)=\begin{pmatrix} 1 & d \\ 0 & 1 \end{pmatrix} \tag{7.12}$$

式(7.12)所示的变换矩阵与式(7.9)所示的变换矩阵相同，进一步证明了光线在一段均匀介质中传播时的变换矩阵与光线的传播方向无关。

3. 光线通过一段均匀介质和薄透镜

由图 7-4 可知，光线经过均匀介质 d 的变换矩阵为

$$d段:\begin{pmatrix} y_1' \\ \alpha_1' \end{pmatrix}=\begin{pmatrix} 1 & d \\ 0 & 1 \end{pmatrix}\begin{pmatrix} y_1 \\ \alpha_1 \end{pmatrix} \tag{7.13}$$

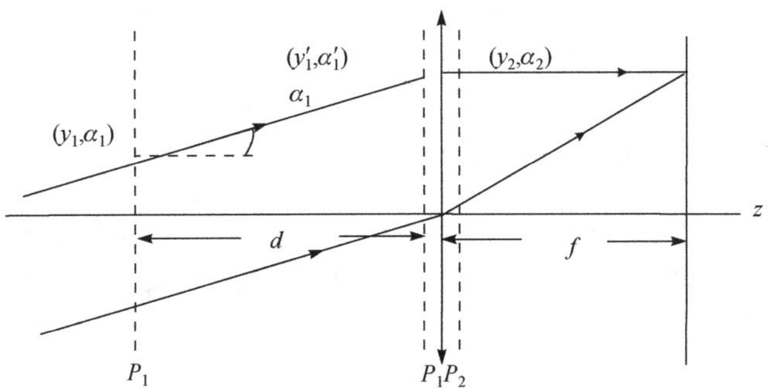

图 7-4　光线在均匀介质和薄透镜中的传播原理图

经过焦距为 f 的薄透镜的变换矩阵为

$$f段:\begin{pmatrix} y_2 \\ \alpha_2 \end{pmatrix} = \begin{pmatrix} 1 & 0 \\ -\dfrac{1}{f} & 1 \end{pmatrix} \begin{pmatrix} y_1' \\ \alpha_1' \end{pmatrix} \tag{7.14}$$

所以由式(7.13)和式(7.14)得到光线经过一段均匀介质和薄透镜的变换矩阵为

$$d段和f段:\begin{pmatrix} y_2 \\ \alpha_2 \end{pmatrix} = \begin{pmatrix} 1 & 0 \\ -\dfrac{1}{f} & 1 \end{pmatrix} \begin{pmatrix} 1 & d \\ 0 & 1 \end{pmatrix} \begin{pmatrix} y_1 \\ \alpha_1 \end{pmatrix} \tag{7.15}$$

将式(7.15)按照矩阵乘法规则运算后得到

$$\begin{pmatrix} y_2 \\ \alpha_2 \end{pmatrix} = \begin{pmatrix} 1 & d \\ -\dfrac{1}{f} & 1-\dfrac{d}{f} \end{pmatrix} \begin{pmatrix} y_1 \\ \alpha_1 \end{pmatrix} = M(d \to f) \cdot \begin{pmatrix} y_1 \\ \alpha_1 \end{pmatrix} \tag{7.16}$$

由式(7.16)得到光线经过均匀介质 d 和薄透镜 f 后的变换矩阵为

$$M(d \to f) = M(f)M(d) = \begin{pmatrix} 1 & d \\ -\dfrac{1}{f} & 1-\dfrac{d}{f} \end{pmatrix} \tag{7.17}$$

4. 光线通过薄透镜系统

根据图 7-5 中光线传播的光路得到变换矩阵为

$$M(d_1 \to f_1 \to d_2 \to f_2 \to d_3) = M(d_3) \cdot M(f_2) \cdot M(d_2) \cdot M(f_1) \cdot M(d_1) = \begin{pmatrix} A & B \\ C & D \end{pmatrix} = (A,B,C,D) \tag{7.18}$$

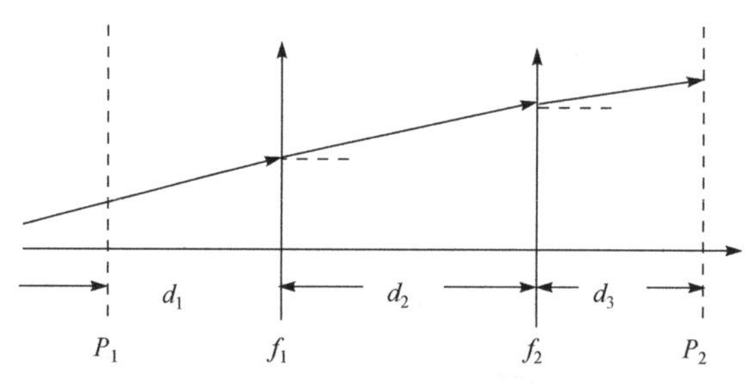

图 7-5 光线在薄透镜系统中的传播原理图

注意：矩阵乘法遵从结合律，但前后次序不能颠倒；$AD-BC=n_1/n_2$。这里的 n_1 为初始参考面 P_1 处媒质的折射率；n_2 为最后一个参考面 P_2 处媒质的折射率。

7.1.3 透镜波导

透镜波导指光波在一系列等间距(为 L)的共轴球面透镜组合的透镜序列中导出。

1. 透镜波导按透镜数分类

按照透镜波导的周期可分为两类：①单周期透镜波导或称单周期透镜序列(序列中的透镜焦距均为 f)；②双周期透镜波导或称双周期透镜序列(序列中的透镜由交替放置的两种透镜构成，焦距均为 f_1 和 f_2)。

按透镜波导的稳定性可分为两类：①稳定的透镜波导，进入第一个透镜波导的光束能通过最后一个透镜离开波导，即光束在透镜波导中；②不稳定的透镜波导，光线在最后一透镜之前的任何一个透镜离开波导。

2. 双周期透镜波导

讨论二维平面情况下，光线在参考面 P_1 到 P_2 之间为双周期透镜波导的基本单元。

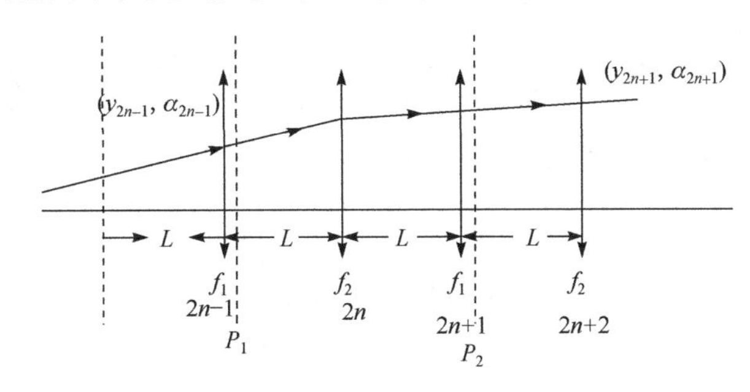

图 7-6 光线在双周期透镜系统中的传播原理图

根据图 7-6 的光路图，光线传输的变换矩阵为

$$
\begin{aligned}
\begin{pmatrix} y_{2n+1} \\ \alpha_{2n+1} \end{pmatrix} &= M(L \to f_2 \to L \to f_1) \cdot \begin{pmatrix} y_{2n-1} \\ \alpha_{2n-1} \end{pmatrix} = [M(f_1)M(L)][M(f_2)M(L)] \\
&= \begin{pmatrix} 1 & L \\ -\dfrac{1}{f_1} & 1-\dfrac{L}{f_1} \end{pmatrix} \begin{pmatrix} 1 & L \\ -\dfrac{1}{f_2} & 1-\dfrac{L}{f_2} \end{pmatrix} \cdot \begin{pmatrix} y_{2n-1} \\ \alpha_{2n-1} \end{pmatrix} \\
&= \begin{pmatrix} 1-\dfrac{L}{f_2} & L\left(2-\dfrac{L}{f_1}\right) \\ -\left[\dfrac{1}{f_1}+\dfrac{1}{f_2}\left(1-\dfrac{L}{f_1}\right)\right] & -\left[\dfrac{L}{f_1}-\left(1-\dfrac{L}{f_1}\right)\left(1-\dfrac{L}{f_2}\right)\right] \end{pmatrix} \begin{pmatrix} y_{2n-1} \\ \alpha_{2n-1} \end{pmatrix} \\
&= \begin{pmatrix} A & B \\ C & D \end{pmatrix} \begin{pmatrix} y_{2n-1} \\ \alpha_{2n-1} \end{pmatrix}
\end{aligned}
\tag{7.19}
$$

由于 $AD-BC=1$，将式(7.19)写成代数方程有

$$
\begin{cases} y_{2n+1} = Ay_{2n-1} + B\alpha_{2n-1} & (7.20\text{a}) \\ \alpha_{2n+1} = Cy_{2n-1} + D\alpha_{2n-1} & (7.20\text{b}) \end{cases}
$$

由式(7.20a)得

$$\alpha_{2n-1}=\frac{1}{B}(y_{2n+1}-Ay_{2n-1}) \tag{7.21}$$

$$\text{递推：}\ \alpha_{2n+1}=\frac{1}{B}(y_{2n+3}-Ay_{2n+1}) \tag{7.22}$$

将式(7.22)和式(7.21)代入式(7.20b)中整理得

$$y_{2n+3}-(A+D)y_{2n+1}+(AD-BC)\cdot y_{2n-1}=0 \tag{7.23}$$

展开为

$$y_{2n+1}-2by_{2n}+y_{2n-1}=0 \tag{7.24}$$

式中

$$b=\frac{1}{2}(A+D)=1-\frac{L}{f_1}-\frac{L}{f_2}+\frac{L^2}{2f_1f_2}=\left(1-\frac{L}{f_1}\right)\left(1-\frac{L}{f_2}\right)-\frac{L^2}{2f_1f_2} \tag{7.25}$$

根据稳定性判据可知，光波在透镜波导中传播时有：$|b|<1$，$-1<b<1$，两端加 1，得到

$$0<\left(1-\frac{L}{2f_1}\right)\left(1-\frac{L}{2f_2}\right)<1 \tag{7.26}$$

令

$$g_1=\left(1-\frac{L}{2f_1}\right)=1-\frac{L}{R_1}$$

推导得到

$$R_1=2f_1 \tag{7.27}$$

令

$$g_2=\left(1-\frac{L}{2f_2}\right)=1-\frac{L}{R_2}$$

推导得到

$$R_2=2f_2 \tag{7.28}$$

由此得到，$0\leqslant g_1g_2<1$ 时，光路稳定；$g_1g_2<0$ 和 $g_1g_2>1$ 时，光路不稳定。
进一步证明了球面镜腔可以等效为双周期透镜波导。

3. 单周期透镜波导

光线在传输中的基本单元只包括一个透镜，即由参考面 P_1 到 P_2 为一个周期单元，如图 7-7 所示。

光线由参考面 P_1 到 P_2 的变换矩阵为

$$M(L \to f) = \begin{pmatrix} A & B \\ C & D \end{pmatrix} = M(f)M(L)$$
$$= \begin{pmatrix} 1 & 0 \\ -\dfrac{1}{f} & 1 \end{pmatrix} \begin{pmatrix} 1 & L \\ 0 & 1 \end{pmatrix} = \begin{pmatrix} 1 & L \\ -\dfrac{1}{f} & 1-\dfrac{L}{f} \end{pmatrix} \tag{7.29}$$

在式(7.29)中，$f_1=f_2=f$，当

$$|b| = \left| \frac{1}{2}(A+D) \right| \leqslant 1$$

时得到$\left|1-\dfrac{L}{2f}\right| \leqslant 1$，进一步得到$0 \leqslant 1-\dfrac{L}{2f} < 1$。

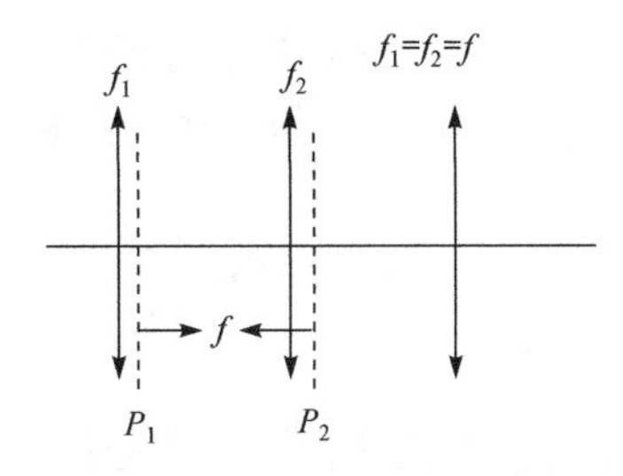

图 7-7 光线在单周期透镜系统中的传播原理图

7.1.4 球面波的传播

在各向同性的均匀媒质中，对应点光源的波面是球面，即点光源发射球面波。

假设球面波的一个重要参数是波面的曲率半径 $R(z)$，取点光源为 z 轴的原点，传播过程中 $R(z)$的变化为 $R(z)=z$，则有

$$R_2(z) = R_1(z) + (z_2 - z_1) \tag{7.30a}$$

在近轴条件下，曲率半径与光线的参数(y, α)的关系为

$$\alpha = y / R(z) \tag{7.30b}$$

$$R(z) = y / \alpha \tag{7.30c}$$

将球面波的传播用光线矩阵写为

$$y_2 = Ay_1 + B\alpha_1 \tag{7.31a}$$

$$\alpha_2 = Cy_1 + D\alpha_1 \tag{7.31b}$$

由式(7.31a)和式(7.31b)得到

$$\frac{y_2}{\alpha_2} = \frac{Ay_1 + B\alpha_1}{Cy_1 + D\alpha_1} \tag{7.32}$$

光线经过曲率半径 $R(z)$的变换为

$$R_2(z)=\frac{y_2}{\alpha_2}=\frac{A\dfrac{y_1}{\alpha_1}+B}{C\dfrac{y_1}{\alpha_1}+D} \tag{7.33}$$

例 7.1 求球面波通过一段长度为 z_2-z_1 的均匀介质后曲率半径 $R_1(z)$的变换。

解：由变换矩阵 $M(z_2-z_1)=\begin{pmatrix}1 & z_2-z_1\\ 0 & 1\end{pmatrix}$ 知道矩阵中的 A=1，$B=z_2-z_1$，C=0，D=1，则

$$R_2(z)=\frac{AR_1(z)+B}{CR_1(z)+D}=R_1(z)+(z_2-z_1)$$

上式的计算结果与从图 7-8 的几何物理图像出发讨论的结果相同。

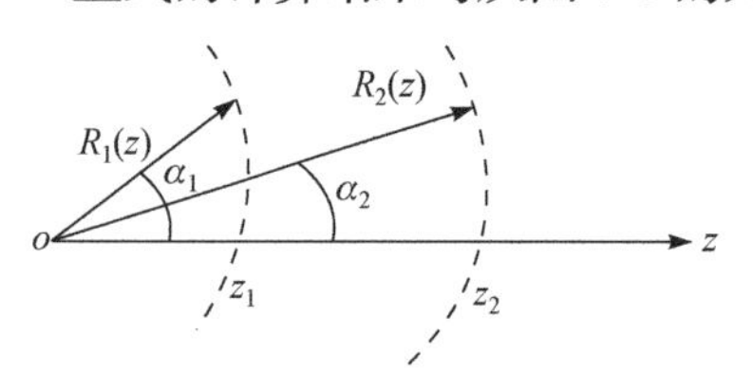

图 7-8 球面波经过均匀介质的传播原理图

例 7.2 求球面波通过焦距为 f 的薄透镜的曲率半径的变换。

解：由光线通过焦距为 f 的薄透镜的变换矩阵 $M(f)=\begin{pmatrix}A & B\\ C & D\end{pmatrix}=\begin{pmatrix}1 & 0\\ -\dfrac{1}{f} & 1\end{pmatrix}$ 可以得到

$$R_2(f)=\frac{AR_1(z)+B}{CR_1(z)+D}=\frac{R_1(z)+0}{-\dfrac{1}{f}R_1(z)+1}$$

进一步推导得到

$$1-\frac{1}{f}R_1(z)=\frac{R_1(z)}{R_2(z)}$$

$$\frac{1}{R_2(z)}=\frac{1}{R_1(z)}-\frac{1}{f}$$

上式为薄透镜的成像公式。

1. 光线经过曲率半径为 R 的反射镜的变换矩阵

在近轴光学条件下，从图 7-9 可知

$$-\alpha_2=\alpha_1+2\beta \tag{7.34a}$$

$$(\alpha_1+\beta)R=y_1 \tag{7.34b}$$

由(7.34b)整理得到 $\beta=\dfrac{y_1-\alpha_1 R}{R}$，进一步将其代入式(7.34a)得到

$$\begin{cases}y_2=y_1\\ \alpha_2=-\dfrac{2y_1}{R}+\alpha_1\end{cases} \tag{7.35}$$

将式(7.35)写成矩阵形式为

$$\begin{pmatrix} y_2 \\ \alpha_2 \end{pmatrix} = \begin{pmatrix} 1 & 0 \\ -\dfrac{2}{R} & 1 \end{pmatrix} \begin{pmatrix} y_1 \\ \alpha_1 \end{pmatrix} = M(R) \cdot \begin{pmatrix} y_1 \\ \alpha_1 \end{pmatrix} \tag{7.36}$$

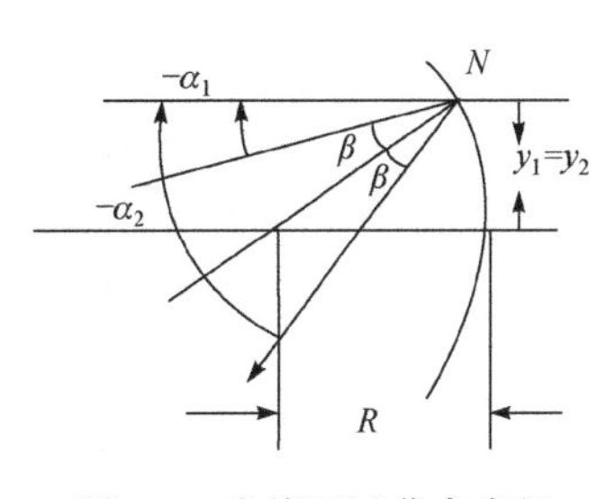

图 7-9　光线通过曲率半径为 R 的反射镜的传播原理图

式(7.36)中的变换矩阵为

$$M(R) = \begin{pmatrix} 1 & 0 \\ -\dfrac{2}{R} & 1 \end{pmatrix} \tag{7.37}$$

由式(7.37)以及曲率半径为 R 的反射镜对光线的变换矩阵与焦距为 f 的薄透镜对光线的变换矩阵中的 C 元素得到结论：①当 $f=\dfrac{R}{2}$ 时，$R=2f$。②薄透镜波导与球面谐振腔变换的物理图像的等效性如图 7-10 所示。

2. 球面波通过薄透镜的变换

从光波角度看，当傍轴波面通过焦距为 f 的透镜时，其波前曲率半径满足关系式：

$$\frac{1}{R'}+\frac{1}{R}=\frac{1}{f} \tag{7.38}$$

沿光传输方向的发散球面波的曲率半径为正，会聚球面波的曲率半径为负，薄透镜的作用为改变光波波阵面的曲率半径，如图 7-11 所示。

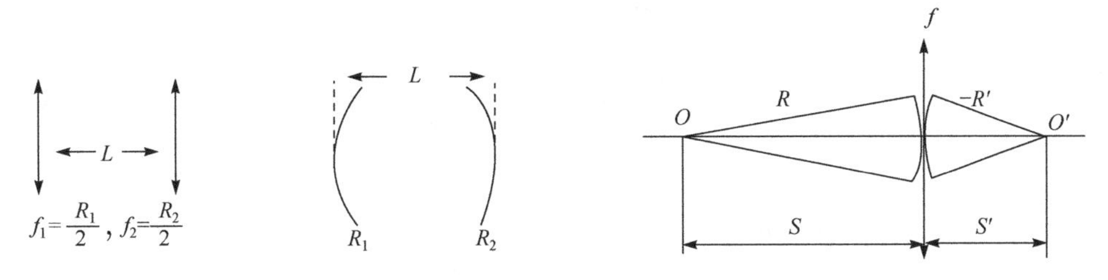

图 7-10　薄透镜波导与球面谐振腔的等效性

图 7-11　球面波通过薄透镜的变换

高斯光束经过薄透镜变换后仍为高斯光束，如图 7-12 所示。若以 M_1 表示高斯光束入射在薄透镜表面上的波面，由于高斯光束的等相位面为球面，经薄透镜后被转换成另一球面波面 M_2 而出射，M_1 与 M_2 的曲率半径 R 及 R' 之间的关系满足式(7.38)。同时，由于透镜很薄，所以在紧邻薄透镜的两侧波面 M_1 及 M_2 上的光斑大小及光强分布都应该完全一样。以 ω 表示入射在薄透镜表面上的高斯光束的光斑半径，ω' 表示出射高斯光束的光斑半径。高斯模通过薄透镜后仍保持为相同阶次的模，但光束参数 R 和 $\omega(Z)$ 已改变。

高斯光束在薄透镜的变换中有关系式(7.38)，且有

$$\omega=\omega' \tag{7.39}$$

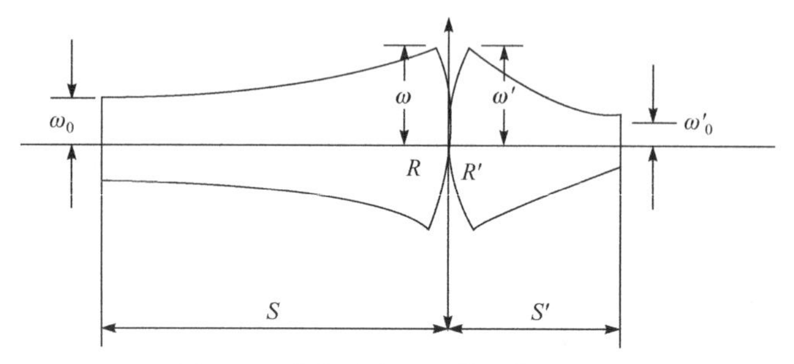

图 7-12　高斯光束通过薄透镜的变换

在实际问题中，通常 ω_0 和 S 是已知的，此时 $|Z_0| = S$ ，则入射光束在镜面处的波阵面半径和有效截面半径分别为

$$R = S\left[1+\left(\frac{\pi\omega_0^2}{\lambda S}\right)^2\right] \tag{7.40}$$

$$\omega = \omega_0\sqrt{1+\left(\frac{\lambda S}{\pi\omega_0^2}\right)^2} \tag{7.41}$$

出射光束在镜面处的波阵面半径 R' 和有效截面半径 ω' 为

$$\left.\begin{aligned} \omega &= \omega' \\ \frac{1}{R'}+\frac{1}{R} &= \frac{1}{f} \\ R = S&\left[1+\left(\frac{\pi\omega_0^2}{\lambda S}\right)^2\right] \\ \omega = \omega_0&\sqrt{1+\left(\frac{\lambda S}{\pi\omega_0^2}\right)^2} \end{aligned}\right\} \Rightarrow \begin{cases} R' = h(\omega_0, S, f) \\ \omega' = g(\omega_0, S, f) \end{cases} \tag{7.42}$$

7.1.5　高斯球面波的传播

半导体激光器激活区垂直方向的尺寸一般在波长数量级，光束具有较大的发散角，所以基于傍轴近似的高斯光束模型不能很好地描述。沿 z 轴传播的远轴高斯光束是利用求格林函数方法得到的亥姆霍兹(Helmholtz)方程的远场近似解。

$$u(d,\ z) = \frac{\overline{2\pi}\omega_0 z}{\gamma^2\lambda}\exp(\mathrm{i}kr)\frac{-z_\gamma^2, d_2}{\omega_0^2\gamma^2} \tag{7.43}$$

式中，ω_0 是常数；从式(7.43)可知该光束可近似看成一球面波受高斯光束调制的结果，我们认为这种光束称为高斯球面波更为确切。

高斯球面波表达式(7.43)成立的条件是考察点至发光源点的距离远大于光源的尺寸和波长，这个条件对大多数半导体激光器是合理的。该光束是一种类高斯光束，应该用能量法(如高斯光束的远场发散角内含 86.5 %的光束总功率)或二阶矩阵法计算光斑尺寸和发散角。

根据能量法的定义，在光斑尺寸W'内的光能量为总能量的$1-e^{-2}$倍，即

$$2\pi\int_0^{W'}\left|u(d,\ z)\right|^2 d\mathrm{d}d = 1-\mathrm{e}^{-2} \tag{7.44}$$

这里我们假设$2\pi\int_0^{W'}\left|u(d,\ z)\right|^2 d\mathrm{d}d = 1$，即满足归一化条件。经计算可得光斑尺寸为

$$W' = z\frac{4}{\omega_0^2 k^2 - 4} \tag{7.45}$$

远场发散角半角宽θ为

$$\theta = \arctan(R_0 / z)\frac{4}{\omega_0^2 k^2 - 4} \approx \frac{\lambda}{\pi\omega_0} \tag{7.46}$$

光束传输因子是描述光束传播特性的物理量，它在传输过程是一个不变量，根据光束的场强分布，可以求得光束传输因子：

$$M^2 = \frac{\pi}{\lambda}\sqrt{W^2\theta^2 - W^4 R^{-2}} \tag{7.47}$$

7.2　平板波导

7.2.1　基本概念

光纤是一种很常见的介质光波导，其截面为圆形，但在集成光学中，人们更感兴趣的是在芯片上集成的平板波导。平板波导由三层介质组成，中间层介质折射率最大，称为波导层，如图 7-13 所示。上下两层折射率较低，分别称为覆盖层和基质层。当基质层和覆盖层材料折射率相等时，称为对称平板波导。早在 20 世纪 60 年代，沿着介电层的光波导现象首次在实验上被观察到，很快基于这种现象的新的一类光学元件得到发展和应用。此类元件在尺寸、宽通带和抗电磁干扰能力等方面相对于电子元件具有高的优越性。到了 60 年代后期，导波光学元件迅猛发展，“集成光学”术语的提出，进一步推动了导波光学的理论研究和应用的开展。

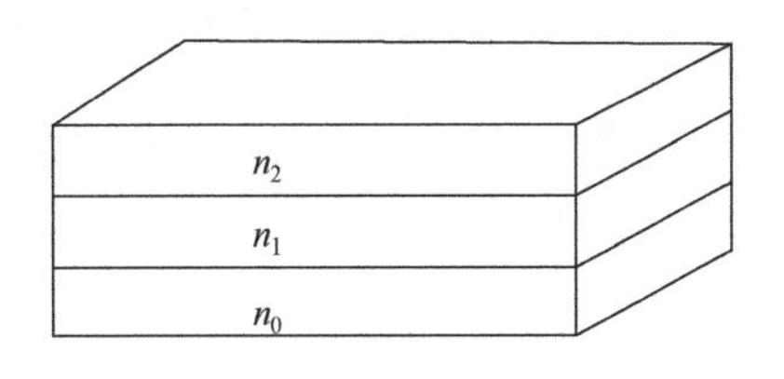

图 7-13　平板波导示意图

7.2.2　光线在平板波导中的传播

我们比较熟悉的光波导装置是光导纤维，但是在集成光学中，光波导往往采用片面结构，例如，在平面薄膜或窄条等应用中，采用经典的电磁场所遵循的麦克斯韦(Maxwell)方程组，或采用波动方程和适当的边界条件描述光学现象。

光线在介质界面满足全反射条件时，光线会在波导层上下介质界面处发生全反射，

并沿 z 轴传输。假设覆盖层折射率为 n_2，波导层折射率为 n_1，衬底层折射率为 n_0，波导层厚度为 h。光线在上下界面上均发生全反射，假设 y 方向均匀，则光线的波矢在 xz 方向上有相应的分量(平板波导可不考虑 y 方向)。

当只考虑 x 方向上的光线传播时，可见光线总是在上下两表面反射。现假设一光线入射到下表面，发生全反射，然后又与上表面发生全反射，再次回到下表面发生全反射，如图 7-14 所示。此时光线与原先从下表面出发的光波叠加在一起，发生干涉。并且两束相干光波的相位差为

$$\begin{cases}|\boldsymbol{k}| = n_1 k_0 \\ k = k_0 n_1 \cos\theta, \boldsymbol{k} \uparrow\uparrow \boldsymbol{k}_0 \\ \beta = k_0 n_1 \sin\theta \\ e \sim e^{\mathrm{i}(\pm kx - \beta z)}\end{cases} \Rightarrow \Delta\varphi = 2kh - 2\phi_{12} - 2\phi_{10} \tag{7.48}$$

如果相干相长，即满足谐振条件，则入射角对应的光线(模式)可以被导波所接受：

$$2kh - 2\phi_{12} - 2\phi_{10} = 2m\pi \tag{7.49}$$

在波导厚度 h 确定的情况下，平板波导所能维持的光波导模式数量是有限的，此时 m 只能取有限个整数值，方程(7.49)称作平板波导的本征方程。每一模式对应的锯齿光路和模向光场分布如图 7-15 所示。

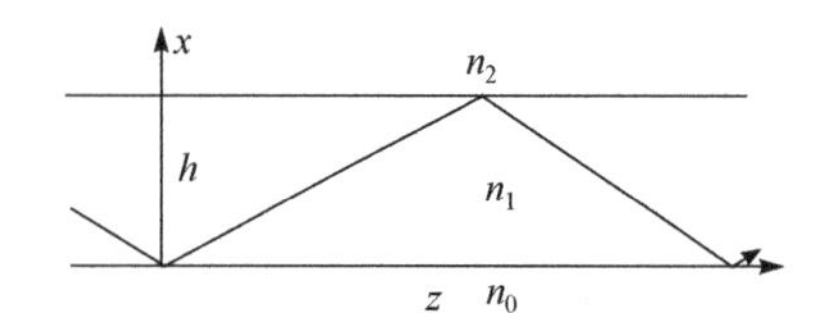

图 7-14 光线在平板波导中的传播

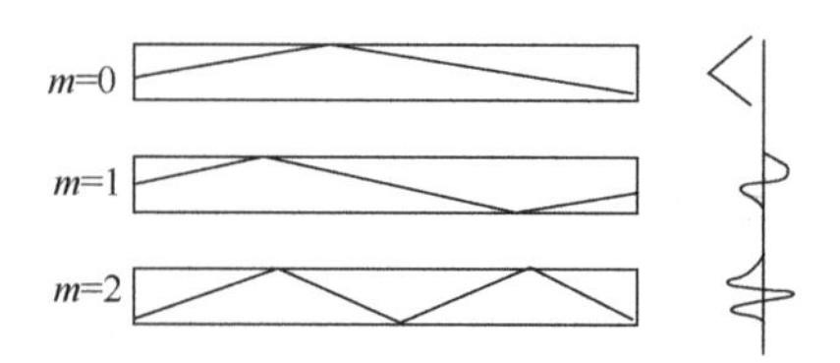

图 7-15 每一模式对应的锯齿光路和横向光场分布

本征方程中的 $2\phi_{10}$ 和 $2\phi_{12}$ 是上下界面处全反射所引起的相移，可根据菲涅耳(Fresnel)公式求出：

$$r_s = r_{\mathrm{TE}} = \frac{n_1\cos\theta_1 - n_2\cos\theta_2}{n_1\cos\theta_1 + n_2\cos\theta_2} \tag{7.50}$$

$$r_p = r_{\mathrm{TM}} = \frac{n_2\cos\theta_1 - n_1\cos\theta_2}{n_2\cos\theta_1 + n_1\cos\theta_2} \tag{7.51}$$

TE 模表示电场方向垂直于由波面法线和界面法线构成的入射平面，磁矢量的偏振方向在入射面内。

TM 模表示电矢量的偏振方向在入射面内，磁矢量的偏振方向垂直于入射面。

$$\begin{aligned}\varphi_{\mathrm{TE}} &= \arctan\left(\sqrt{\frac{n_1^2\sin^2\theta_2 - n_2^2}{n_1^2 - n_1^2\sin^2\theta_1}}\right) \\ \varphi_{\mathrm{TM}} &= \arctan\left(\left(\frac{n_1^2}{n_2^2}\right)\sqrt{\frac{n_1^2\sin^2\theta_1 - n_2^2}{n_1^2 - n_1^2\sin^2\theta_1}}\right)\end{aligned} \tag{7.52}$$

以上相移公式是在 n_1 、n_2 介质界面上推导得到的，如果是在 n_0 和 n_1 介质界面上，只需将 n_2 换成 n_0 。

具体的特征方程可表示为

$$
\begin{aligned}
kh_{\mathrm{TE}} &= m\pi + \arctan\left(\frac{\rho_0}{\kappa}\right) + \arctan\left(\frac{\rho_2}{\kappa}\right) \\
kh_{\mathrm{TM}} &= m\pi + \arctan\left(\frac{n_1^2\rho_0}{n_0^2\kappa}\right) + \arctan\left(\frac{n_1^2\rho_2}{n_2^2\kappa}\right)
\end{aligned}
\tag{7.53}
$$

$$
\begin{aligned}
\kappa &= (k_0^2 n_1^2 - \beta^2)^{1/2} \\
\rho_0 &= (\beta^2 - k_0^2 n_0^2)^{1/2} \\
\rho_2 &= (\beta^2 - k_0^2 n_2^3)^{1/2}
\end{aligned}
\tag{7.54}
$$

由于 n_0 、n_2 都是小于 n_1 的折射率，所以还存在如下不等式：

$$
k_0 n_0 (k_0 n_2) < \beta < k_0 n_1 \tag{7.55}
$$

1. 光线在介质界面的反射、折射、全反射

经典理论认为光的行为可以用电磁波描述，电磁场遵循 Maxwell 方程组，或等效地，用波动方程和适当的边界条件也可以描述全部光学现象。首先以光线(或射线，或几何光学)的光学图像引出更加简单、直观的方法分析。

假设介质 n_1、n_2 为无损耗介质，属于均匀和各向同性介质，当一光线 I 由 n_1 入射到半无限介质界面时，入射角为 θ_1 ，反射角为 θ_1' ，折射角为 θ_2 ，如图 7-16 所示，由 Snell(斯内尔)定律(折射定律)得到

$$
n_1 \sin\theta_1 = n_2 \sin\theta_2 \tag{7.56}
$$

反射定律：

$$
\theta_1 = \theta_1' \tag{7.57}
$$

图 7-16　光线在均匀的两种介质界面的传输

由菲涅耳公式(7.51)知，反射光的相对振幅用反射系数 R 表示，R 依赖于入射角和光线的偏振方向，横向偏振的电场分量(TE：电场方向垂直于入射平面，即 S 分量)，以及磁场分量 TM(电矢量平行于入射面的振幅分量，即 P 分量)，电矢量为任意偏振方向时，总可以分解为 S 分量和 P 分量。其相对振幅为

$$
R_{\mathrm{TE}} = \frac{n_1\cos\theta_1 - n_2\cos\theta_2}{n_1\cos\theta_1 + n_2\cos\theta_2} = \frac{n_1\cos\theta_1 - \sqrt{n_2^2 - n_1^2\sin^2\theta_1}}{n_1\cos\theta_1 + \sqrt{n_2^2 - n_1^2\sin^2\theta_1}} \tag{7.58}
$$

$$
R_{\mathrm{TM}} = \frac{n_2\cos\theta_1 - n_1\cos\theta_2}{n_2\cos\theta_1 + n_1\cos\theta_2} = \frac{n_2^2\cos\theta_1 - n_1\sqrt{n_2^2 - n_1^2\sin^2\theta_1}}{n_2^2\cos\theta_1 + n_1\sqrt{n_2^2 - n_1^2\sin^2\theta_1}} \tag{7.59}
$$

由式(7.58)和式(7.59)可知，当 R_{TE}、R_{TM} 为实数时，必须有以下结论。

(1) 当$\theta_1 < \arcsin\left(\dfrac{n_2}{n_1}\right)$，得到$R_{\mathrm{TE}}$和$R_{\mathrm{TM}}$为实数，即有反射光线和折射光线，如图 7-17 所示。

(2) 当$\theta_1 = \arcsin\left(\dfrac{n_2}{n_1}\right)$，$\theta_1 = \theta_c = \arcsin\left(\dfrac{n_2}{n_1}\right)$时，由式(7.56)可知，$\theta_2 = \dfrac{\pi}{2}$，此时无折射光线，或透射光线只能沿两介质的界面传播，即只有反射光线，$\theta_1 = \theta_c$称为临界角，如图 7-18 所示。

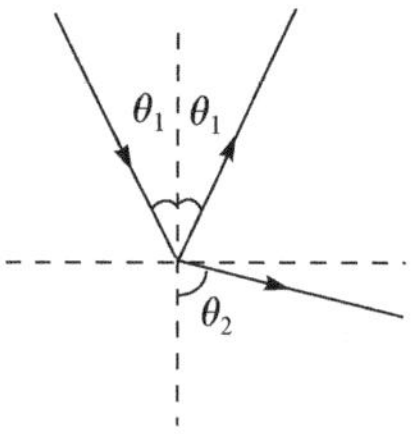

图 7-17　光线在$\theta_1 < \arcsin\left(\dfrac{n_2}{n_1}\right)$下的传播

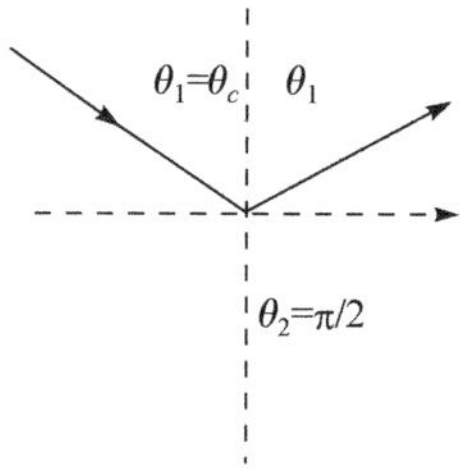

图 7-18　入射角为临界角时的光线传播

(3) 当 $\theta_1 > \theta_c = \arcsin\left(\dfrac{n_2}{n_1}\right)$时，在两个界面上无折射光或透射光，即为全反射或$\theta_2$无实数解，如图 7-19 所示。

在全反射条件下，折射角θ_2没有实数解，R 为模等于 1 的复数，即$R = \mathrm{e}^{2\mathrm{i}\varphi}$，$|R|^2 = RR^* = 1$。其中幅角为

$$\varphi_{\mathrm{TE}} = \arctan\frac{\sqrt{n_1^2 \sin^2\theta_1 - n_2^2}}{n_1 \cos\theta_1} \tag{7.60}$$

$$\varphi_{\mathrm{TM}} = \arctan\frac{n_1^2\sqrt{n_1^2 \sin^2\theta_1 - n_2^2}}{n_2^2 n_1 \cos\theta_1} = -\arctan\left(\frac{n_1^2}{n_2^2}\cdot\frac{\sqrt{n_1^2 \sin^2\theta_1 - n_2^2}}{n_1 \cos\theta_1}\right) \tag{7.61}$$

2. 光线在薄膜波导中的传播

平板波导由三层不同折射率的介质膜组成，即由折射率为n_1的平面介质膜涂覆在折射率为n_0的基质上，介质膜上面是折射率为n_2的覆盖层，而中间层介质膜的典型厚度为微米量级，称这种薄膜结构为平板波导，又称薄膜波导，如图 7-20 所示。

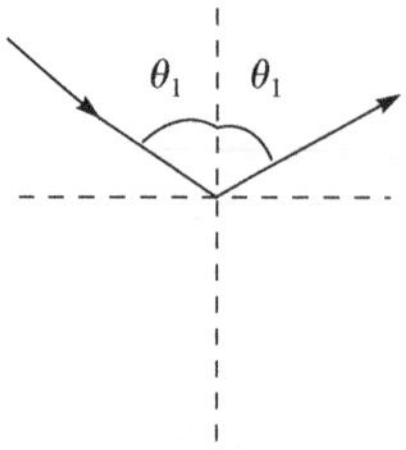

图 7-19　入射角大于临界角时光线的传播

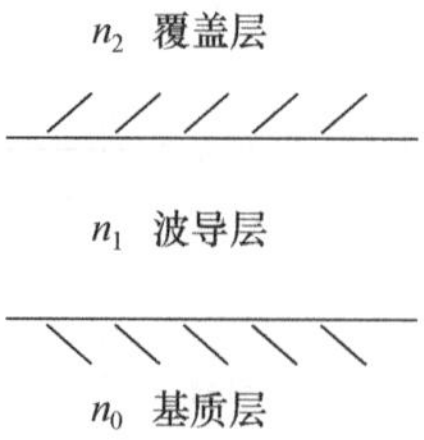

图 7-20　薄膜波导结构

薄膜波导的特点如下：根据$n_1 > n_0 \geqslant n_2$，则有①$n_1 > n_0 = n_2$时，为对称平板波导；②$n_1 > n_0 > n_2$时，为非对称平板波导。

3. 非对称平板波导结构中波的传播

假设波导为非对称结构，在$n_1 > n_0 > n_2$的条件下：①在介质层n_1中有光线到达基质层n_0时，由于入射线从光密介质向光疏介质，会出现一个临界角θ_{c10}。同时当光线由n_1射向n_2时，也是从光密到光疏，则又出现一个临界角θ_{c12}。②在平板波导中，有光线沿z方向传播，并以不同入射角θ_i入射的射线出现在平板波导中，如图 7-21 所示。

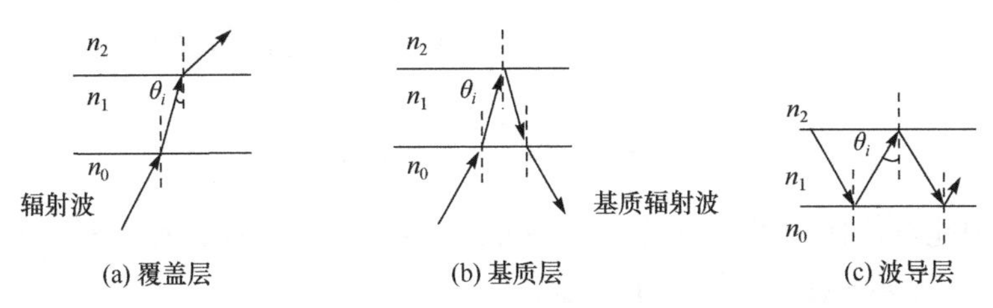

图 7-21　光线在覆盖层、基质层、波导层中的传播

如图 7-21(a)所示，当$\theta_i < \theta_{c10}, \theta_{c12}$时，由基质层一侧入射的光相继经历二次界面后折射并经覆盖层逃逸。即在θ_i很小时，射线不会在平板波导中传播，此波为覆盖层辐射波。

在图 7-21(b)中，当$\theta_{c12} < \theta_i < \theta_{c10}$时，从基质层一侧入射的光在基质层—薄膜界面处发生全反射，然后再经基质层和薄膜界面再次发生折射，所以当θ_i处于$\theta_i > \theta_{c12}, \theta_i < \theta_{c10}$时，不会有射线在平板波导中传播。此波为基质辐射波。

如图 7-21(c)所示，当$\theta_i > \theta_{c10}, \theta_i > \theta_{c12}$时，光线在基质层和薄膜界面，以及基质层和覆盖层界面处发生全反射，即薄膜中的光线被约束在平板波导中。此波为传导波，波导层也是平板波导中光束传输的重要介质层。

4. 导波常数

假设导波沿z轴方向传播，x方向受到横向约束，y方向光均匀可无限。并假设$|R| = 1$，波的传播为全反射时，光的能流没有损耗。

根据图 7-22，当$\theta_i > \theta_{c10}, \theta_i > \theta_{c12}$时，光束沿“之”字形路径在薄膜介质中传播。

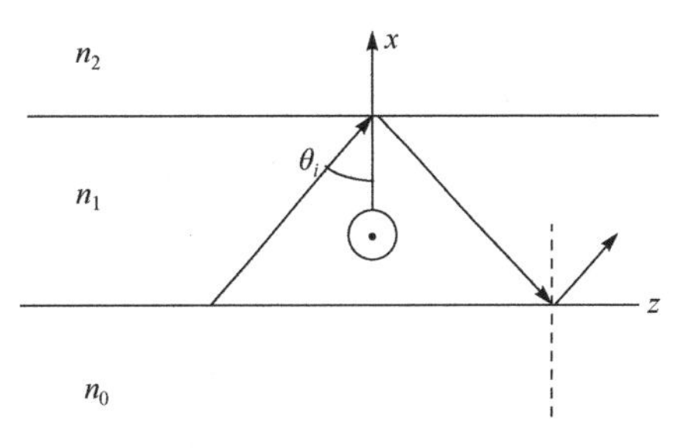

图 7-22　光线在波导中的传输

在平板波导中的传播波长为

$$\lambda_1 = \lambda_0 / n_1, c_1 = c_0 / n_1, k_1 = k_0 \cdot n_1 \tag{7.62}$$

平面波$k_y = 0$，波矢分量为$k_x = k_1 \cos\theta_i, k_z = k_1 \sin\theta_i$，令

$$\beta = k_z = k_1 \sin\theta_i = k_0 n_1 \sin\theta_i \tag{7.63}$$

式中，β为导波常数，根据式(7.62)和式(7.63)可知，$\beta < k_1 = k_0 n_1$，或

$$\frac{\beta}{k_1}=\sin\theta_i>\sin\theta_{c10}=\frac{n_0}{n_1}=\frac{k_0}{k_1} \tag{7.64}$$

所以 $\beta>k_0$，推出 $k_0<\beta<k_1$ 或

$$n_0k_0<\beta<n_1k_0 \tag{7.65}$$

式(7.65)为平板波导中导波存在的条件。

当令 $N=\beta/k_0$ 为波导有效折射率时，即有

$$n_0<N<n_1 \tag{7.66}$$

由 $\beta=k_1\sin\theta_i$ 的定义可知，当 $\theta_i=\frac{\pi}{2}$ 时，即导波沿 z 方向传播的最大导波常数为

$$\beta=k_1\sin\frac{\pi}{2}=k_1=n_1k_0 \tag{7.67}$$

即平板波导中能够传播的光波必须满足式(7.67)，即在 $\beta\leqslant n_1k_0$ 区域内时，有导波存在。当 $\beta>n_1k_0$ 时，无导波在平板波导中传播。

5. 波导层的有效厚度

1) Goos-Hänchen 位移及物理图像

当光线以角度 θ_i 由介质 1 一侧入射到介质 1 与 0 交界面处某点 A 时，将以 θ_2 进入介质 0 中，并渗透某一深度 X_s，在 C 点发生全发射，反射光由介质 0 到达介质 1 与 0 界面上另一点 B，在 B 点进入介质 1 中，AB 点间位移为 $2Z_s$，如图 7-23 所示。1947 年 Goos-Hänchen 发现此现象。

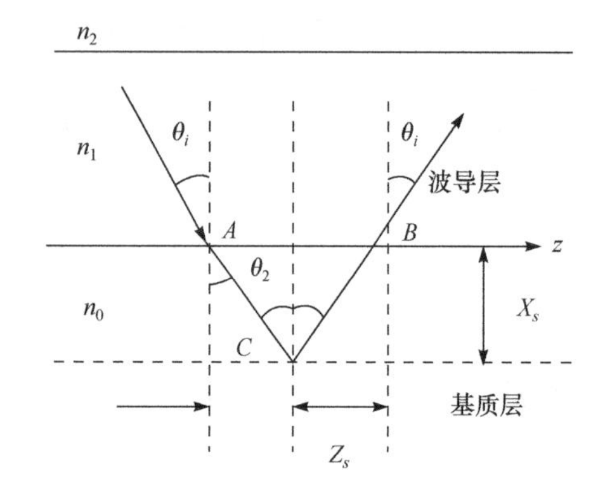

图 7-23 导波模的 Goos-Hänchen 位移

在各向异性介质或不同介质的界面处，光线导波常数 β 或入射角 θ_i 发生漂移，则导波的横向电场和磁场的相位也会有一定的漂移，此种漂移导致了射线在导波介质中反射时与入射点有一位移，此位移量的 1/2 称为 Goos-Hänchen 位移。

2) 数学表示

(1) 定性地从相位的变化量出发得到

$$\varphi(\beta+\Delta\beta)=\varphi(\beta)+\frac{\mathrm{d}\varphi}{\mathrm{d}\beta}\cdot\Delta\beta=\varphi(\beta)+Z_s\cdot\Delta\beta \tag{7.68}$$

其中，Goos-Hänchen 位移为

$$Z_s=\frac{\mathrm{d}\varphi}{\mathrm{d}\beta} \tag{7.69}$$

(2) 定量计算。

在 $n_1 \sim n_0$ 界面，有

$$\varphi_{\text{TE}} = \arctan\frac{(n_1^2 \sin^2\theta_i - n_0^2)^{1/2}}{n_1 \cos\theta_i} \tag{7.70}$$

由式(7.70)得到

$$\tan\varphi_{\text{TE}} = \frac{(n_1^2 \sin^2\theta_i - n_0^2)^{1/2}}{n_1 \cos\theta_i} \tag{7.71}$$

对式(7.71)两边求导得到

$$\frac{\text{d}}{\text{d}\beta}(\tan\varphi_{\text{TE}}) = \frac{\text{d}}{\text{d}\varphi_{\text{TE}}}(\tan\varphi_{\text{TE}})\frac{\text{d}\varphi_{\text{TE}}}{\text{d}\beta} = \frac{\text{d}}{\text{d}\varphi_{\text{TE}}}\left[\frac{(n_1^2 \sin^2\theta_i - n_0^2)^{1/2}}{n_1 \cos\theta_i}\right]\cdot Z_s \tag{7.72}$$

并利用

$$\beta = k_1 \sin\theta_i = k_0 n_1 \sin\theta_i \Rightarrow \frac{\beta}{k_0} = N = n_1 \sin\theta_i \tag{7.73}$$

对式(7.71)的左边求导得

$$\frac{\text{d}}{\text{d}\beta}(\tan\varphi_{\text{TE}}) = \frac{\text{d}}{\text{d}\varphi_{\text{TE}}}(\tan\varphi_{\text{TE}})\frac{d\varphi_{\text{TE}}}{d\beta} = \frac{(N^2 - n_0^2)\tan^2\theta_i + N^2}{N^2}\cdot Z_s \tag{7.74}$$

对式(7.71)的右边求导得

$$\begin{aligned}\frac{\text{d}}{\text{d}\beta}\left[\frac{(n_1^2 \sin^2\theta_i - n_0^2)^{1/2}}{n_1 \cos\theta_i}\right] &= \frac{\text{d}}{\text{d}\theta_i}\left[\frac{(n_1^2 \sin^2\theta_i - n_0^2)^{1/2}}{n_1 \cos\theta_i}\right]\frac{\text{d}\theta_i}{\text{d}\beta} \\ &= \frac{(N^2 - n_0^2)^{-\frac{1}{2}}[N^2 + (N^2 - n_0^2)\tan^2\theta_i]}{N}\cdot\frac{\tan\theta_i}{kN} \\ &= \frac{(N^2 - n_0^2)^{-\frac{1}{2}}[N^2 + (N^2 - n_0^2)\tan^2\theta_i]}{kN^2}\cdot\tan\theta_i\end{aligned} \tag{7.75}$$

令式(7.74)与式(7.75)相等，推导出横向电场 TE 模的 Goos-Hänchen 位移为

$$Z_s = \frac{\tan\theta_i}{k(N^2 - n_0^2)^{1/2}} = k^{-1}(N^2 - n_0^2)^{-\frac{1}{2}}\cdot\tan\theta_i \tag{7.76}$$

同理，对横向磁场 TM 模的 Goos-Hänchen 位移计算得到

$$Z_s = k^{-1}N^{-2}(N^2 - n_0^2)^{-1/2}\left(\frac{1}{n_1^2} + \frac{1}{n_0^2} - \frac{1}{N^2}\right)^{-1}\tan\theta_i \tag{7.77}$$

由平板波导导波模在基质层 n_0 中的渗透几何图形(图 7-23)，即可得到在 n_0 基质处的深度 X_s 为

$$X_s = \frac{Z_s}{\tan\theta_i} \tag{7.78}$$

将式(7.76)代入式(7.78)得到 TE 模的渗透深度为

$$X_s=k^{-1}(N^2-n_0^2)^{-\frac{1}{2}}=\frac{1}{k(N^2-n_0^2)^{1/2}} \tag{7.79}$$

将式(7.77)代入式(7.78)得到 TM 模的渗透深度为

$$X_s=k^{-1}N^{-2}(N^2-n_0^2)^{-1/2}\left(\frac{1}{n_1^2}+\frac{1}{n_0^2}-\frac{1}{N^2}\right)^{-1/2} \tag{7.80}$$

光线在 n_1 与 n_2 界面(波导层与覆盖层)的传播如图 7-24 所示。

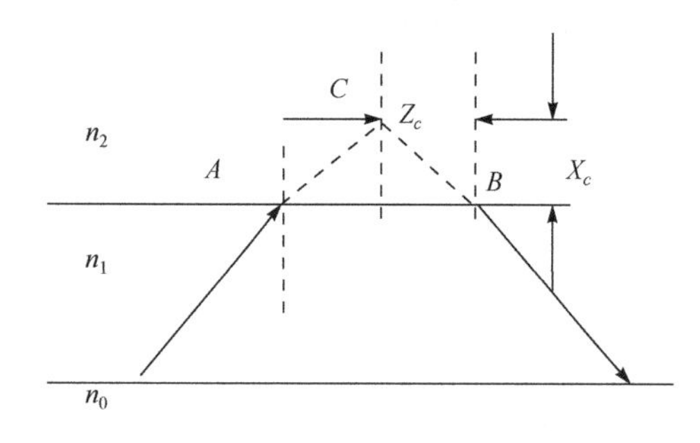

图 7-24 光线在波导层与覆盖层的传播

同理得到 TE 模的 Goos-Hänchen 位移 Z_c 为

$$Z_c=(N^2-n_2^2)^{-\frac{1}{2}}k^{-1}\tan\theta_i \tag{7.81}$$

TM 模的 Goos-Hänchen 位移 Z_c 为

$$Z_c=(N^2-n_2^2)^{-\frac{1}{2}}k^{-1}N^{-2}\left(\frac{1}{n_1^3}+\frac{1}{n_2^2}-\frac{1}{N^2}\right)^{-1}\tan\theta_i \tag{7.82}$$

渗透深度用 X_c 表示，对于 TE 模有

$$X_c=k^{-1}(N^2-n_2^2)^{-\frac{1}{2}} \tag{7.83}$$

对于 TM 模有

$$X_c=k^{-1}N^{-2}(N^2-n_2^2)^{-\frac{1}{2}}\left(\frac{1}{n_1^3}+\frac{1}{n_2^2}-\frac{1}{N^2}\right)^{-1} \tag{7.84}$$

推导波导层的有效厚度 d_{eff}(图 7-25)为

$$d_{\text{eff}}=d+X_s+X_c \tag{7.85}$$

式中，d 为波导层厚度。

对于 TE 模有

$$d_{\text{eff}}=d+\frac{1}{k\sqrt{N^2-n_0^2}}+\frac{1}{k\sqrt{N^2-n_2^2}} \tag{7.86}$$

对于 TM 模有

$$d_{\text{eff}}=d+k^{-1}N^{-2}\left[(N^2-n_0^2)^{-\frac{1}{2}}\left(\frac{1}{n_1^3}+\frac{1}{n_0^2}-\frac{1}{N^2}\right)^{-\frac{1}{2}}+(N^2-n_2^2)^{-\frac{1}{2}}\left(\frac{1}{n_1^3}+\frac{1}{n_2^2}-\frac{1}{N^2}\right)^{-1}\right] \tag{7.87}$$

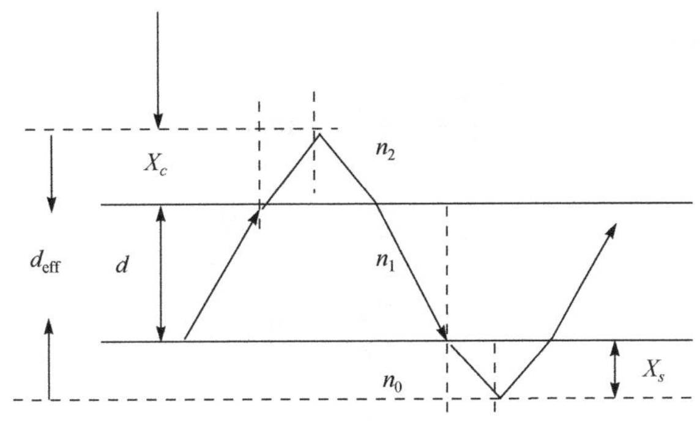

图 7-25 平板波导中的有效厚度

由上面的推导可知，当考虑波导中的能流随光纤导波常数 β 或入射角 θ_i 发生漂移时，波导层中的能流损失。

7.3 平板波导的电磁理论基础

尽管光线光学具有非常简单和直观的优点，但在经典范畴，只有电磁波理论才能对所有光学现象完善的描述，本节将采用电磁波理论对平板波导进行讨论。

7.3.1 Maxwell 方程组的一般形式

在无自由电荷及传导电流的区域中，电磁场的空间分量或空间波传输遵从的 Maxwell 方程组为

$$\begin{cases}\nabla\times\boldsymbol{E}=-\mathrm{i}\omega\mu\boldsymbol{H}\\ \nabla\times\boldsymbol{H}=\mathrm{i}\omega\varepsilon\boldsymbol{E}\end{cases}\tag{7.88}$$

$$\begin{cases}\nabla\times\boldsymbol{E}(x,y,z)=-\dfrac{\partial}{\partial t}\boldsymbol{B}(x,y,z)\\ \nabla\times\boldsymbol{H}(x,y,z)=\dfrac{\partial}{\partial t}\boldsymbol{D}(x,y,z)\end{cases}$$

式中利用
$$\nabla=\frac{\partial}{\partial x}\boldsymbol{i}+\frac{\partial}{\partial y}\boldsymbol{j}+\frac{\partial}{\partial z}\boldsymbol{k}$$

$$\boldsymbol{E}=\boldsymbol{E}(x,y,z)\mathrm{e}^{\mathrm{i}\omega t}+c\cdot c$$

$$\boldsymbol{H}=\boldsymbol{H}(x,y,z)\mathrm{e}^{\mathrm{i}\omega t}+c\cdot c$$

$$\boldsymbol{D}=\varepsilon\boldsymbol{E},\quad \boldsymbol{B}=\mu\boldsymbol{H}$$

在直角坐标系下，将式(7.88)展开为

$$\begin{aligned}\nabla\times\boldsymbol{E}&=\left(\frac{\partial E_z}{\partial y}-\frac{\partial E_y}{\partial z}\right)\boldsymbol{i}+\left(\frac{\partial E_x}{\partial z}-\frac{\partial E_z}{\partial x}\right)\boldsymbol{j}+\left(\frac{\partial E_y}{\partial x}-\frac{\partial E_x}{\partial y}\right)\boldsymbol{k}\\&=-\mathrm{i}\mu\omega\boldsymbol{H}=-\mathrm{i}\mu\omega(H_x\boldsymbol{i}+H_y\boldsymbol{j}+H_z\boldsymbol{k})\end{aligned}$$

得到 Maxwell 的横电波普适方程：

$$\begin{cases}\dfrac{\partial E_z}{\partial y}-\dfrac{\partial E_y}{\partial z}=-\mathrm{i}\omega\mu H_x\\ \dfrac{\partial E_x}{\partial z}-\dfrac{\partial E_z}{\partial x}=-\mathrm{i}\omega\mu H_y\\ \dfrac{\partial E_y}{\partial x}-\dfrac{\partial E_x}{\partial y}=-\mathrm{i}\omega\mu H_z\end{cases} \tag{7.89}$$

$$\begin{cases}\dfrac{\partial H_z}{\partial y}-\dfrac{\partial H_y}{\partial z}=\mathrm{i}\omega\varepsilon E_x\\ \dfrac{\partial H_z}{\partial z}-\dfrac{\partial H_z}{\partial x}=\mathrm{i}\omega\varepsilon E_y\\ \dfrac{\partial H_y}{\partial x}-\dfrac{\partial H_x}{\partial y}=\mathrm{i}\omega\varepsilon E_z\end{cases} \tag{7.90}$$

7.3.2 平板波导中的 Maxwell 方程组

假设导波沿 z 方向传播，讨论三层结构薄膜波导，如图 7-26 所示，电场和磁场的形式为

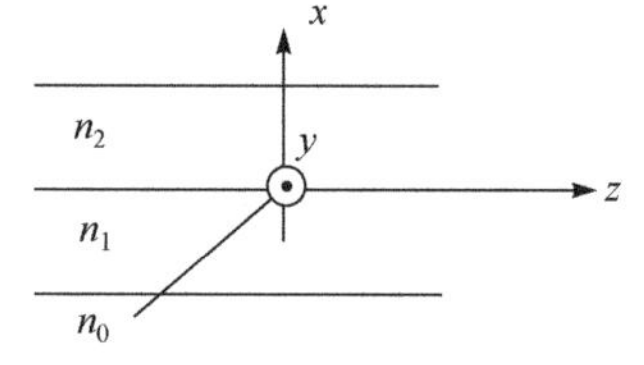

图 7-26 三层结构薄膜波导

$$E=E_t\mathrm{e}^{-\mathrm{i}\beta z},\quad H=H_t\mathrm{e}^{-\mathrm{i}\beta z} \tag{7.91}$$

对式(7.91)求 z 的导数得

$$\frac{\partial E}{\partial z}=E_t(-\mathrm{i}\beta)\mathrm{e}^{-\mathrm{i}\beta z}=(-\mathrm{i}\beta)E\Rightarrow \partial/\partial z=-\mathrm{i}\beta \tag{7.92}$$

考虑到 y 方向为无限，认为 E、H 不随 y 变化，即有

$$\frac{\partial E}{\partial y}=\frac{\partial H}{\partial y}=0 \tag{7.93}$$

进一步推导得到横电波为

$$\begin{cases}\beta E_y=-\omega\mu H_x\\ \mathrm{i}\beta E_x+\dfrac{\partial E_z}{\partial x}=\mathrm{i}\omega\mu H_y\\ \dfrac{\partial E_y}{\partial x}=-\mathrm{i}\omega\mu H_z\end{cases} \tag{7.94}$$

将 $\dfrac{\partial H}{\partial y}=0,\dfrac{\partial}{\partial z}=-\mathrm{i}\beta$ 代入式(7.90)得到横磁波：

$$\begin{cases}\beta H_y = \omega\varepsilon E_x \\ \mathrm{i}\beta H_x + \dfrac{\partial H_z}{\partial x} = -\mathrm{i}\omega\varepsilon E_y \\ \dfrac{\partial H_y}{\partial x} = \mathrm{i}\omega\varepsilon E_z\end{cases} \tag{7.95}$$

对式(7.94)中第三式的 x 求导，再代入式(7.95)的第二式得到

$$\frac{\partial^2 E_y}{\partial x^2} = -\mathrm{i}\omega\mu\frac{\partial H_z}{\partial x} = -\mathrm{i}\omega\mu[-\mathrm{i}\omega\varepsilon E_y - \mathrm{i}\beta H_x] = -\omega^2\varepsilon\mu E_y - \beta\omega\mu H_x$$

由式(7.94)中的第一个方程 $\beta E_y = -\omega\mu H_x \Rightarrow \beta\omega\mu H_x = -\beta^2 E_y$ 并代入上式中得横电波随着 x 的变化关系：

$$\frac{\partial^2 E_y}{\partial x^2} = -\omega^2\varepsilon\mu E_y + \beta^2 E_y = (\beta^2 - \omega^2\varepsilon\mu)E_y = (\beta^2 - k^2 n^2)E_y \tag{7.96}$$

式中，$k = \omega\sqrt{\varepsilon_0\mu_0}$ 为真空中的波数，所以在薄膜介质中的波数为 $k \cdot n$，因为 $\varepsilon_0 = 8.85\times 10^{-12}(\mathrm{SI})$，$\mu_0 = 4\pi\times 10^{-7}(\mathrm{SI})$，同理得到横磁波：

$$\frac{\partial^2 H_y}{\partial x^2} = (\beta^2 - n^2 k^2)H_y \tag{7.97}$$

式(7.96)和式(7.97)分别代表了平板波导中波模的 Maxwell 方程。

7.3.3　TE 模场方程的解

讨论沿 z 传播的导波，TE 模只有横向分量，而无纵向分量，即

$$E_z=0 \tag{7.98}$$

代入式 $\dfrac{\partial H_y}{\partial x} = \mathrm{i}\omega\varepsilon E_z$ 中得 $\dfrac{\partial H_y}{\partial x} = 0 \Rightarrow H_y = C或0$，令 $H_y = 0$，H_y 与 x 无关，再由式 (7.95)中的第一式 $\beta H_y = \omega\varepsilon E_x \Rightarrow E_x = 0$，$E_x$ 与 x 无关，再由 $\mathrm{i}\beta E_x + \dfrac{\partial E_z}{\partial x} = i\omega\mu H_y$ 可知，$E_x = 0, H_y = 0 \Rightarrow E_z = 0$，由此得出 TE 模的六个电磁场分量中，最多有三个不为零，即有 E_y、H_x 和 H_z：

$$\begin{cases}H_x = -\dfrac{\beta}{\omega\mu}E_y \\ H_z = \dfrac{\mathrm{i}}{\omega\mu}\dfrac{\partial E_y}{\partial x}\end{cases} \tag{7.99}$$

由式(7.96)解出 E_y，代入式(7.99)即可求出 TE 模的所有非零场分量。式(7.99)为平板波导中导波分量的方程。

由二阶常系数微分方程式 $\dfrac{\partial^2 E_y}{\partial x^2} = (\beta^2 - \omega^2\varepsilon\mu)E_y$ 可知式(7.99)的通解为

$$E_y(x)=\alpha e^{i\gamma x}+\alpha' e^{-i\gamma x} \tag{7.100}$$

式中，α,α'为积分常数，而有①波导层的$\gamma=(n_1^2k^2-\beta^2)^{\frac{1}{2}}$；②基质层的$\gamma_0=(n_0^2k^2-\beta^2)^{\frac{1}{2}}$；③覆盖层的$\gamma_2=(n_2^2k^2-\beta^2)^{\frac{1}{2}}$，此时要求$\gamma$(波导层)为实数，$\gamma_0,\gamma_2$为虚数。即$E_y(x)$在波导中传播并具有周期变化的解，基质层和覆盖层为$x$的衰减波。要求：$n_0^2k^2<\beta$, $n_2^2k^2<\beta,\beta<n_1^2k^2$，进一步得到$\Rightarrow n_0^2k^2,n_2^2k^2<\beta<n_1^2k^2$。

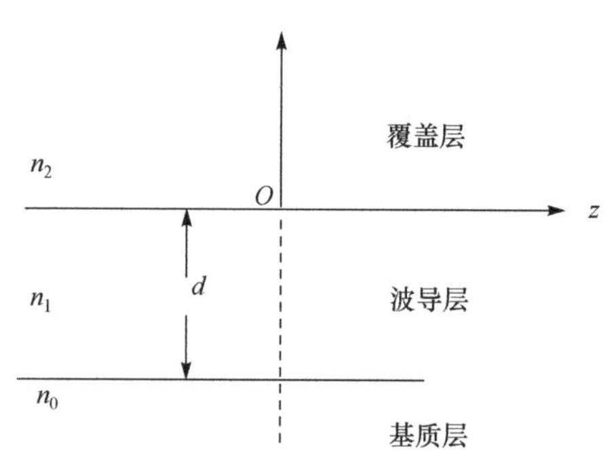

图 7-27　平板波导层示意图

如图 7-27 所示，d为波导层厚度，满足波导层中的波为周期函数，基质层及覆盖层为衰减波。在$x=-d$和x=0 两平面之间，$E_y(x)$在各层中的解写为

$$\begin{cases}E_y^{(0)}(x)=A_0e^{\gamma_0 x}+B_0e^{-\gamma_0 x} & (x<-d,\text{基质层})\\ E_y^{(1)}(x)=A\cos\gamma x+B\sin\gamma x & (-d<x<0,\text{波导层})\\ E_y^{(2)}=A_2e^{-\gamma_2 x}+B_2e^{\gamma_2 x} & (x>0,\text{覆盖层})\end{cases} \tag{7.101}$$

由于$x\to\pm\infty$时场不可能无限地大，显然有$B_0=B_2=0$，于是方程组(7.101)整理为

$$\begin{cases}E_y^{(0)}(x)=A_0e^{\gamma_0 x} & (x<-d,\text{基质层})\\ E_y^{(1)}(x)=A\cos\gamma x+B\sin\gamma x & (-d<x<0,\text{波导层})\\ E_y^{(2)}=A_2e^{-\gamma_2 x} & (x>0,\text{覆盖层})\end{cases} \tag{7.102}$$

将式(7.102)分别代入方程(7.99)中得

$$\begin{cases}H_x^{(0)}=\dfrac{\beta A_0}{\omega\mu}e^{\gamma_0 x} & (x<-d)\\ H_x^{(1)}=-\dfrac{\beta}{\omega\mu}(A\cos\gamma x+B\sin\gamma x) & (-d<x<0)\\ H_x^{(2)}=-\dfrac{\beta}{\omega\mu}e^{-\gamma_2 x} & (x>0)\end{cases} \tag{7.103}$$

$$\begin{cases}H_z^{(0)}=\dfrac{i}{\omega\mu}\dfrac{\partial}{\partial x}[A_0e^{\gamma_0 x}]=\dfrac{iA_0\gamma_0}{\omega\mu}e^{\gamma_0 x} & (x<-d)\\ H_z^{(1)}=\dfrac{i}{\omega\mu}\dfrac{\partial}{\partial x}[A\cos\gamma x+B\sin\gamma x]=\dfrac{i\gamma}{\omega\mu}[-A\sin\gamma x+B\cos\gamma x] & (-d<x<0)\\ H_z^{(2)}=\dfrac{i}{\omega\mu}\dfrac{\partial}{\partial x}[A_2e^{-\gamma_2 x}]=-\dfrac{iA_2\gamma_2}{\omega\mu}e^{-\gamma_2 x} & (x>0)\end{cases} \tag{7.104}$$

式(7.103)和(7.104)即为波导层中 TE 模三个非零场分量的表达式，其中A、B、A_0和A_2四个任意常数由边界条件决定。

(1) x=0 轴，电场分量 $E_y^{(1)}(0)=E_y^{(2)}(0)$，由式(7.102)推导出

$$A=A_2 \tag{7.105}$$

(2) x=−d 轴，电场分量 $E_y^{(1)}(-d)=E_y^{(0)}(-d)$，由式(7.101)推导出

$$A_0\mathrm{e}^{-\gamma_0 d}=A\cos\gamma d-B\sin\gamma d$$

$$A_0=(A\cos\gamma d-B\sin\gamma d)\mathrm{e}^{\gamma_0 d} \tag{7.106}$$

对于磁场分量有

$$x=0\ 面：H_z^{(1)}(0)=H_z^{(2)}(0)\Rightarrow\gamma B=-A_2\gamma_2 \tag{7.107}$$

由式(7.105)可知

$$B=-\frac{A\gamma_2}{\gamma} \tag{7.108}$$

将式(7.108)代入式(7.106)得到

$$A_0=A\left(\cos\gamma d+\frac{\gamma_2}{\gamma}\sin\gamma d\right)\mathrm{e}^{\gamma_0 d} \tag{7.109}$$

由式(7.105)、式(7.108)、式(7.109)可知 A_0、A_2 和 B 均可由 A 表示。

由式(7.102)可知，再令 x=0，有

$$E_y(0)=E_0\Rightarrow A=E_0 \tag{7.110}$$

则各层的非零场向量如下：

$$x<-d(基质层)：\begin{cases}E_y^{(0)}(x)=E_0\left(\cos\gamma d+\dfrac{\gamma_2}{\gamma}\right)\mathrm{e}^{\gamma_0(x+d)}\\ H_x^{(0)}(x)=-\dfrac{\beta}{\omega\mu}E_0\left(\cos\gamma d+\dfrac{\gamma_2}{\gamma}\sin\gamma d\right)\mathrm{e}^{\gamma_0(x+d)}\\ H_z^{(0)}(x)=\dfrac{\mathrm{i}\gamma_0}{\omega\mu}E_0\left(\cos\gamma d+\dfrac{\gamma_2}{\gamma}\sin\gamma d\right)\mathrm{e}^{\gamma_0(x+d)}\end{cases} \tag{7.111}$$

$$x>0(覆盖层)：\begin{cases}E_y^{(2)}(x)=E_0\mathrm{e}^{-\gamma_2 d}\\ H_x^{(2)}(x)=-\dfrac{\beta}{\omega\mu}E_0\mathrm{e}^{-\gamma_2 x}\\ H_z^{(2)}(x)=-\dfrac{\gamma_2}{\omega\mu}E_0\mathrm{e}^{-\gamma_2 x}\end{cases} \tag{7.112}$$

$$-d<x<0(\text{波导层}):\begin{cases}E_y^{(1)}(x)=E_0\left(\cos\gamma x-\dfrac{\gamma_2}{\gamma}\sin\gamma x\right)\\ H_x^{(1)}(x)=-\dfrac{\beta}{\omega\mu}E_0\left(\cos\gamma x-\dfrac{\gamma_2}{\gamma}\sin\gamma x\right)\\ H_z^{(1)}(x)=-\dfrac{\mathrm{i}\gamma}{\omega\mu}E_0\left(\sin\gamma x+\dfrac{\gamma_2}{\gamma}\cos\gamma x\right)\end{cases}\tag{7.113}$$

7.3.4 TE 模及截止条件

1. 介电导波方程

上面讨论了 $x=0$ 和 $x=-d$ 平面交界处的切向连续问题，并同时考虑了 $E_y(x)\Big|_{\substack{x=0\\x=-d}}$ 及 $H_z(x)\big|_{x=0}$ 的边界条件。本节分析和讨论 $H_z(x)\big|_{x=-d}$ 切向连续的问题。

令
$$H_z^{(0)}(x)\big|_{x=-d}=H_z^{(1)}\big|_{x=-d}\Rightarrow H_z^{(0)}(-d)=H_z^{(1)}(-d)\tag{7.114}$$

由式(7.110)知，$A=E_0$，所以将其代入式(7.111)第三式有

$$H_z^{(0)}(x)=\frac{\mathrm{i}\gamma_0}{\omega\mu}E_0\left(\cos\gamma d+\frac{\gamma_2}{\gamma}\sin\gamma d\right)\mathrm{e}^{\gamma_0(x+d)}$$

$$H_z^{(0)}(-d)=\frac{\mathrm{i}\gamma_0}{\omega\mu}E_0\left(\cos\gamma d-\frac{\gamma_2}{\gamma}\sin\gamma d\right)\mathrm{e}^{\gamma_0(-d+d)}$$

$$H_z^{(0)}(-d)=\frac{\mathrm{i}\gamma_0}{\omega\mu}E_0\left(\cos\gamma d-\frac{\gamma_2}{\gamma}\sin\gamma d\right)\tag{7.115}$$

由 $H_z^{(1)}(x)=-\dfrac{\mathrm{i}\gamma}{\omega\mu}E_0\left(\sin\gamma x+\dfrac{\gamma_2}{\gamma}\cos\gamma x\right)$进一步得到

$$H_z^{(1)}(-d)=-\frac{\mathrm{i}\gamma}{\omega\mu}E_0\left(\frac{\gamma_2}{\gamma}\cos\gamma d-\sin\gamma d\right)\tag{7.116}$$

利用边界条件式(7.114)可以知道，式(7.115)等于式(7.116)，所以整理后得到

$$\frac{\mathrm{i}\gamma_0}{\omega\mu}E_0\left(\cos\gamma d-\frac{\gamma_0}{\gamma}\sin\gamma d\right)=-\frac{\mathrm{i}\gamma}{\omega\mu}E_0\left(\frac{\gamma_2}{\gamma}\cos\gamma d-\sin\gamma d\right)$$

$$\gamma_0\left(\cos\gamma d-\frac{\gamma_2}{\gamma}\sin\gamma d\right)=\gamma\sin\gamma d-\gamma_2\cos\gamma d$$

$$\gamma_0\left(\frac{\cos\gamma d}{\cos\gamma d}-\frac{\gamma_2}{\gamma}\frac{\sin\gamma d}{\cos\gamma d}\right)=\gamma\frac{\sin\gamma d}{\cos\gamma d}-\gamma_2\frac{\cos\gamma d}{\cos\gamma d}$$

$$\gamma_0\left(1-\frac{\gamma_2}{\gamma}\tan\gamma d\right)=\gamma\tan\gamma d-\gamma_2$$

$$\tan\gamma d=\frac{\gamma(\gamma_0+\gamma_2)}{\gamma^2+\gamma_0\gamma_2} \tag{7.117}$$

式中，γ,γ_0,γ_2 为导波常数 β 的函数，式(7.117)是 β 的超越方程，可用图解法或数值法求解。从式(7.117)可看出，对应于一个 β，就有一个导波存在，即 TE 模的一个本征模。将式(7.117)整理为

$$\tan\gamma d=\frac{\dfrac{\gamma_0}{\gamma}+\dfrac{\gamma_2}{\gamma}}{1+\left(\dfrac{\gamma_0}{\gamma}\right)\left(\dfrac{\gamma_2}{\gamma}\right)}$$

$$\tan\gamma d=\tan\left(\arctan\frac{\gamma_0}{\gamma}+\arctan\frac{\gamma_2}{\gamma}\right)$$

$$\gamma d-\arctan\frac{\gamma_0}{\gamma}-\arctan\frac{\gamma_2}{\gamma}=q\pi\ (q\text{ 为正整数，表示模数}) \tag{7.118}$$

式(7.118)为介电波导的本征值方程的另一形式。

2. 分析对称波导条件

当 $n_0=n_2$，$\gamma_0=\gamma_2=\gamma'$ 时，根据式(7.117)有

$$\tan\gamma d=\frac{2\gamma\gamma'}{\gamma^2-\gamma'^2}=\frac{2\dfrac{\gamma'}{\gamma}}{1-\left(\dfrac{\gamma'}{\gamma}\right)^2} \tag{7.119}$$

显然有

$$\tan\frac{\gamma d}{2}=\frac{\gamma'}{\gamma} \tag{7.120}$$

讨论：(1)当频率较低(k 小，λ 大)时，平板波导中的导波只有单模传输，场分布是关于 $x=-\dfrac{d}{2}$ 对称的，场在波导层($-d<x<0$)中按余弦规律变化，而在基质层和覆盖层处($x<-d,x>0$)则按指数规律衰减，表现为对称。图 7-28 为平板波导的最低阶对称模。

(2) 当光波频率升高时，场向波导层的中央集中，当频率升高到一定程度时，反对称成为可能，在波导层中形成双模传播，出现了反对称模，也就是说两个模的电场分布如图 7-29 所示。

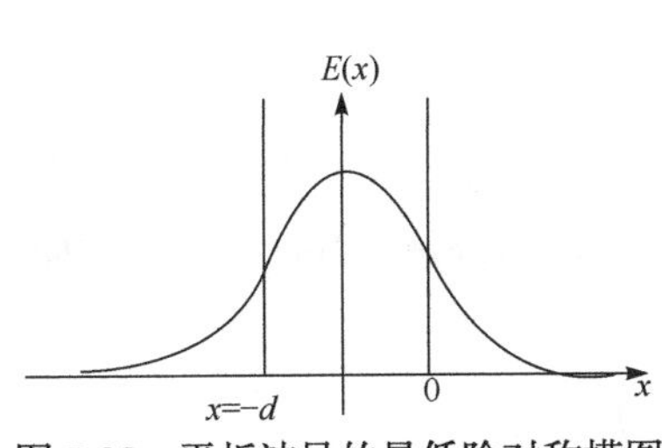

图 7-28　平板波导的最低阶对称模图

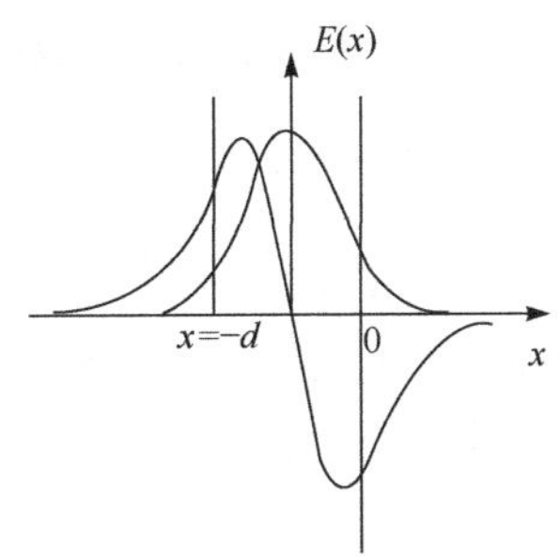

图 7-29　平板波导双模场分布

3. 导波模的截止条件

下面讨论对称结构的平面波导。基于导波模的本征值方程，对称模的截止条件为

$$\tan\frac{\gamma d}{2}=0 \Rightarrow \frac{\gamma d}{2}=0,\pi,2\pi,\cdots \tag{7.121}$$

反对称模的截止条件为

$$\tan\frac{\gamma d}{2}=\infty \Rightarrow \frac{\gamma d}{2}=\frac{\pi}{2},\frac{3\pi}{2},\cdots \tag{7.122}$$

根据式(7.121)和式(7.122)，得到

$$\frac{\gamma d}{2}=\frac{q\pi}{2} \tag{7.123}$$

式中，q 为模数，式(7.123)为对称型波导中所有模的截止条件。

在实际问题中，$\gamma_0=\gamma_2 \to 0$ 时，有 $\tan\gamma d=0$，$\gamma d=q\pi$，则

$$\gamma=k\sqrt{n_1^2-n_0^2} \tag{7.124}$$

式中，n_1 和 n_2 是介电层的折射率。

$$q=\frac{2d}{\lambda}\sqrt{n_1^2-n_0^2} \tag{7.125}$$

式中，q 为导波模数；d 为波导层的厚度。对于一定的 n_1、n_0、d 和 λ，可以判断最多能出现几个导波模。

7.3.5 导波模的性质

导波模有很多重要的物理性质，这里只给出如下几条性质。

1. 不同模的正交性

$$\int_{-\infty}^{\infty} E_{vy}(x)E'_{v'y}(x)\mathrm{d}x=0 \tag{7.126}$$

式中，$E_{vy}(x)$和 $E'_{v'y}(x)$ 表示平板波导中两个不同的 TE 模($v\neq v'$)的 y 方向电场分量。由此可见，两个不同模的乘积在波导横截面内的积分为零。式(7.126)可以写成简单的形式：

$$\left\langle E_{vy},E'_{v'y}\right\rangle=0$$

式中，尖括弧表示其中两个函数相乘后在某一区间积分，称为两函数的内积。

2. 波导模场分量可归一化

对同一个模($v=v'$)，在场分量前乘一个适当系数(又称归一化因子)，可以使式(7.126)左边的积分等于 1。正交归一性使任意横向场可展开为模场分量叠加的形式。例如，在只有离散模的条件下，有

$$E_y(x)=\sum_v a_v E_{vy}(x)$$

式中，展开系数 a_v 为

$$a_v = \frac{\int_{-\infty}^{\infty} E_y(x) E_{vy}(x) \mathrm{d}x}{\int_{-\infty}^{\infty} E_{vy}^2(x) \mathrm{d}x} = \frac{\langle E_y, E_{vy} \rangle}{\langle E_{vy}, E_{vy} \rangle} \tag{7.127}$$

3．沿 z 正方向的导波模的能量密度

利用正交性，得到所有沿着 z 正向行进的导波模所携带的能量密度：

$$P_z(x) = \sum_v a_v a_v^* P_v$$

第 v 个导波模所携带的能量密度为

$$P_v = \left(\frac{\beta}{2\omega\mu}\right) \int_{-\infty}^{\infty} E_{vy}^2(x) \mathrm{d}x = \left(\frac{\beta}{2\omega\mu}\right) \langle E_{vy}, E_{vy} \rangle \tag{7.128}$$

由此可见，平板波导对导波的约束只出现在波导层厚度方向。在实际应用中还会遇见通道波导、半导体波导，以及光波导的制备方法和光波导装置等，需要时可以大量查阅这方面的书籍和文献。

7.4　激光在光纤中的传输特性

光纤传输是以光导纤维为介质进行的数据和信号传输。光纤不仅可用来传输模拟信号和数字信号，而且可以满足视频传输的需求，也就是说，激光在光纤中的传输技术是研究激光束与传输介质相互作用的一门技术，其主要目的是通过对传输介质光学性质的研究，分析和揭示激光束的传输特性。激光传输介质分为天然介质(如大气、水等)和人工介质(如光纤、各类光波导等)。本节重点介绍光纤传输技术。

7.4.1　光纤简介

光纤是一种能够传送光频电磁波的介质波导。

在光纤的数值孔径角内，以某一角度入射光纤端面，并能在光纤的纤芯到包层界面上形成全反射的传播光线就可称为一个光的传输模式，如图 7-30 所示。

光纤传输具有衰减、色散、偏振模色散和光纤非线性效应等特性。

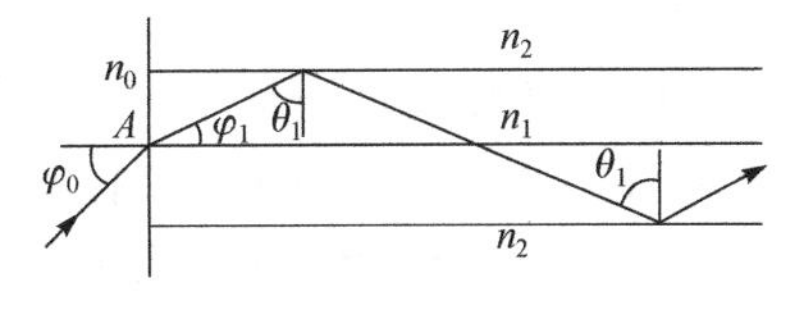

图 7-30　光束在光纤中的传输

1．衰减

当光在光纤中传输时，随着传输距离的增加，光功率逐渐减小，这种现象即称为光纤的衰减。衰减一般用衰减系数 α 表示：

$$\alpha = \frac{10}{L}\lg\frac{P_{\text{in}}}{P_{\text{out}}} \tag{7.129}$$

式中，α 的单位为 dB/km。

衰减大小影响光纤的传输距离和中继距离的选择以及光纤通信系统的成本。

衰减包括吸收衰减、散射衰减和其他衰减。吸收衰减是由于光纤材料本身吸收光能量而产生的。红外吸收衰减对长波长有影响，紫外吸收衰减对短波长有影响。杂质吸收衰减主要是由于光纤中含有的各种过渡金属离子和氢氧根(OH^-)离子在光的激励下产生振动，吸收光能量造成的。OH^-离子的吸收对光通信的长波长(主要在 1.38μm)影响比较大。散射衰减是指在光纤中传输的一部分光由于散射而改变传输方向，从而使一部分光不能到达接收端所产生的衰减，主要包含瑞利散射衰减、非线性散射衰减和波导效应散射衰减。

2. 色散

信号在光纤中是由不同的频率成分和不同的模式成分携带的，这些不同的频率成分和模式成分有不同的传播速度，使得光纤输出的波形在时间上产生展宽，即色散。色散种类主要有模内色散(色度色散)、模间色散和单模光纤中的偏振模色散。

模内色散包括材料色散和波导色散。材料色散即纤芯材料的折射率随波长的变化而导致的色散。折射率随波长的变化，使不同波长的群速度不同，造成时延差，发生脉冲展宽。在 1.27μm 处模内色散最小。波导色散的产生原因是光纤中只有 80%的光功率在纤芯中传播，20%的光功率在包层中传播，由于包层中传播速率大于纤芯，就出现色散。波导色散的大小取决于光纤的设计。对于同一频率的光，由于不同的模式群速度不一样而产生模间色散。模间色散主要取决于光纤的折射率分布，主要存在于多模光纤中。

两个偏振模式因光纤的不完善而出现传输常数的差异时产生的色散，即偏振模色散。偏振模色散与色度色散相比相对较小。

3. 光纤非线性效应

受激拉曼散射(SRS)阈值较高，高频率信道的信号能量可能通过受激拉曼散射向低频率信道的信号转移，大多出现在波分复用(WDM)系统中。受激布里渊散射(SBS)增益谱很窄(10～100MHz)，只要信号载频设计得好，可以很容易地避免 SBS 引起的干扰。交叉相位调制(XPM)多出现在相干检测方式中。当传输光工作在光纤的零色散波长附近时，四波混频(FWM)的相位条件可能得到满足。

7.4.2 光纤色散

光纤色散是在光纤中传输的光信号，随传输距离增加，由于不同成分的光传输时延不同而引起的脉冲展宽的物理效应。色散主要影响系统的传输容量，也对中继距离有影响。色散的大小常用时延差表示，时延差是光脉冲中不同模式或不同波长成分传输同样距离而产生的时间差。

色散分为模式色散、材料色散和波导色散。

1. 模式色散

模式色散是由于光纤不同模式在同一波长下传播速度不同，使传播时延不同而产生的色散。只有多模光纤才存在模式色散，它主要取决于光纤的折射率分布。多模光纤中每一个模式的能量都以略有差别的速度传播(模间色散)，因此导致光脉冲在长距离光纤中传播时被展宽(脉冲展宽)。

在阶跃型光纤中，当光线端面的入射角小于端面临界角时，将在纤芯中形成全反射。若每条光线代表一种模式，则不同入射角的光线代表不同的模式，不同入射角的光线在光纤中的传播路径不同，而由于纤芯折射率均匀分布，纤芯中不同路径的光线的传播速度相同，因此不同路径的光线到达输出端的时延不同，从而产生脉冲展宽，形成模式色散。

沿光纤轴线传播的光线如图 7-31 中的①和②所示。

光线①传播路径最短，经过长度为 L 的光纤时传播时延 t_1 最小：

$$t_1 = \frac{Ln_1}{c} \tag{7.130}$$

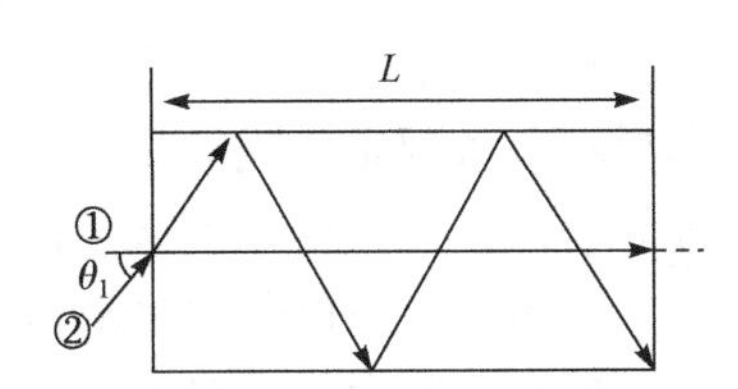

图 7-31　阶跃型光纤中模式色散示意图

光线②在光纤中传播路径最长时是以端面临界角入射的，它所产生的时延 t_2 是最大时延：

$$t_2 = \frac{L/\sin\theta_1}{c/n_1} = \frac{Ln_1}{c\sin\theta_1} \tag{7.131}$$

所以阶跃型光纤中不同模式的最大时延差 Δt 为

$$\Delta t = t_2 - t_1 = \frac{Ln_1}{c\sin\theta_1} - \frac{Ln_1}{c} = \frac{Ln_1}{c}\left(\frac{1}{\sin\theta_1} - 1\right) \approx \frac{Ln_1\varDelta}{c} \tag{7.132}$$

模式色散中不同方向的光路径不同，到达的时间不同。

渐变型光纤中光线的传播路径近似于正弦曲线，其中正弦幅度大的光线传播距离长，而正弦幅度小的光线传播距离短，但由于渐变型光纤纤芯折射率分布在轴心处最大并沿径向逐渐减小，所以正弦幅度最大的光线由于离轴心远、折射率小而传播速率高，而正弦幅度最小的光线由于离轴心近、折射率大而传播速率低，结果在到达输出端时相互之间的时延差近似为零，从而使渐变型光纤的模式色散较小。

一般渐变型多模光纤每公里长度上的最大时延差为

$$\tau_m = \frac{1}{2}\frac{n(0)}{c}\varDelta^2 \tag{7.133}$$

其中，$n(0)$表示轴心处的折射率。

2. 材料色散

材料色散是由于光纤的折射率随波长变化而使模式内不同波长的光时间延迟不同产生的色散。不同频率的光在光纤中的速度不同。而所有光源发射的光都具有一定的带宽，因此一个被传输的短脉冲会扩展开来。材料色散取决于光纤材料折射率的波长特性和光源的谱线宽度。

对于谱线宽度为 $\Delta\lambda$ 的光波，经过长度为 L 的光纤后，由材料色散引起的时延差为

$$\tau_e = \frac{1}{c}\lambda \cdot \Delta\lambda \cdot \frac{\mathrm{d}^2 n}{\mathrm{d}\lambda^2} \tag{7.134}$$

式(7.134)也可写成

$$\tau_e = m \cdot \lambda \cdot \Delta\lambda \tag{7.135}$$

式中，$c = 3\times10^8\,\mathrm{m/s}$，是真空中的光速；$\Delta\lambda$ 是光源的谱线宽度。

3. 波导色散

波导色散是由于波导结构参数与波长有关而产生的色散(对于同一模式的光，其导波常数 β 随 λ 变化而引起的色散)，其取决于波导尺寸和纤芯包层的相对折射率差。波导色散和材料色散都是模式的本身色散，也称模内色散。对于多模光纤，既有模式色散，又有模内色散，但主要以模式色散为主。而单模光纤不存在模式色散，只有材料色散和波导色散，由于波导色散比材料色散小很多，通常可以忽略。

在材料色散中，对于不同波长的光，折射率不同。

在波导色散中，对于不同波长的光，导波常数不同。

$$D(\lambda) = \frac{\lambda}{\pi c}\frac{\mathrm{d}\beta}{\mathrm{d}\lambda} - \frac{\lambda^2}{2\pi c}\cdot\frac{\mathrm{d}^2\beta}{\mathrm{d}\lambda^2} \tag{7.136}$$

式中，$D(\lambda)$ 为色散系数，单位是 ps/nm。对于谱线宽度为$\Delta\lambda$的光源，波导色散产生的总时延为$\tau = \Delta\lambda \cdot D(\lambda)$(ps)。

思考题与习题

1. 分别推导薄透镜焦距为 f，一段均匀介质长度为 d，以及 $f+d$ 组合后的光线变换矩阵。

2. 在理想近似条件下，验证曲率半径为 R 的反射镜的变换矩阵，与焦距为 f 的薄透镜变换矩阵的关系为 $R=2f$。并画出相距为 L 的薄透镜系统(f_1，f_2)和球面谐振腔(R_1，R_2)的等效图。

3. 请描述在非对称的平板波导中光纤的传播形式。

4. 证明在非对称平板波导中，导波常数为 $k_0 < \beta < k_1$ 或有效折射率为 $n_0 < N < n_1$。

5. 设对称波导材料的折射率为 $n_1 \approx n_0 \approx 2$，$n_1 - n_0 = 0.01$，中间波导层的厚度为 $d = 2\mu\mathrm{m}$，当 λ=0.8μm 的波在其中传播时可能有几个模存在？

6. 从光线方程式 $\frac{\mathrm{d}}{\mathrm{d}s}[n(\boldsymbol{r})]\frac{\mathrm{d}\boldsymbol{r}}{\mathrm{d}s} = \nabla n(\boldsymbol{r})$ 出发，证明均匀介质中的光线轨迹是直线，非均匀介质中光线一定向折射率高的地方偏斜传输。

第 8 章　光通信无源器件

光纤器件主要分为两类：有源器件和无源器件。光有源器件是指涉及能量转换即光能和电能之间转换的器件，如光源、光接收器件、光放大器等。光无源器件是指不涉及电光转换或光电转换的光功能器件的总称。常见的光无源器件有光纤连接器、光衰减器、光纤耦合器、波分复用器、光隔离器、光环行器、光开关、光调制器、光滤波器等，它们在光路中实现连接、能量衰减、分路或合路、反向隔离、通路/断路、信号调制、滤波等功能。本章对几种常见的光无源器件的工作原理、制造工艺、性能参数等进行简单介绍。

8.1　光纤连接器

光纤(缆)连接器是实现光纤(缆)之间活动连接的光无源器件，它还具有将光纤(缆)与光有源器件、其他无源器件、系统和仪表进行活动连接的功能。这是光纤连接器的基本要求。在一定程度上，光纤连接器影响了光传输系统的可靠性和各项性能。

光纤连接器将光纤穿入并固定在插针中，将插针表面进行抛光处理后，在耦合管中实现对准。插针的外组件采用金属或非金属的材料制作。插针的对接端必须进行研磨处理，另一端通常采用弯曲限制构件来支撑光纤或光纤软缆以释放应力。耦合管一般是由陶瓷或青铜等材料制成的两半合成的、紧固的圆筒形构件，多配有金属或塑料的法兰盘，以便于连接器的安装固定。为尽量精确地对准光纤，对插针和耦合管的加工精度要求很高。

光纤连接器的主要用途是实现光纤的接续。现在已经广泛应用在光纤通信系统的光纤连接器中，其种类众多，结构各异。但细究起来，各种类型的光纤连接器的基本结构是一致的，即绝大多数的光纤连接器一般采用高精密组件(由两个插针和一个耦合管共三个部分组成)实现光纤的对准连接。

8.1.1　基本结构

光纤连接器基本上采用某种机械和光学结构，使两根光纤的纤芯对接，保证 95%以上的光能通过连接器。目前，活动连接器有代表性且正在使用的结构有套管结构、双锥结构、V 形槽结构、球面定心结构、透镜耦合结构等，分别如图 8-1～图 8-5 所示。

套管结构由插针和套筒组成。插针为精密套管，光纤固定在插针里面。套筒也是一个加工精密的套管，两个插针在套筒中对接，从而实现两根光纤的对准。

双锥结构的特点是利用锥面定位。插针的外端面加工成圆锥面，基座的内孔加工成双圆锥面。两个插针插入基座的内孔实现纤芯的对接。

V形槽结构是将两个插针放入V形槽基座中，再用压盖板将插针压紧，使纤芯对准。

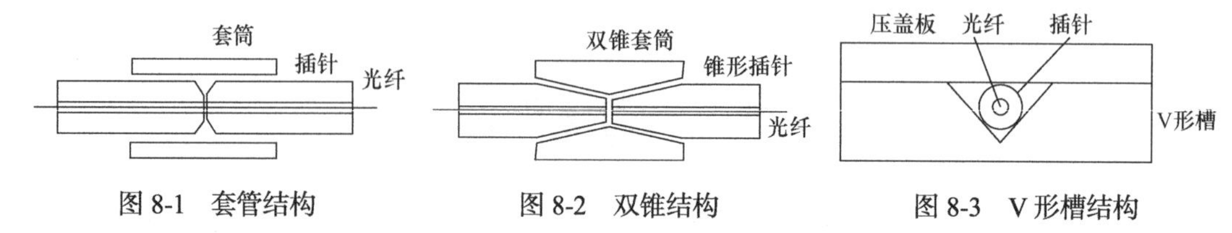

图 8-1　套管结构　　图 8-2　双锥结构　　图 8-3　V形槽结构

球面定心结构的基座装有精密钢球，两个插针则做成圆锥面形。当插针插入基座时，球面与圆锥面结合将纤芯对准。

透镜耦合结构经过透镜来实现光纤的对中。用透镜将一根光纤的出射光变成平行光，再由另一透镜将平行光聚焦并导入另一根光纤中。它有球透镜耦合和自聚焦透镜耦合两种方式。

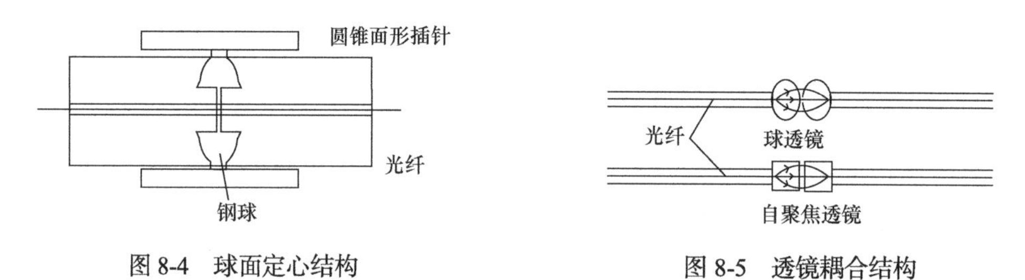

图 8-4　球面定心结构　　图 8-5　透镜耦合结构

8.1.2　组成部分

光纤连接器有不同的结构，品种繁多，但按其功能可分成如下几个部分。

(1) 插头(Plug Connector)。插头是使光纤在转换器或变换器中完成插拔功能的部分，它由插针体和若干外部零件组成。

(2) 适配器(Adapter)。把光纤插头连接在一起，从而使光纤接通的器件称为适配器，也叫插座、法兰盘。它可以连接同型号插头，也可以连接不同型号插头，可以连接一对插头，也可以连接几对插头或多心插头。

(3) 转换器(Converter)。转换器可以将某一种型号的插头变换成另一种型号的插头，由一种型号的适配器加上另外其他型号的插头组成。

(4) 光缆跳线(Cable Jumper)。一根光缆两端面装上插头，称为跳线。两个插头型号可以不同，可以是单心的，也可以是多心的。

(5) 裸光纤转换器(Bare Fiber Adapter)。将裸光纤穿入裸光纤转换器中，处理好光纤端面，形成一个插头。

8.1.3　光纤连接器的类型

根据光纤接头与插座的连接方式，常见的光纤连接器可分为FC(Ferrule Connector)、SC(Square Connector)、LC(Lucent Connector)、ST(Straigh Tip Connector)等。FC采用螺纹连接，外部零件采用金属材料制作，这都是我国采用的主要型号。SC的插针、套筒与FC完全一样，外壳采用工程塑料制作，采用矩形结构，便于密集安装，它不采用螺纹连接，采用直接插拔的方式。ST 采用带键的卡口式锁定机构。FC、SC 和 LC 的插头和插座如图 8-6 所示。

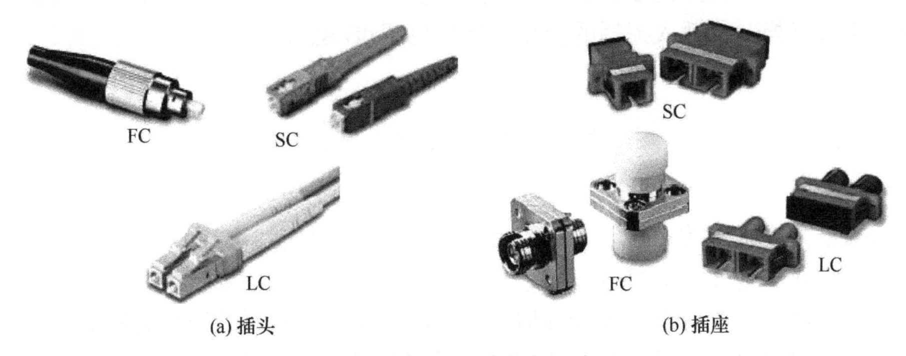

(a) 插头　　(b) 插座

图 8-6　不同型号的光纤连接器

光纤端面可分为 FC、PC(Physical Contact)、APC(FC/APC)、UPC(Ultra Physical Contact)等类型。其中 FC 是指光纤端面研磨成平面，这种端面反射回去的光较多，即回波损耗小，且对沾污较敏感。PC 的光纤端面加工成球形以使得两个端面更能紧密接触。APC 的光纤端面与轴线垂直面成一定角度(通常是 8°)，以增大回波损耗。UPC 的光纤端面加工成超级凸球面，对加工精度的要求更高。

光纤连接器的类型常写成 FFC/FRC 薄膜电缆连接器的形式。其中分子指插头与插座的连接方式，即 FC、SC、LC 等，分母指内部光纤的端面类型，即 FC、PC、APC、UPC 等。如 FC / APC 表示该连接器为金属件，且采用螺旋连接，光纤端面则为与轴线成夹角的平面。

8.1.4　主要性能指标

1. 插入损耗

插入损耗是指光信号通过光纤连接器后，输出光功率相对输入光功率的分贝数，其表达式为

$$\mathrm{IL} = -10\lg\frac{P_{\mathrm{out}}}{P_{\mathrm{in}}}(\mathrm{dB}) \tag{8.1}$$

式中，P_{in} 为输入光功率；P_{out} 为输出光功率。插入损耗越小越好。

2. 回波损耗

回波损耗又称为后向反射损耗，是指光纤连接处，后向反射光功率相对入射光功率的分贝数，其表达式为

$$\mathrm{RL} = -10\lg\frac{P_{\mathrm{r}}}{P_{\mathrm{in}}}(\mathrm{dB}) \tag{8.2}$$

式中，P_{in} 为输入光功率；P_{r} 为后向反射光功率。回波损耗越大越好。

3. 重复性和互换性

重复性是指光纤连接器多次插拔后，插入损耗的变化，单位用dB表示。互换性是指连接器各部件互换时，插入损耗的变化，单位也用dB表示。

8.2 光衰减器

光衰减器是准确地减小信号光功率的无源器件，它是光功率调节所不可缺少的器件。光衰减器主要用于对光功率进行衰减，如用于光纤系统的指标测量、短距离通信系统的信号衰减和系统实验等场合。光衰减器也是一种非常重要的纤维光学无源器件，它可按用户的要求将光信号能量进行预期的衰减，常用于吸收或反射光功率的余量、评估系统的损耗及各种测试中，也常用以检测光接收机的灵敏度和动态范围，其主要性能参数是衰减量和精度。

目前，系列化光衰减器已广泛应用于光通信领域，给用户带来了方便。光衰减器是一种插入光路中可使光信号功率按设定要求衰减的光器件。用它来调节光通信系统或测试系统所传输的光信号的功率，可使系统达到良好的工作状态。

光衰减器的类型很多，光衰减器可分为固定型光衰减器、分级可调型光衰减器、连续可调型光衰减器、连续与分级组合型光衰减器等，光通信中常用的有位移型光衰减器、直接镀膜型光衰减器、衰减片型光衰减器和液晶型光衰减器等。

当两段光纤进行连接时，必须达到相当高的对中精度，才能使光信号以较小的损耗传输过去。反之，若有意让光纤在对接时产生一定的错位，就可以达到衰减光能量的目的。位移型光衰减器分为横向位移型光衰减器和轴向位移型光衰减器两类，分别通过控制两根光纤的横向偏移和轴向间隙来造成光能的损失。轴向位移型光衰减器只要用机械的方式将两根光纤拉开一定的距离进行对中即可，所以设计时，通常做成连接器(法兰盘)的形状，使用起来很方便。

直接镀膜型光衰减器直接在光纤端面或玻璃基片上镀制金属吸收膜或反射膜来衰减光能量。

衰减片型光衰减器直接将具有吸收特性的衰减片固定在光纤端面上或光路中，以实现光信号的衰减。

液晶型光衰减器在两个偏振分光片之间插入液晶，给液晶加上一定的电压，可使光偏振态发生偏转，从而实现对光的衰减。

光衰减器的主要性能指标是插入损耗、衰减精度、回波损耗以及温度稳定性等。

目前，光衰减器的市场越来越大，由于光固定衰减器具有价格低廉、性能稳定、使用简便的优点，所以，其市场比光可变衰减器大一些。而光可变衰减器由于具有灵活性，市场需求仍稳步增长。光衰减器是光通信系统中不可缺少的重要光无源器件之一，有着广泛的应用前景。近年来，国外一些大的光学器件公司仍在不断开发各种新型的高性能光衰减器产品，以求获得性能更高、体积更小、价格更低的光衰减器。

8.3　光纤耦合器

光纤耦合器(Coupler)也称为光分路器或分离器(Splitter)，是能使光信号在特殊结构的耦合区发生耦合，并进行光功率再分配的器件，是用于实现光信号分路/合路，或用于延长光纤链路的元件，属于光被动元件领域，在电信网路、有线电视网路、用户回路系统、区域网路中都会应用到。光纤耦合器可以实现光信号功率在不同光纤间的分配。组合的光器件需利用不同光纤面紧邻光纤芯区中导波能量的相互交换作用实现功能。按所采用的光纤类型可分为多模光纤耦合器、单模光纤耦合器和保偏光纤耦合器等。

光纤耦合器是光纤与光纤之间连接的可拆卸活动器件，它需要精密对接光纤的两个端面，最大限度地使发射光纤输出的光能量能耦合到接收光纤中，并在其介入光链路时对系统造成最小的影响。波导型光纤耦合器一般是一种具有 Y 形分支的元件，可实现将一根光纤输入的光信号等分成两份。当波导型光纤耦合器分支路的开角增大时，向包层中泄漏的光将增多，以致增加了过剩损耗，所以开角一般在 30°以内，因此波导型光纤耦合器的长度不可能太短。

目前，光纤耦合器已形成一个多功能、多用途的产品系列，从功能上，可分为光功率分配器和光波长分配(合/分波)耦合器。

从端口形式上，光纤耦合器可分为 X 形(2×2)、Y 形(2×2)、星形($N\times N$，$N>2$)以及树形($1\times N$，$N>2$)耦合器。另外，由于传导光模式的不同，又有多模光纤耦合器和单模光纤耦合器之分。

常见的光纤耦合器有熔融拉锥型光纤耦合器、波导型光纤耦合器等。熔融拉锥型光纤耦合器是将两根光纤以某种方式靠拢，在高温下熔融拉锥，实现光在两根光纤之间的耦合。波导型光纤耦合器是指利用平面介质光波导工艺制作的一类光纤耦合器件。光纤耦合器示意图如图 8-7 所示。

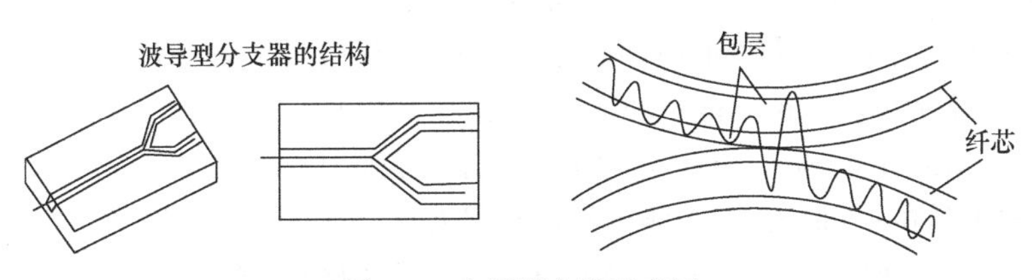

图 8-7　光纤耦合器示意图

光纤耦合器的主要性能指标包括插入损耗、附加损耗、分光比、方向性等。

1. 插入损耗

$$\mathrm{IL}_i = -10\lg\frac{P_{\mathrm{out}i}}{P_{\mathrm{in}}}(\mathrm{dB}) \tag{8.3}$$

式中，IL_i 为第 i 个输出端口的插入损耗；$P_{\mathrm{out}i}$ 为第 i 个输出端口的输出光功率；P_{in} 为输入光功率。

2. 附加损耗

$$\mathrm{EL} = -10\lg\frac{\sum_i P_{\mathrm{out}i}}{P_{\mathrm{in}}}(\mathrm{dB}) \tag{8.4}$$

3. 分光比

分光比定义为光纤耦合器各输出端口的输出功率的比值，具体应用中常用相对输出总功率的百分比来表示，如 50∶50、80∶20、25∶25∶25∶25 等，或用各端口之间的输出功率之比表示，如 1∶1、4∶1、1∶1∶1∶1 等。

4. 方向性

方向性表示在输入端主光纤传输方向与任一根非主光纤传输方向上的功率比。方向性常用光隔离度来表示，定义为

$$S = -10\lg\frac{P_{ib}}{P_{im}} \tag{8.5}$$

式中，P_{im} 为输入端第 m 根光纤的输入光功率；P_{ib} 为输入端除第 m 根光纤之外任意第 b 根光纤的后向传输光功率。

8.4 波分复用器

波分复用技术是在一根光纤中传输多个波长信号从而提高传输容量的一种技术。波分复用器是波分复用通信系统的核心光学器件。波分复用器包含分波器和合波器，它的作用是将多个波长不一的信号光融入一根光纤中或者将融合在一根光纤中的多个波长不一的信号光分路。波分复用器将一系列载有信息、波长不同的光信号合成为一束，沿着单根光纤传输，在接收端再用某种方法，将各个不同波长的光信号分开。

在同一根光纤中同时让两个或两个以上的光波长信号通过不同光信道各自传输信息，称为波分复用(Wave-Division Multiplexing，WDM)技术。复用方式包括频分复用和波分复用。频分复用(Frequency-Division Multiplexing，FDM)技术和 WDM 技术无明显区别，因为光波是电磁波的一部分，光的频率与波长具有单一对应关系。通常也可以这样理解，频分复用指光频率的细分，光信道非常密集。波分复用指光频率的粗分，光信道相隔较远，甚至处于光纤不同窗口中。

WDM 技术一般将波长分割复用器和解复用器(也称合波/分波器)分别置于光纤两端，实现不同光波的耦合与分离。这两个器件的原理是相同的。波分复用器的主要类型有介质膜型、光栅型和平面型等。

利用色散、偏振、干涉等物理现象都可以制作 WDM 器件。以下是几种常见的 WDM 器件类型。

1. 介质膜型

介质膜型波分复用器利用窄带干涉滤光膜(带通型)进行波长的选择，其结构如图 8-8 所示。

2. 光栅型

光栅型波分复用器利用光栅的衍射效应(不同波长的光的衍射角度不同)实现空间的分离，其结构如图 8-9 所示。

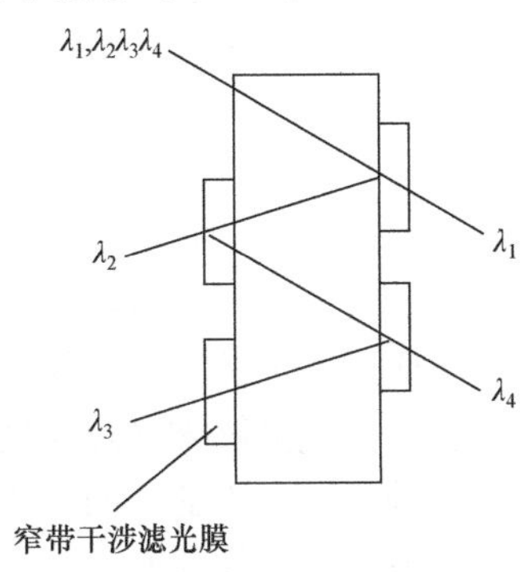

图 8-8 窄带干涉滤光膜构成的 4 通道 WDM 器件

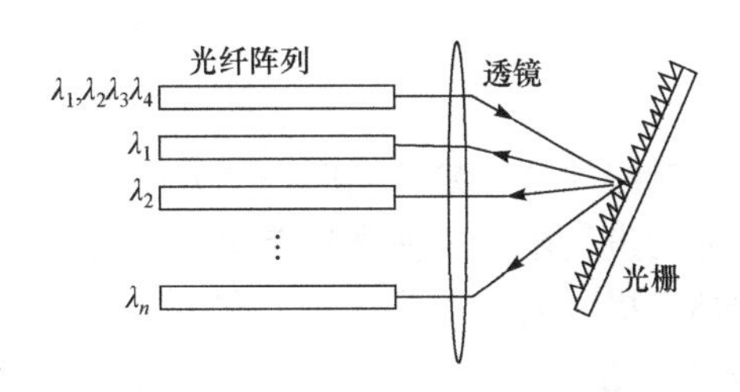

图 8-9 由反射光栅构成的波分复用器

3. 波导阵列光栅型

波导阵列光栅型波分复用器由输入和输出波导、空间耦合器(透镜)和波导阵列光栅构成。如图 8-10 所示，输入和输出波导用于与单模光纤连接，空间耦合器将各种波长的光信号耦合进波导阵列光栅，波导阵列光栅由几百条光程差为 $\frac{1}{2}\Delta L \times n$ 的波导组成。根据衍射理论，在输出端，光按波长大小顺序排列输出，通过空间耦合器传输到相应的输出波导端口，其结构如图 8-10 所示。

波分复用器的性能指标主要有波长隔离度和插入损耗。插入损耗与其他无源器件一样指系统引入波分复用器后产生的附加损耗。波长隔离度或叫信道隔离度是指某一信道的信号光耦合到另一个信道的大小，其定义为各信道最大的串扰系数，对于单工系统，按照图 8-11，其远端串扰系数定义为

$$A_{f_1} = 10\lg\frac{P_1'}{N_1'},\quad A_{f_2} = 10\lg\frac{P_2'}{N_2'} \tag{8.6}$$

式中，N_1'、N_2' 分别为输出端串扰光功率；P_1'、P_2' 则分别为两个信道输出端的光功率。

如图 8-12 所示，近端串扰系数定义为

$$A_{n1} = 10\lg\frac{P_2}{N_1},\quad A_{n2} = 10\lg\frac{P_1}{N_2} \tag{8.7}$$

式中，P_1、P_2 分别为两个信道的输入光功率；N_1、N_2 分别为两个信道的输入端串扰光功率。

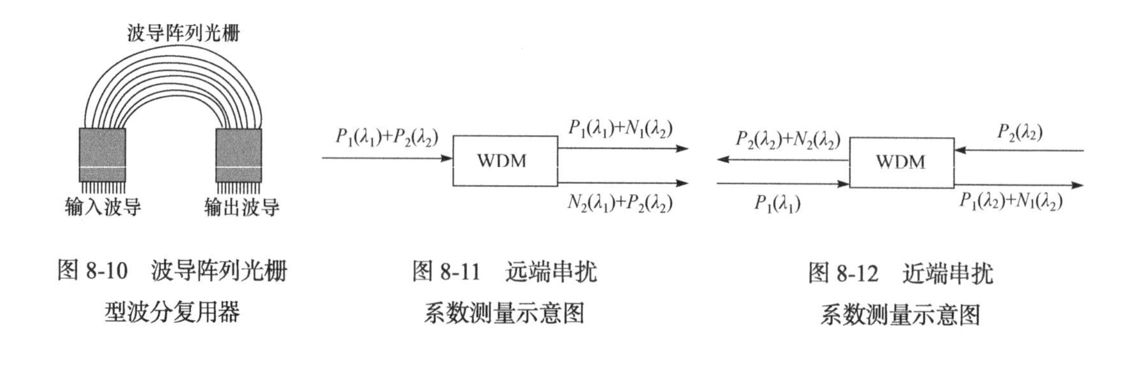

图 8-10　波导阵列光栅型波分复用器

图 8-11　远端串扰系数测量示意图

图 8-12　近端串扰系数测量示意图

8.5　光隔离器

光隔离器是允许光向一个方向通过而阻止向相反方向通过的无源器件，作用是对光的方向进行限制，使光只能单方向传输，通过光纤回波反射的光能够被光隔离器很好地隔离，提高光波传输效率。它的作用是防止光路中由于各种原因产生的后向传输光对光源以及光路系统产生不良影响。其工作原理是基于法拉第效应的旋转非互易性。光隔离器主要利用磁光晶体的法拉第效应。光隔离器的特性是：正向插入损耗低，反向隔离度高，回波损耗高。

正向入射的信号光通过起偏器后成为线偏振光，法拉第旋磁介质与外磁场一起使信号光的偏振方向右旋 45°，并恰好使其低损耗通过与起偏器成 45°放置的检偏器。对于反向光，出检偏器的线偏振光经过放置介质时，偏转方向也右旋 45°，从而使反向光的偏振方向与起偏器方向正交，完全阻断了反射光的传输。例如，在半导体激光源和光传输系统之间安装一个光隔离器，可以在很大程度上减少反射光对光源的光谱输出功率稳定性产生的不良影响。在高速直接调制、直接检测光纤通信系统中，后向传输光会产生附加噪声，使系统的性能劣化，这也需要光隔离器来消除。在光纤放大器中掺杂光纤的两端装上光隔离器，可以提高光纤放大器的工作稳定性，如果没有它，后向反射光将进入信号源(激光器)中，引起信号源的剧烈波动。在相干光长距离光纤通信系统中，每隔一段距离安装一个光隔离器，可以减少受激布里渊散射引起的功率损失。因此，光隔离器在光纤通信系统、光信息处理系统、光纤传感系统以及精密光学测量系统中具有重要的作用，目前，在片上集成全光路中应用较多。

8.5.1　光隔离器的类型

光隔离器分为偏振相关型光隔离器和偏振无关型光隔离器两种。

1. 偏振相关型光隔离器

对于偏振相关型光隔离器，入射光不论是否是线偏振光，出射光一定是线偏振光。偏振相关型光隔离器的结构如图 8-13 所示。起偏器和检偏器的光轴有 45°夹角，入射光经过起偏器后成为线偏振光，再经过法拉第旋转器(YIC 晶体)，偏振面顺时针旋转 45°，刚好和检偏器的光轴方向一致，顺利通过。

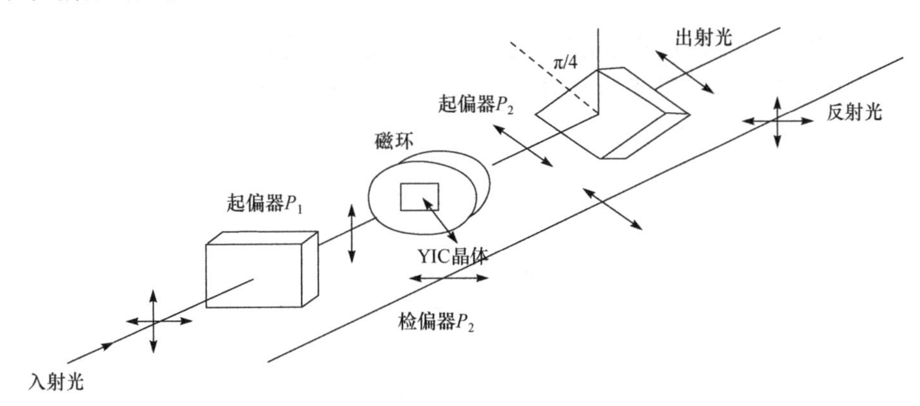

图 8-13　偏振相关型光隔离器结构

反射光通过起偏器后成为与检偏器光轴一致的线偏振光，经过法拉第旋转器，由于磁场不变，光的偏振面继续顺时针旋转 45°，成为偏振方向与起偏器光轴垂直的线偏振光，不能通过起偏器，起到了反向隔离的作用。

2. 偏振无关型光隔离器

偏振无关型光隔离器是一种与输入光偏振态相关很小的光隔离器。Wedge 型偏振无关型光隔离器结构与偏振光传输示意图如图 8-14 所示。光束正向传输时，光纤中的光由准直透镜射出，进入起偏器 P_1，分为偏振方向相互垂直的 o 光和 e 光，经过法拉第旋转器(YIC 晶体)，偏振面各自顺时针旋转 45°，由于检偏器 P_2 的光轴与 P_1 的光轴成 45°夹角，o 光和 e 光被折射到一起，合成一束平行光，经准直耦合进光纤。

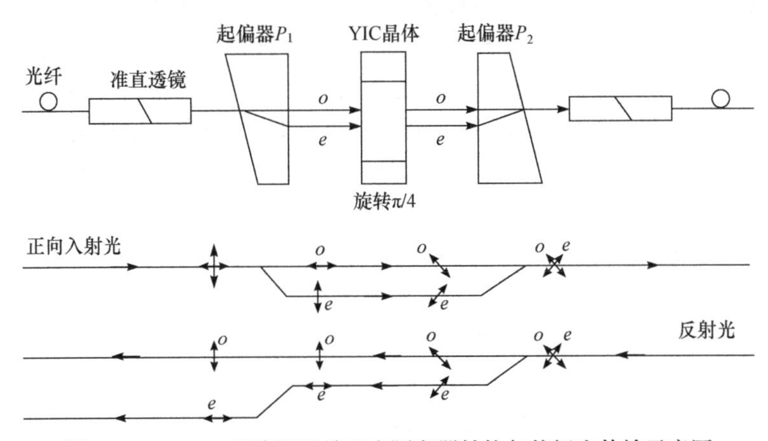

图 8-14　Wedge 型偏振无关型光隔离器结构与偏振光传输示意图

光束反向传输时，由于法拉第效应的旋转非互易性，经过 P_2 后分为与 P_1 的光轴成 45°的 o 光和 e 光，在经过法拉第旋转器时，由于磁感应强度不变，o 光和 e 光的偏振面依然继续顺时针旋转 45°，相对于 P_1 的光轴共旋转了 90°，因此 o 光和 e 光被 P_1 进一步分开，准直透镜无法将这两束光耦合进光纤，达到了反向光被隔离的目的。

8.5.2 主要性能指标

(1) 插入损耗。它是指在光隔离器通光方向上传输的光信号由于引入光隔离器而产生的附加损耗。如果输入的光信号功率为 P_i，经过光隔离器后的功率为 P_o，则插入损耗 IL 为

$$\mathrm{IL} = -10\lg\frac{P_o}{P_i} \tag{8.8}$$

(2) 回波损耗。它是指构成光隔离器的各元件、光纤以及空气折射率失配引起的反射所造成的对入射光信号的衰减。反射光和入射光功率分别用 P_r 和 P_i 表示，则回波损耗 RL 为

$$\mathrm{RL} = -10\lg\frac{P_r}{P_i} \tag{8.9}$$

(3)反向隔离度。它是指光隔离器对反向传输光的隔离能力。P_i'、P_o' 分别为反向光的输入和输出光功率，将光隔离器反向接入，则光隔离器反向隔离度计算公式为

$$I_{so} = -10\lg\frac{P_o'}{P_i'} \tag{8.10}$$

8.6 光　开　关

光开关是一种光路控制器件，起着进行光路切换的作用，可以实现主/备光路切换，以及光纤、光器件的测试等，在光纤通信中有着广泛的应用。随着光纤通信技术的发展和密集波分复用技术的应用，全光网成为未来光纤通信系统的方向。光开关的这种光路切换功能可以用来实现光交换，实现全光层次的路由选择、波长选择、光交叉连接、自愈保护等功能。光开关已成为构建新一代全光网的关键器件。

光开关是一种具有一个或多个可选的传输端口的光学器件，其作用是对光传输线路或集成光路中的光信号进行物理切换或逻辑操作。光开关是一种光路转换器件。在光纤传输系统中，光开关用于多重监视器、LAN、多光源、探测器和保护以太网的转换。在光纤测试系统中，光开关用于光纤和光纤设备测试、网络测试、光纤传感多点监测系统。

依据不同的光开关原理，光开关的实现方法有多种，如传统机械光开关、微机械光开关、热光开关、液晶光开关、电光开关和声光开关等。其中传统机械光开关、微机械光开关、热光开关因其各自的特点在不同场合得到广泛应用。

目前应用最为广泛的仍是传统的 1×2 和 2×2 传统机械光开关。传统机械光开关可通过移动光纤将光直接耦合到输出端，采用棱镜、反射镜切换光路，将光直接送到或反射到输出端。

根据其工作原理，光开关可分为机械式和非机械式两大类。机械式光开关靠光纤或光学元件移动，使光路发生改变。这种光开关的开关时间较长，一般为毫秒数量级。机械式光开关又可细分为移动光纤、移动套管、移动准直器、移动反光镜、移动棱镜、

移动耦合器等种类。非机械式光开关则依靠电光效应、磁光效应、声光效应以及热光效应来改变波导折射率，从而使光路发生改变。这类光开关的开光时间短，并且易于光电集成。

光开关的主要性能指标如下。

(1) 交换矩阵。光开关交换矩阵的大小反映了光开关的交换能力。

(2) 交换速度。交换速度是衡量光开关性能的重要指标。交换速度有两个重要的量级，当从一个端口到另一个端口的交换时间达到几毫秒时，对因故障而重新选择路由的时间来说已经够了。例如，对 SDH/SONET 来说，因故障而重新选择路由时，50ms 的交换时间几乎可以使上层感觉不到。当交换时间达到纳秒量级时，可以支持光互联网的分组交换，这对于实现光互联网是十分重要的。

(3) 损耗。当光信号通过光开关时，将伴随着能量损耗，包括插入损耗、回波损耗等。光开关损耗产生的原因主要有两个：光纤和光开关端口耦合时的损耗及光开关自身材料对光信号产生的损耗。一般来说，自由空间交换的光开关的损耗低于波导交换的光开关。例如，液晶光开关和 MEMS 光开关的损耗较低，大约 1dB。而铌酸锂和固体光开关的损耗较大，大约 4dB。损耗特性影响了光开关的级联，限制了光开关的扩容能力。

(4) 消光比。消光比是描述光开关导通与非导通状态通光能力差别的主要指标，即端口处于导通和非导通状态时的插入损耗之差。

思考题与习题

1. 光纤连接器的结构有哪些种类？分析各自的优缺点。连接器和接头的作用是什么？

2. 光开关的作用是什么？光开关的种类有哪些？有哪些新的技术有待开发？

3. 光纤耦合器的作用是什么？光纤耦合器常用的特性参数有哪些？如何定义这些参数？

4. 简述分布反馈(DFB)激光器的工作原理。

5. 光放大器的主要用途是什么？一个简单的光隔离器需要多少偏振器来阻挡向错误方向传输的光？

6. 光隔离器和光环形器的作用是什么？光隔离器的功能是什么？其主要技术参数是什么？简述光隔离器的组成及各部分的作用。

7. 现有一束包含 1550nm 波长的混合光，请用光纤光栅和光环行器设计一个光路，将 1550nm 的光信号分离出来。

8. 当一束光注入光纤时，由于菲涅耳反射、瑞利散射等，会有部分光传回到注入端(称为后向光)，用光环行器在注入端可以将后向光分离出来，请画出连接图。

参考文献

AGRAWAL G P, 2002. 非线性光纤光学原理及应用[M]. 贾东方, 余震虹, 译. 北京: 电子工业出版社.
蔡履中, 王成彦, 周玉芳, 2002. 光学[M]. 济南: 山东大学出版社.
陈碧芳, 2005. 超短激光脉冲测量技术的发展[J]. 现代物理知识, (6): 31-33.
陈开胜, 2015. 用于全光信号处理的 InP 基单片集成器件[D]. 武汉: 华中科技大学.
杜召杰, 2016. 光纤声光调制测振技术的研究[D]. 淄博: 山东理工大学.
范琦康, 吴存恺, 毛少卿, 1989. 非线性光学[M]. 南京: 江苏科学技术出版社.
葛维暘, 2015. 半导体激光泵浦的高功率锁模激光器研究[D]. 上海: 上海交通大学.
胡浩伟, 2015. 单频纳秒脉冲掺镱光纤激光器及放大器的研究[D]. 北京: 北京工业大学.
黄仙山, 吴建光, 2015. 光电子技术基础及应用[M]. 合肥: 合肥工业大学出版社.
霍畅, 2012. 基于声光调制的无线通讯应用技术研究[D]. 重庆: 重庆大学.
江文杰, 施建华, 谢文科, 等, 2014. 光电技术[M]. 2 版. 北京: 科学出版社.
克希耐尔, 孙文, 江泽文, 等, 2002. 固体激光工程[M]. 北京: 科学出版社.
蓝信钜, 等, 2009. 激光技术[M]. 3 版. 北京: 科学出版社.
李辉辉, 2015. 被动锁模光纤激光器中非线性脉冲动力学的研究[D]. 北京: 北京工业大学.
李家泽, 阎吉祥, 2002. 光电子学基础[M]. 北京: 北京理工大学出版社.
刘安, 2013. 光子学和光电子学及其研究进展[J]. 光通信技术, (9): 54-56.
刘玉周, 2015. 基于射频电光调制的相位法测距关键技术研究[D]. 武汉: 华中科技大学.
吕百达, 季小玲, 罗时荣, 等, 2004. 激光的参数描述和光束质量[J]. 红外与激光工程, 33(1): 14-17.
马春媚, 2016. 单频掺镱光纤激光振荡器及窄线宽纳秒光纤放大器研究[D]. 北京: 北京工业大学.
梅理, 2016. 方波脉冲输出的被动锁模光纤激光器研究[D]. 合肥: 中国科学技术大学.
梅遂生, 1999. 光电子技术[M]. 北京: 国防工业出版社.
石顺祥, 张海兴, 2000. 物理光学与应用光学[M]. 西安: 西安电子科技大学出版社.
谭保华, 2014. 光电子技术基础[M]. 北京: 电子工业出版社.
田芊, 毛献辉, 孙利群, 2002. 光电子技术及其进展[J]. 应用光学, 23(1): 1-4.
王培, 2016. 空间调制技术在光信道中的研究[D]. 大连: 大连海事大学.
王瑞鑫, 2015. 新型主动锁模光纤激光器的研究与应用[D]. 北京: 北京邮电大学.
王晓庆, 2012. 磁光调制型旋光仪的原理与应用研究[D]. 上海: 上海理工大学.
杨松, 2015. 基于空间调制的多天线传输技术研究[D]. 哈尔滨: 哈尔滨工业大学.
袁瑞霞, 2016. 全固态 1.06μm 皮秒自锁模激光器的特性研究[D]. 北京: 北京交通大学.
张贵芹, 2014. 基于 SESAM 被动锁模掺铒光纤激光器的研究[D]. 北京: 北京交通大学.
张克潜, 李德杰, 1994. 微波与光电子学中的电磁理论[M]. 北京: 电子工业出版社.
张丽强, 2014. 全正色散光纤激光器的锁模及调 Q 特性研究[D]. 济南: 山东大学.
周炳琨, 高以智, 陈倜嵘, 2013. 激光原理[M]. 北京: 国防工业出版社.
DIANOV E M, KARASIK A Y, MAMYSHEV P V, et al., 1987. Generation of high-contrast subpicopulses by single-stage 110-fold compression of YAG: Nd 3+ laser pulses[J]. Soviet Journal of Quantum Electronics, 17(4): 415-416.
FISHER R A, KELLY P L, GUSTAFSON T K, 1969. Subpicosecond pulse generation using the optical Kerr effect[J]. Applied Physics Letters, 14(4): 140-143.

HASHIMOTO M, ASADAT, ARAKI T, et al., 2005. Automatic pulse duration control of picosecond laser using two-photon absorption detector[J]. Japanese Journal of Applied Physics, 44(6A): 3958.

KLAUDER J R, PRICE A C, DARLINGTON S, et al. , 1960. The theory and design of chirp radars[J]. Bell System Technical Journal, 39(4): 745-808.

LÜ B, LUO S, 2002. The pointing stability of flattened Gaussian beams[J]. Journal of Modern Optics, 49(7): 1089-1094.

LÜ B, QING Y, 2001. Self-convergent beam width approach to truncated Hermite-cosh-Gaussian beams and a comparison with the asymptotic analysis[J]. Optics Communication, 199(1): 25-31.

NIKOLAUS B, GRISCHKOWSKY D, 1983. 90-fs tunable optical pulses obtained by two-stage pulse compression[J]. Applied Physics Letters, 40(9): 761-763.

SHANK C V, FORK R L, YEN R, et al., 1982. Compression of femtosecond optical pulses[J]. Applied Physics Letters, 40(9): 761-763.

SIEGMAN A E, 1990. New developments in laser resonators[J]. Optical Resonators, 1224: 2-14.

SIEGMAN A E, 1998. How to(maybe)measure laser beam quality[C]. Diode Pumped Solid State Laser: Applications & Issues Optical Society of America.

STRICKLAND D, MOUROU G, 1985. Compression of amplified chirped optical pulses[J]. Optics Communications, 55(6): 447-449.

TAI K , TOMITA A, 1986. 1100× optical fiber pulse compression using grating pair and soliton effect at 1. 319μm[J]. Applied Physics Letters, 48(16): 1033-1035.

VALK B, VILHELMSSON K, SALOUR M M, 1987. Measurement of the third order susceptibility of polyacetylene by third harmonic generation[J]. Applied Physics Letters, 50: 656.

ZYSSET B, HODEL W, BEAUD P, et al., 1986. 200-femtosecond pulses at 1.06 μm generated with a double-stage pulse compressor[J]. Optics Letters, 11(3): 156-158.